新世纪高职高专
计算机应用技术专业系列规划教材

数据结构

新世纪高职高专教材编审委员会　组编

主　编　安训国

副主编　郭　鹏　张　晓

　　　　谢春杰　付　薇

第六版

大连理工大学出版社

图书在版编目(CIP)数据

数据结构 / 安训国主编. -- 6 版. -- 大连 : 大连
理工大学出版社，2019.8(2024.2 重印)
　　新世纪高职高专计算机应用技术专业系列规划教材
　　ISBN 978-7-5685-2148-2

　　Ⅰ. ①数… Ⅱ. ①安… Ⅲ. ①数据结构－高等职业教
育－教材 Ⅳ. ①TP311.12

中国版本图书馆 CIP 数据核字(2019)第 155578 号

大连理工大学出版社出版
地址:大连市软件园路 80 号　邮政编码:116023
发行:0411-84708842　邮购:0411-84708943　传真:0411-84701466
E-mail:dutp@dutp.cn　URL:https://www.dutp.cn
大连日升彩色印刷有限公司印刷　　大连理工大学出版社发行

幅面尺寸:185mm×260mm　　印张:16.75　　字数:387 千字
2003 年 2 月第 1 版　　　　　　　　2019 年 8 月第 6 版
2024 年 2 月第 5 次印刷

责任编辑:高智银　　　　　　　　　　责任校对:李　红
封面设计:张　莹

ISBN 978-7-5685-2148-2　　　　　　　定　价:43.80 元

前　言

　　《数据结构》(第六版)是高职高专计算机教指委优秀教材,也是新世纪高职高专教材编审委员会组编的计算机应用技术专业系列规划教材之一。

　　数据结构是计算机程序设计的重要理论技术基础,它不仅是计算机学科的核心课程,也是其他理工专业的热门选修课。在计算机应用领域的开发研制工作中,数据结构有着广泛的应用。本教材是为数据结构课程编写的,其内容选取既符合高职高专计算机专业教学大纲的要求,又兼顾了学科的广度和深度。

　　本教材共分8章,第1章介绍了数据结构的基本概念,并对算法、算法分析做了简要说明,介绍了算法的时间复杂度和空间复杂度的评价方法;第2章到第4章介绍了线性表、数组、栈、队列和串等线性结构的基本定义及其常用算法的实现和基本应用;第5章和第6章介绍了非线性结构的树、二叉树和图,包括其逻辑特征、常用算法的实现和基本应用;第7章和第8章介绍了查找和排序的基本算法,并进行了简单的时间和空间的效率分析。

　　本教材是在上一版的基础上,根据大量的教学反馈意见所做的一次更为完善的修订。修订后的教材从数据结构的体系结构出发,对原教材各章的理论定义、程序风格、习惯用语等进行了全面梳理、统一,以使本教材更具条理性、一致性、严谨性和科学性。修订后的教材重写了大部分算法和程序,使算法和程序更加优化、正确;并给出了所有程序运行的结果,以方便学生上机验证。修订后的教材对算法疑难处加强了分析,以方便教师的教学与学生的学习。

　　本教材程序全部可以在 Visual Studio 环境运行。本教材提供了在 Visual Studio 环境运行的工程配置文件,以方便查看和调试程序。在 Project 目录下面有三个子目录,VS2003 目录存放着对应 Visual Studio 2003 和 Visual Studio 2005 的工程文件,VS2008 目录存放着对应 Visual Studio 2008 和 Visual Studio 2010 的工程文件,VS2012 目录存放着对应 Visual Studio 2012 以后版本的工程文件。如果用的编译器是更早版本的 Visual C++,可能需要加上头文件 #include <malloc. h>和 #include <stdlib. h>。

新世纪

本教材由华东师范大学职业技术学院安训国任主编,大连外国语大学软件学院郭鹏、湖北生态工程职业技术学院张晓、河北能源职业技术学院谢春杰和黑龙江农垦职业学院付薇任副主编。具体编写分工如下:安训国编写第1、3、8章及附录,郭鹏编写第6章,张晓编写第2章,谢春杰编写第4、5章,付薇编写第7章。全书由安训国确定编写大纲并负责统稿。另外,还得到了国网晋中供电公司工程师尹飞的支持。

在编写本教材的过程中,编者参考、引用和改编了国内外出版物中的相关资料以及网络资源,在此表示深深的谢意!相关著作权人看到本教材后,请与出版社联系,出版社将按照相关法律的规定支付稿酬。

本教材可作为高职高专计算机专业教材,也可以作为信息类相关专业学生和从事计算机应用等工作的科技人员的参考用书。

对本教材中存在的问题,敬请广大读者批评指正。

编 者

2019 年 8 月

所有意见和建议请发往:dutpgz@163.com

欢迎访问职教数字化服务平台:https://www.dutp.cn/sve/

联系电话:0411-84706671　84707492

第 1 章

绪　论

学习目的要求：

　　本章介绍数据结构研究的对象和有关概念，包括数据、数据元素、数据结构、逻辑结构、存储结构、数据运算、算法描述（C 语言描述）和算法评价等基本概念。通过本章的学习，要求掌握以下内容：

　　1. 理解和熟悉数据结构中的基本概念。

　　2. 理解和掌握线性结构、树形结构和图形结构的概念和二元组的表示方法。

　　3. 熟悉算法评价的一般规则，算法时间复杂度、空间复杂度的概念和数量级的表示方法。

1.1　什么是数据结构

　　计算机是一种数据处理装置。用计算机处理实际问题时，一般先对具体问题进行抽象，建立起实际问题的求解模型，然后设计出相应的算法，编写程序并上机调试，直至得到最终结果。

　　在计算机对问题的处理过程中，大批量的数据并不是彼此孤立、杂乱无章的，它们之间有着内在的联系。只有利用这些内在的联系，把所有数据按照某种规则有机地组织起来，才能根据这些内在的联系，对数据进行有效的处理。

　　下面举几个例子来说明什么是数据结构。

　　例 1.1　电话号码自动查找问题。见表 1-1。

表 1-1　　　　　　　　　电话号码表

序号	用户名	电话号码	地址
01	赵一	12345671	青年路 1—1 号
02	钱二	12345672	青年路 1—2 号
03	孙三	12345673	青年路 1—3 号
04	李四	12345674	青年路 1—4 号
05	周五	12345675	青年路 1—5 号
06	吴六	12345676	青年路 1—6 号
07	郑七	12345677	青年路 1—7 号
08	王九	12345678	青年路 1—8 号

　　在这个电话号码表中，每一行为一个用户信息，每一列数据的类型相同，它是一个二维表格。整个二维表形成用户数据的一个线性序列，每个用户排列的位置有先后次序，它们之间形成一种线性关系。这是一种典型的数据结构，我们称这种数据结构为线性表。

电话号码查询的主要工作是给出姓名时,能在电话号码表中快速找到所对应的号码。如何进行查找,如何添加新的用户,如何修改或删除旧用户,这就是数据结构要研究的内容。

例 1.2 计算机磁盘中文件的目录结构。

在磁盘目录中,包含一个根目录和若干个一级子目录(文件夹)或文件,在一级子目录中又包含若干个子目录(文件夹)或文件。

在这种数据结构中,数据之间的关系是一对多的非线性关系,这也是我们常用的一种数据结构,我们称这种数据结构为树形结构。如图 1.1 所示。

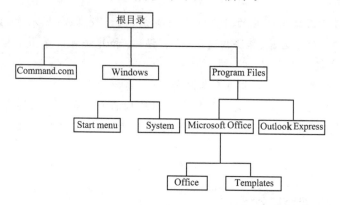

图 1.1 文件目录结构示意图

例 1.3 Internet 网络系统。它是由各个网站和终端用户所组成,利用网线或电话线连接到一起的。如图 1.2 所示。

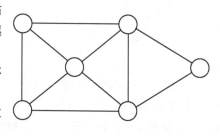

在这种数据结构中,数据之间的关系是多对多的非线性关系,我们称这种数据结构为图形结构。

综上三个例子可见,这类问题都不是数值计算的数学模型,而是如表、树和图之类的数据结构。这就是数据结构要研究的主要内容。

图 1.2 网络结构示意图

1.2 数据的逻辑结构

1.2.1 基本术语

1. 数据(Data)

数据是指能够输入计算机中,并能被计算机处理的一切对象。对计算机科学而言,数据的含义极为广泛,如整数、实数、字符、文字、图形、图像和声音等都是数据。

2. 数据元素(Data Element)

数据元素是数据的基本单位,在计算机程序中通常作为一个整体进行考虑和处理。但它还可以分割成若干个具有不同属性的项(字段)。例如,在表 1-1 中,电话号码表中的一行就是一个数据元素。数据元素一般由一个或多个数据项组成。

3. 数据项(Data Item)

数据项是具有独立意义的最小数据单位,是对数据元素属性的描述。在表 1-1 中,每个数据元素由 4 个数据项组成,其中"序号"数据项描述了自然顺序,"用户名"数据项描述了电话所有者的名字,"电话号码"数据项描述了其所有者的电话号码,"地址"数据项描述了用户的住址。

4. 数据类型(Data Type)

数据类型是一组性质相同的值的集合以及定义于这个值的集合上的一组操作的总称。每个数据项属于某一确定的基本数据类型。如表 1-1 中,序号为数值型,用户名为字符型等。

5. 数据对象(Data Object)

数据对象是性质相同的数据元素的集合,是数据的一个子集。例如,整数数据对象的集合是 $\{0, \pm 1, \pm 2, \cdots\}$;字母字符数据对象的集合是 $\{'A', 'B', 'C', \cdots, 'Z'\}$;电话号码查找系统中,数据对象就是全体电话用户。

6. 数据结构(Data Structure)

数据结构的基本含义是指数据元素之间的关系,它是按照某种关系组织起来的一批数据,以一定的存储方式把它们存储到计算机存储器中,并在这些数据上定义了一个运算的集合。在任何问题中,数据元素都不是孤立存在的,而是在它们之间存在着某种关系,数据元素之间的这种相互关系就称为结构,带有结构的数据对象称为数据结构。

1.2.2 数据的逻辑结构

1. 数据的逻辑结构的基本分类

根据数据元素之间关系的不同特性,数据的逻辑结构划分为下面四种基本结构,如图 1.3 所示。

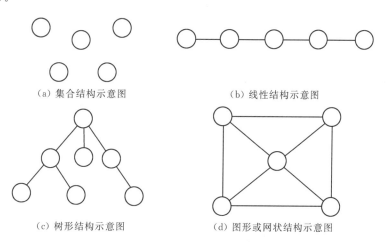

(a) 集合结构示意图　　　　　　　(b) 线性结构示意图

(c) 树形结构示意图　　　　　　　(d) 图形或网状结构示意图

图 1.3 四种基本数据结构图

(1)集合

结构中各数据元素之间不存在任何关系。这是数据结构的一种特殊情况,不在本书讨论范围之内。

（2）线性结构

在该数据结构中的数据元素存在着一对一的关系。

（3）树形结构

在该数据结构中的数据元素存在着一对多的关系。

（4）图形或网状结构

在该数据结构中的数据元素存在着多对多的关系。

2.数据逻辑结构的数学定义方法

下面用数学方法给出数据的逻辑结构定义，数据结构可用二元组 $S = (D,R)$ 的形式来描述。其中，D 表示数据元素的集合，R 表示 D 上关系的集合，即 R 指明 D 中各数据元素的前驱、后继的关系。因此，一个数据结构 S 可以用下面式子表示：

$$S = (D,R)$$

在这个式子中，数据结构由两部分组成，一是表示各元素本身的信息 D，二是表示各数据元素之间关系的信息 R。

关于二元组 $S = (D,R)$ 中前驱和后继的关系，可以描述如下：假设 a_1，a_2 是 D 中的两个元素，则在二元组 $< a_1 , a_2 >$ 中，a_1 是 a_2 的直接前驱，a_2 是 a_1 的直接后继。

例 1.4 用上面的数学方法给出一周七天的数据逻辑结构。设 $a_1 , a_2 , a_3 , a_4 , a_5 , a_6 , a_7$ 分别表示星期一至星期日，这是线性结构。

$$S = (D,R)$$
$$D = \{a_1 , a_2 , a_3 , a_4 , a_5 , a_6 , a_7\}$$
$$R = \{< a_1 , a_2 >, < a_2 , a_3 >, < a_3 , a_4 >, < a_4 , a_5 >, < a_5 , a_6 >, < a_6 , a_7 >\}$$

这个逻辑结构也可用图 1.4 描述。

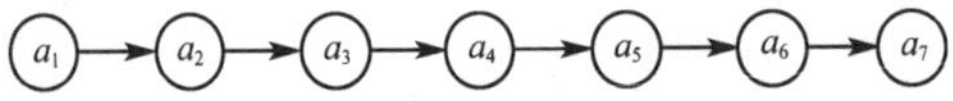

图 1.4 一周七天数据结构图示

图中圆圈表示一个结点，圆圈内的符号是该结点的值，带箭头的线段表示前驱与后继的关系。

例 1.5 设一个数据结构的抽象描述为 $S = (D,R)$，其中

$$D = \{1,2,3,4,5,6,7,8\}$$
$$R = \{< 1,2 >, < 1,3 >, < 1,4 >, < 2,5 >,$$
$$< 2,6 >, < 4,7 >, < 4,8 >\}$$

其结构图形描述如图 1.5 所示。这是树形结构。

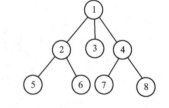

图 1.5 树形结构抽象描述图示

1.2.3 数据的存储结构

以上是从逻辑上对数据元素之间的关系进行了分析。但数据结构需要用计算机处理，就必须要存入计算机存储单元中。数据结构在计算机中的表示称为数据的存储结构。通常讨论数据结构，不但要讨论数据的逻辑结构，还要讨论数据的存储结构。

1.3 算法的描述

1.3.1 算法

算法是对某一特定问题求解步骤的一种描述。对于同样的一个问题,不同的人会写出不同的算法。在计算机系统中,算法是由若干条指令组成的有穷序列,其中每一条指令表示计算机的一个或多个操作。算法满足以下五个性质:

(1)输入:一个算法可以有 0 个或多个输入量,在算法执行之前提供给算法。

(2)输出:一个算法的执行结果要有一个或多个输出量,它是算法对输入数据处理的结果。

(3)有穷性:一个算法必须在执行有穷步骤之后结束,并且每一步骤也都必须在有限的时间之内完成。

(4)确定性:算法中的每一步骤都有明确的含义,没有二义性。

(5)可行性:算法中描述的每一个操作,都可以通过已经实现的基本运算,执行有限次后来完成。

算法可以用自然语言、计算机语言、流程图等不同方式进行描述。在计算机上运行的算法,就要用计算机语言来描述。算法的含义与程序非常相似,但二者是有区别的。一个程序不一定满足有穷性。另外,程序中的指令必须是机器可以执行的,而算法中的指令则无此限制。一个算法若用计算机语言来书写,则它就可以成为一个程序。在本书中的大部分算法都是用 C 语言描述的,而且尽可能给出一个完整的 C 语言程序。在上机实验的参考答案中,也给出了完整的 C 语言程序,以方便学生上机参考。

1.3.2 算法的设计要求

对于同一个问题,可以有很多种不同的算法,这就需要对算法有一个总的设计要求。一般来说,对于一个算法必须具有以下几个方面的基本特征:

(1)正确性

正确性是设计一个算法的首要条件,所设计的算法要满足具体问题的要求。在给算法输入合理的数据后,能在有限的时间内得出正确的结果。

(2)可读性

算法是对特定问题求解步骤的一种描述,它要转变成计算机可执行的程序,同时必须可以供他人使用。为了阅读与交流,所设计的算法要让他人能看懂,在算法或程序中可以增加一些注释来提高可读性。

(3)健壮性

当输入的数据不符合要求时,算法应能判断出数据的非法性,并能进行适当的处理。比如,暂停或终止程序的执行,显示错误信息等。不允许产生不可预料的结果。

(4)高效性

算法的效率是指算法执行的时间和占用的存储空间。如果对于同一个问题有多个算法可供选择,应尽可能选择执行时间短、占用存储空间少的算法。

1.3.3 算法的评价

如上所述,一个好的算法首先要具备正确性,然后是可读性和健壮性。在具备了这三个条件后,就应考虑算法的效率问题,即算法的时间效率和空间(存储器)效率两个方面。这是评价算法优劣的主要指标。下面就对时间效率和空间效率进行分析。

(1)时间效率

时间效率就是考虑一个算法运行时所需时间的多少。但实际上,一个算法在计算机上运行所需要的实际时间是难以在算法上机运行前计算出来的,必须上机运行测试才能知道。但不可能对所有算法都进行上机运行测试,只能用一种相对的方法对不同的算法中语句执行次数进行比较。一个算法运行所需要的时间与算法中语句执行的次数成正比,如果算法中语句重复执行的次数越多,所需要的时间也就越多。一个算法中语句重复执行的次数又叫作语句频度。算法中基本操作重复执行的次数依据算法中最大语句频度来计算,它是问题规模 n 的某个函数 $f(n)$,算法的时间量度记作 $T(n) = O(f(n))$,表示随着问题规模 n 的增大,算法执行时间的增长率和 $f(n)$ 的增长率相同,称作算法的渐近时间复杂度,简称时间复杂度。时间复杂度一般不是算法的精确执行次数,而是估算的数量级。它着重体现的是随着问题规模的增大,算法执行时间增长的变化趋势。

下面通过几个例题来说明语句频度问题。

例 1.6 求下列 4 个程序段的语句频度。

①i++;
  x=0;
②for (i=1;i<=n;i++)
    x=x+1;
③for (i=1;i<=n;i++)
    for(j=1;j<=n;j++)
       x=x+1;
④for (i=1;i<=n;i++)
    for(j=1;j<=n;j++)
       for(k=1;k<=n;k++)
         x=x+1;

①是一个没有循环算法的基本操作,它的语句频度与问题规模没有关系,记作 $T(n) = O(1)$,也称为常量阶。

②是一个一重循环的算法,它的语句频度随问题规模 n 的增大而呈线性增大,这种线性关系记作 $T(n) = O(n)$,也称线性阶。

③是一个二重循环的算法,它的语句频度为 n^2,记作 $T(n) = O(n^2)$,称为平方阶。

④是一个三重循环的算法,它的语句频度为 n^3,记作 $T(n) = O(n^3)$,称为立方阶。

常见的时间复杂度还有对数阶 $O(\log_2 n)$、$O(n\log_2 n)$,指数阶 $O(2^n)$ 等。算法的时间复杂度越大,算法的执行效率就越低。

（2）空间效率

一个算法在执行过程中所占用的存储空间大小，称为空间效率或空间频度，记作 $S(n) = O(f(n))$，其中 n 为问题的规模（或大小）。

与时间复杂度类似，空间复杂度是指算法在计算机内执行时临时占用的存储空间大小。算法的空间复杂度一般以数量级形式给出。

一般情况下，算法的时间效率与空间效率是一对矛盾，相互抵触，然而二者又可以相互转化。有时增加存储空间会提高算法的运行速度，以空间换取时间。有时因为内存空间不够，必须压缩辅助存储空间，从而降低了算法的运行速度，即花费更多的时间，使得算法得以运行。

算法是由人来设计的，而算法的执行是由计算机来实现的。如果要提高算法的效率，就要投入更多的人力。上面我们只讨论了对算法的分析，而没有注意人工的费用。随着计算机性能的不断提高，计算机的速度和存储器容量都有明显的提高和增大，计算机的价格不断下降，而人工费用却在大幅度上升，所以我们在真正设计程序时，应该同时考虑到人工费用的支出。

本章小结

1. 数据结构研究的是数据的表示形式和数据之间的相互关系。数据的逻辑结构有四种：集合、线性结构、树形结构和图形或网状结构。

2. 集合的数据元素之间不存在任何关系；线性结构的数据元素之间存在一对一的线性关系；树形结构的数据元素之间存在一对多的非线性关系；图形或网状结构的数据元素之间存在多对多的非线性关系。

3. 算法的评价指标主要为正确性、可读性、健壮性和高效性四个方面。在高效性中又包括算法执行的时间效率和所占用的空间效率。

4. 通常用数量级的形式来表示算法的时间复杂度和空间复杂度。数量级的形式有常量阶、线性阶、平方阶、立方阶、对数阶和指数阶等。一个算法的时间复杂度和空间复杂度越低，算法的执行效率就会越高。

习题

1.1 简述下列术语：数据、数据元素、数据项、数据类型、数据结构。

1.2 举出几个线性结构、树形结构和图形或网状结构的数据结构的例子。

1.3 什么叫算法？算法设计的目标是什么？

1.4 怎样对算法进行评价？

1.5 对下列用二元组表示的数据结构，画出它们的逻辑结构图，并指出它们各属于哪类数据结构。

(1) $S = (D, R)$,其中

$\quad D = \{a, b, c, d, e, f\}$

$\quad R = \{<a, b>, <b, c>, <c, d>, <d, e>, <e, f>\}$

(2) $S = (D, R)$,其中

$\quad D = \{1, 2, 3, 4, 5, 6, 7\}$

$\quad R = \{<1, 2>, <1, 3>, <2, 4>, <2, 5>, <3, 6>, <3, 7>\}$

(3) $S = (D, R)$,其中

$\quad D = \{a_1, a_2, a_3, a_4, a_5, a_6\}$

$\quad R = \{<a_1, a_2>, <a_1, a_5>, <a_1, a_6>, <a_2, a_3>, <a_2, a_4>, <a_4, a_5>,$

$\quad\quad <a_5, a_6>\}$

第 2 章

线性表

学习目的要求：

本章讨论线性表的基本概念、各种物理存储结构、描述方法、基本运算和用 C 语言实现的算法描述。通过本章学习，要求掌握如下内容：

1. 线性表的定义和线性表的特征。
2. 线性表的顺序存储结构及其算法的实现。
3. 线性链表的描述及其算法的实现。
4. 循环链表和双向循环链表的描述。
5. 数组的顺序存储和矩阵的压缩存储的描述。

2.1 线性表的基本概念

线性表是一种最简单、最基本的数据结构，它的使用非常广泛。这种数据结构的数据元素之间是一对一的关系，即线性关系，故称为线性表。本节讨论线性表的基本概念，包括线性表的定义以及线性表的基本操作。

2.1.1 线性表的定义

线性表（linear list）是由 n 个数据元素组成的有限序列，其中 n 为数据元素的个数，即线性表的长度，当 $n = 0$ 时，称为空表。当 $n > 0$ 时，线性表记为

$$(a_1, a_2, \cdots, a_i, \cdots, a_n)$$

线性表可以用一个标识符来命名，如果用 A 来表示线性表，则

$$A = (a_1, a_2, \cdots, a_i, \cdots, a_n)$$

数据元素的类型可以是高级语言提供的基本数据类型或由用户自定义的数据类型，如整型、实型、字符型和结构体等。为了方便起见，在本书的算法、程序以及例题中，大多数数据元素类型用整型数据来表示。

在线性表中，元素之间存在着线性的逻辑关系：表中有且仅有一个开始结点，或称表头结点 a_1；有且仅有一个终端结点，或称表尾结点 a_n；除开始结点外，表中的每个结点 a_i（$1 < i \leqslant n$）均只有一个前驱结点；除终端结点外，表中的每个结点 a_i（$1 \leqslant i < n$）均只有一个后继结点。元素之间为一对一的关系。

线性表是一种非常典型的线性结构，用二元组可以表示成：

$S = (D,R)$

$D = \{ a_1 , a_2 , \cdots , a_i , \cdots , a_n \}$

$R = \{ <a_1 , a_2>, <a_2 , a_3>, \cdots , <a_{i-1} , a_i>, <a_i , a_{i+1}>, \cdots , <a_{n-1} , a_n> \}$

对应的逻辑结构图如图 2.1 所示。

在日常生活中有许多线性表的例子,如 26 个
英文字母(A,B,C,…,Z)就是一个线性表,表中
的每一个英文字母是一个数据元素。再如,学生
名册、职工工资表、图书馆图书目录等都是线性表的例子。

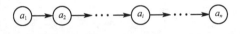

图 2.1 线性表逻辑结构示意图

下面看一个学生档案表的例子。见表 2-1。

表 2-1   学生档案表

学号	姓名	性别	成绩	年龄
001	张东	女	70	23
002	赵科	男	80	20
003	王义天	男	90	19
⋮	⋮	⋮	⋮	⋮

在这个稍复杂的线性表中,一个数据元素是每一个学生所对应的一行信息,包括学
号、姓名、性别、成绩和年龄共 5 个数据项。

2.1.2 线性表的基本操作

线性表是一种非常灵活的数据结构,它的长度可以根据问题的需要增加或减少,对数
据元素可以进行访问、插入和删除等一系列基本操作。在解决实际问题过程中,将会遇到
不同的运算对象和不同的数据类型。

下面是线性表常用的基本操作:

(1)InitList(List):初始化操作,建立一个空的线性表 List。

(2)ListLength(List):求线性表 List 的长度。

(3)GetElement(List,i):取线性表 List 中的第 i 个元素(1≤i≤n,n 为线性表长度)。

(4)PriorElement(List,x):若 x 不是第一个数据元素,则取 x 的直接前驱。

(5)NextElement(List,x):若 x 不是最后一个元素,则取 x 的直接后继。

(6)LocateElement(List,x):若 x 存在于 List 表中,则取得 x 的位置(位序)。

(7)ListInsert(List,i,x):在线性表 List 中第 i 个元素之前插入一个数据元素 x。

(8)ListDelete(List,i):删除线性表 List 中的第 i 个元素(1≤i≤n,n 为线性表长度)。

根据以上的基本操作,可以实现一些比较复杂的操作。例如,将若干个线性表合并成
一个线性表;把一个线性表拆分成若干个线性表等等。

2.2 线性表的顺序存储结构及其算法

本节讨论线性表的顺序存储结构及其算法,包括插入运算和删除运算。

2.2.1 线性表的顺序存储结构

线性表的顺序存储结构简称为顺序表(Sequential List)。线性表的顺序存储结构是将线性表中的数据元素按其逻辑顺序依次存放在内存中一组地址连续的存储单元中,即把线性表中相邻的元素存放在相邻的内存单元中。

假定线性表中每个元素占用 L 个存储单元,并以所占的第一个单元的地址作为数据元素的起始存储位置,则线性表中第 $i+1$ 个数据元素的存储位置 $LOC(a_{i+1})$ 和第 i 个数据元素存储位置 $LOC(a_i)$ 之间存在下列关系:

$$LOC(a_{i+1}) = LOC(a_i) + L$$

设线性表中第一个数据元素 a_1 的存储位置为 $LOC(a_1)$,它是线性表的起始位置,则线性表中第 i 个元素 a_i 的存储位置为:

$$LOC(a_i) = LOC(a_1) + (i-1)L$$

顺序存储结构的特点是:在线性表中逻辑关系相邻的数据元素,在计算机的内存中物理位置也是相邻的。若要访问数据元素 a_i,则可根据地址公式直接求出其存储单元地址 $LOC(a_i)$。

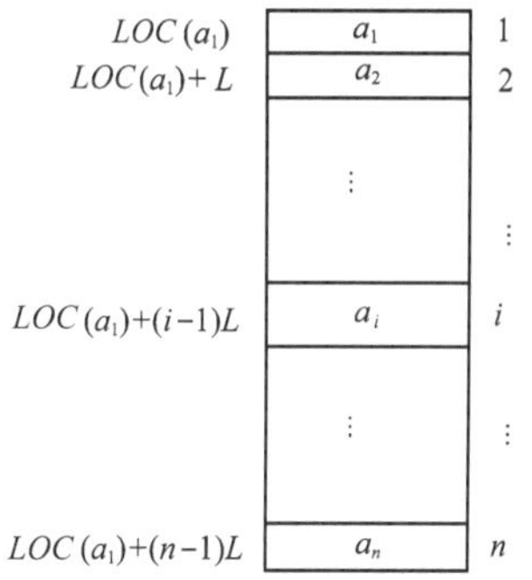

线性表顺序存储结构如图 2.2 所示。

图 2.2 线性表顺序存储结构示意图

线性表的顺序存储结构 C 语言描述如下:

```
#define MAXLEN 100        /* MAXLEN 要大于实际线性表的长度 */
typedef int elementtype;  /* 根据需要,elementtype 也可以定义为其他任何类型 */
typedef struct
{
    elementtype s[MAXLEN]; /* 定义线性表中的元素,MAXLEN 为线性表的最大容量 */
    int len;               /* 定义线性表的表长 */
} SqList;
```

2.2.2 顺序表的运算

在定义了线性表顺序存储结构之后,就可以讨论在这种结构上如何实现有关数据的运算问题。在这种存储结构下,某些线性表的运算很容易实现,如求线性表长度、取第 i 个数据元素以及求直接前驱和直接后继等。下面讨论线性表中数据元素的插入和删除运算。

1.插入运算

插入运算是指在具有 n 个元素的线性表的第 $i(1 \leqslant i \leqslant n)$ 个元素之前插入一个新元素 x。由于顺序表中的元素在机器内是连续存放的,要在第 i 个元素之前插入一个新元素,就必须把第 n 个到第 i 个之间所有元素依次向后移动一个位置,空出第 i 个位置后,再将新元素 x 插入第 i 个位置。新元素插入后线性表长度变为 $n+1$。

即长度为 n 的线性表:

$$(a_1,\cdots,a_{i-1},a_i,\cdots,a_n)$$

在插入元素 x 后,变为长度为 $n+1$ 的线性表:

$$(a_1,\cdots,a_{i-1},x,a_i,\cdots,a_n)$$

顺序表的插入算法示意图如图 2.3 所示。

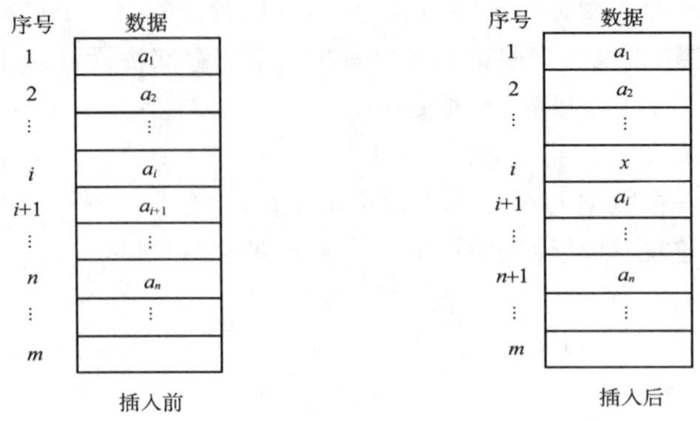

序号	数据
1	a_1
2	a_2
⋮	⋮
i	a_i
$i+1$	a_{i+1}
⋮	⋮
n	a_n
⋮	⋮
m	

插入前

序号	数据
1	a_1
2	a_2
⋮	⋮
i	x
$i+1$	a_i
⋮	⋮
$n+1$	a_n
⋮	⋮
m	

插入后

图 2.3　顺序表插入示意图

假设线性表中的元素为整数,则 C 语言描述的顺序表的插入算法如下:

程序 2-1

```
# include <stdio.h>
# define MAXLEN 100              /* MAXLEN 要大于实际线性表的长度 */
typedef int elementtype;         /* 根据需要,elementtype 也可以定义为其他任何类型 */
typedef struct                   /* 定义线性表 */
{
    elementtype s[MAXLEN];       /* 定义线性表中元素,MAXLEN 为线性表的最大容量 */
    int len;                     /* 定义线性表的表长 */
}SqList;

int insertsqlist(int i,elementtype x,SqList * sql)
{                                /* 在顺序表(* sql)的第 i 个元素之前插入一个新元素 x */
    int j;
    if((i<1)||(i>sql->len))      /* i 值非法,返回值为 0 */
        return(0);
    else
    {
        for(j=sql->len;j>=i;j--)
            sql->s[j+1]=sql->s[j];        /* 向后移动数据,腾出要插入的空位 */
        sql->s[j+1]=x;           /* 修正插入位置为 j+1,将新元素插入 s[j+1]位置 */
        (sql->len)++;            /* 表长加 1 */
        return(1);               /* 插入成功,返回值为 1 */
    }
}
```

```
main()                          /*主程序*/
{
    int b=3,c,k;
    elementtype d=9;
    SqList a={0,1,2,3,4,5,6,7,8};
                        /*赋线性表各元素初值,为与之前概念描述一致,a.s[0]闲置不用*/
    a.len=8;                    /*赋线性表长度值*/
    for(k=1;k<=a.len;k++)
    {
        printf("%3d",a.s[k]);    /*输出插入前结果*/
    }
    printf("\n");
    c=insertsqlist(b,d,&a);      /*调用插入函数*/
    if(c==0)
        printf("error");
    else
    {
        for(k=1;k<=a.len;k++)
            printf("%3d",a.s[k]);  /*输出插入后结果*/
    }
    printf("\n");
}
```

程序运行后结果:

```
1   2   3   4   5   6   7   8
1   2   9   3   4   5   6   7   8
```

例如有顺序表为$\{1,2,3,4,5,6,7,8\}$,想在第 3 个元素前插入元素"9",则调用插入函数的结果为:$1,2,9,3,4,5,6,7,8$。

关于插入算法的时间复杂性分析。当 $i=1$ 时,x 插入第 1 个元素之前,从第 n 个元素到第 1 个元素依次向后移动一个位置,共移动 n 个元素;当 $i=n+1$ 时,x 插入表尾,不移动任何元素。假设 i 是一个随机数,即在多次插入运算中取值分布是均匀的,则在表长为 n 的线性表中,插入一个新元素需要移动元素的平均次数为

$$\frac{1}{n+1}\sum_{i=1}^{n+1}(n-i+1)=\frac{n}{2}$$

2.删除运算

删除运算是指从具有 n 个元素的线性表中,删除其中的第 $i(1\leqslant i\leqslant n)$ 个元素,使表的长度减 1。若要删除表中的第 i 个元素,就必须把表中的第 $i+1$ 个到第 n 个之间的所有元素依次向前移动一个位置,以覆盖前一个位置上的内容,线性表的长度变为 $n-1$,即使长度为 n 的线性表:

$$(a_1,\cdots,a_{i-1},a_i,a_{i+1},\cdots,a_n)$$

在删除元素 a_i 后,变为长度为 $n-1$ 的线性表:

$$(a_1,\cdots,a_{i-1},a_{i+1},\cdots,a_n)$$

顺序表的删除算法如图 2.4 所示。

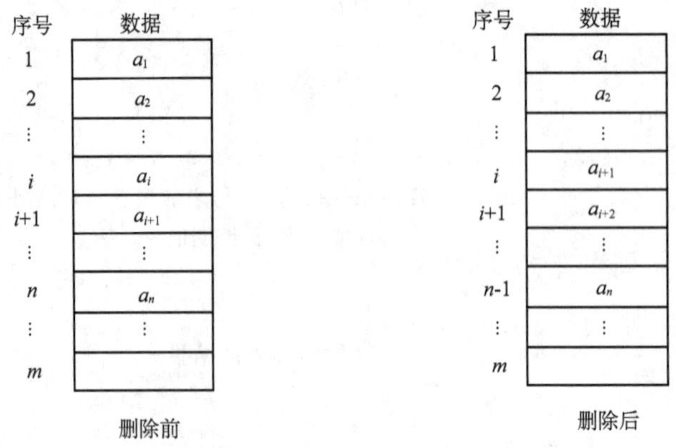

图 2.4　顺序表删除示意图

假设线性表中的元素为整数,则 C 语言描述的顺序表的删除算法如下:

程序 2-2

```
# include <stdio.h>
# define MAXLEN 100                    /* MAXLEN 要大于实际线性表的长度 */
typedef int elementtype;              /* 根据需要,elementtype 也可以定义为其他任何类型 */
typedef struct                        /* 定义线性表 */
{
    elementtype s[MAXLEN];            /* 定义线性表中元素,MAXLEN 为线性表的最大容量 */
    int len;                          /* 定义线性表的表长 */
}SqList;

int delsqlist(int i,SqList * sql)     /* 删除顺序表( * sql)的第 i 个元素 */
{
    int j;
    if((i<1)||(i>sql->len))           /* i 值非法,返回值为 0 */
        return(0);
    else
    {
        for(j=i+1;j<=sql->len;j++)
            sql->s[j-1]=sql->s[j];                    /* 向前移动数据,覆盖前一数据 */
        (sql->len)--;                 /* 表长度减 1 */
        return(1);                    /* 删除成功,返回值为 1 */
    }
}

main()                                /* 主程序 */
{
    int b=4,c,k;
    SqList a={0,1,2,3,4,5,6,7,8};
                    /* 赋线性表各元素初值,为与之前概念描述一致,a. s[0]闲置不用 */
```

```
    a.len=8;                      /* 赋线性表长度值 */
    for(k=1;k<=a.len;k++)
    {
        printf("%3d",a.s[k]);     /* 输出删除前结果 */
    }
    printf("\n");
    c=delsqlist(b,&a);            /* 调用删除函数 */
    if(c==0)
        printf("error\n");
    else
    {
        for(k=1;k<=a.len;k++)
          printf("%3d",a.s[k]);   /* 输出删除后结果 */
    }
    printf("\n");
}
```

程序运行后结果:

1　2　3　4　5　6　7　8
1　2　3　5　6　7　8

例如顺序表为 $\{1,2,3,4,5,6,7,8\}$,想删除第 4 个元素,则调用函数后的结果为:$\{1,2,3,5,6,7,8\}$。

关于删除算法的时间复杂性分析。当 $i=1$ 时,从第 2 个元素到第 n 个元素之间的元素依次向前移动一位。当 $i=n$ 时,不需要移动任何元素。假设 i 是一个随机数,即在多次删除运算中取值分布是均匀的,则在表长为 n 的线性表中,删除一个元素需要移动元素的平均次数为:

$$\frac{1}{n}\sum_{i=1}^{n}(n-i)=(n-1)/2$$

在线性表中插入或删除一个元素,平均大约需要移动表中一半的元素,当线性表中元素很多时,算法的效率很低。若表长为 n,则算法 insertsqlist 和 delsqlist 的时间复杂度为 $O(n)$。

2.3　线性表的链式存储结构及其运算

顺序表的特点是逻辑上相邻的两个元素在物理位置上也相邻,可以用一个简单的公式计算出某一元素的存放位置。因此,对线性表的存取是很容易的。但是,对线性表进行插入或删除操作时,需移动大量元素,消耗时间较多。另外,顺序表是用数组来存放线性表中各元素的,线性表最大长度较难确定,必须按线性表最大可能长度分配空间。若是线性表长度变化较大时,则使存储空间不能得到充分利用。如果存储空间分配过小,又可能导致溢出。为了克服上述缺点,本节介绍线性表的另一种存储方式,叫作链式存储结构。它不要求逻辑上相邻的元素在物理位置上也相邻,解决了顺序存储结构的以上弱点。

2.3.1　线性表的链式存储结构

　　线性表的链式存储结构是用一组任意存储单元来存放表中的数据元素,这组存储单元可以是连续的,也可以是不连续的。为了表示出每个元素与其直接后继元素之间的关系,除了存储元素本身的信息外,还需存储一个指示其直接后继的存储位置信息。因此,存放数据元素的空间(称为结点)至少包括两个域,一个域存放该元素的值,称为数据域;另一个域存放后继结点的存储地址,称为指针域或链域。其结点结构如图 2.5 所示。

数据域	指针域
元素值	后继结点存储地址

图 2.5　线性链表结点结构

　　在 C 语言中可以用结构类型定义链表中的每一个结点:

```
typedef struct node
{
    ELEMTP data;          /* 数据域;ELEMTP 可以为任意类型数据 */
    struct node * next;   /* 指针域 */
}NODE;
```

　　线性链表是通过结点指针域中的指针表示各结点之间的线性关系的。通常把链表画成用箭头相链接的结点序列,用结点之间的箭头表示链域中的指针。最后一个结点的指针没有指向任何结点,将该指针置为空指针,用"∧"或 NULL 表示。

　　设有线性表 (a_1,a_2,a_3,a_4,a_5),采用线性链表结构进行存储,其逻辑结构如图 2.6(a)所示。另外,还需要一个表头指针,指示链表中的第一个结点的存储地址。当链表为空时,则表头指针为空。如图 2.6(b)所示。

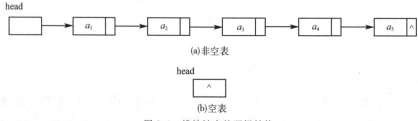

(a)非空表

head

(b)空表

图 2.6　线性链表的逻辑结构

　　下面讨论线性表的链式存储结构。线性表的每个结点都有一个链接指针,所以不要求链表中的结点必须按照结点先后次序存储在一个地址连续的存储区中。在链式存储结构中,线性表中数据元素的逻辑关系是用指示元素存储位置的指针来表示的。图 2.7 是线性表 (a_1,a_2,a_3,a_4,a_5) 的链式存储结构(即线性链表的存储结构)。

　　为了便于实现各种运算,通常在链表的第一个结点之前设置一个附加结点,称之为表头结点。而其他结点称为表中结点。表头结点结构与表中结点结构相同,只是数据域不存放数据元素,如图 2.8(a)所示。图 2.8(b)为带头结点的空表的情况。

　　在链表中插入或删除数据元素比在顺序表中要容易得多,但是链表结构需的存储空间较大。链表在插入结点时,需根据结点的类型向系统申请一个结点的存储空间,当删除一个结点时,就将该结点的存储空间释放,还给系统。顺序表是一种静态存储结构,而链表是一种动态存储结构。

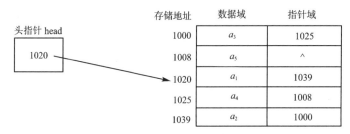

图 2.7 线性链表的存储结构

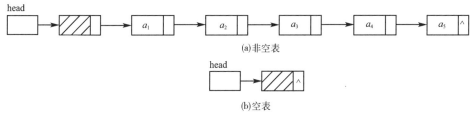

图 2.8 带表头结点的线性链表

2.3.2 单链表的运算

若线性链表的每个结点只含有一个指针域,则称这样的线性链表为单链表。

下面介绍单链表的建立、查找、插入、删除和输出等操作。

1. 建立带表头结点的单链表

建立链表时,首先要建立表头结点,此时为空链表。然后将新的结点逐一插入链表中,其过程如下:

(1)申请存储单元,用 C 语言的动态分配库函数 malloc(sizeof(NODE))得到。

(2)读入新结点的数据,新结点的指针域为空。

(3)把新结点链接到链表上去(有前插和后插两种链入方式)。

重复以上步骤,直到将所有结点都链接到链表上为止。

程序 2-3

```
# include <malloc.h>
# include <stdio.h>
typedef struct node
{
    int data;
    struct node * next;
}NODE;

NODE * create()      /* 此函数采用后插入方式建立单链表,并返回一个指向链表表头的指针 */
{
    NODE * head, * q, * p;                /* 定义指针变量 */
    char ch;
    int a;
    head=(NODE * )malloc(sizeof(NODE));   /* 申请新的存储空间,建立表头结点 */
```

```
        q=head;
        ch=′*′;
        printf("\nInput the list:");
        while(ch! =′?′)                    /*"ch"为是否建立新结点的标志,若"ch"为"?"则输入结束*/
        {
            if(scanf("%d",&a)==1);        /*输入新元素,若输入的是数字,则加入链表*/
            {
                p=(NODE*)malloc(sizeof(NODE));
                p->data=a;
                q->next=p;
                q=p;
            }
            ch=getchar();                  /*读入输入与否的标志*/
        }
        q->next=NULL;
        return(head);                      /*返回表头指针 head*/
    }


void freenode(NODE * head)                 /*释放链表各元素内存*/
{
    NODE* q=head,*p;
    do
    {
        p=q->next;
        free(q);
        q=p;
    }while(p! =NULL);
}


main()
{
    NODE *a;
    a=create();
    printf("output the list:");
    a=a->next;
    while(a! =NULL)
    {
        printf("%d  ",a->data);           /*输出链表各元素*/
        a=a->next;
    }
    freenode(head);                        /*释放链表占用的内存,不释放会存在内存泄漏*/
}
```

程序运行结果:

Input the list:5 6 7 8 9?（回车）

output the list:5 6 7 8 9

在调用建立单链表子程序中,显示的结果为依次输入的合理数据。

2. 单链表中结点的查找

在单链表中,即使知道了要查找的结点的序号,也只能从头指针开始查找。与顺序表不一样,单链表不能实现随机查找。一般情况下,单链表有两种查找方法,即按某个结点的序号查找和按给定值查找。

(1)按值查找

按值查找,就是在单链表中查找是否存在数据域值为给定的值(如整数 x)的结点。如果有的话,返回该结点的位置,否则返回 NULL。

程序 2-4

```
♯ include <malloc.h>
♯ include <stdio.h>
typedef struct node                        /*定义结点的存储结构*/
{
    int data;
    struct node * next;
}NODE;

NODE * create()      /*此函数采用后插入方式建立单链表,并返回一个指向链表表头的指针*/
{
    NODE * head, * q, * p;                 /*定义指针变量*/
    char ch;
    int a;
    head=(NODE * )malloc(sizeof(NODE));     /*申请新的存储空间,建立表头结点*/
    q=head;
    ch=′ * ′;
    printf("\nInput the list:");
    while(ch! =′?′)                 /*"ch"为是否建立新结点的标志,若"ch"为"?"则输入结束*/
    {
        if(scanf("%d",&a)==1);           /*输入新元素,若输入的是数字,则加入链表*/
        {
            p=(NODE * )malloc(sizeof(NODE));
            p->data=a;
            q->next=p;
            q=p;
        }
        ch=getchar();                      /*读入输入与否的标志*/
    }
    q->next=NULL;
    return(head);                          /*返回表头指针 head*/
}

NODE * locate(NODE * head,int x)          /*在已知链表中查找给定的值 x*/
```

```
{
    NODE * p;
    p=head->next;
    while((p! =NULL)&&(p->data! =x))          /* 未到表尾且未找到给定数据 */
        p=p->next;                           /* 指向下一个元素 */
    return(p);
}


void freenode(NODE * head)                    /* 释放链表各元素内存 */
{
    NODE *  q=head, * p;
    do
    {
        p=q->next;
        free(q);
        q=p;
    }while(p! =NULL);
}


main()                                        /* 主程序 */
{
    int y;
    NODE * a, * b;
    a=create();
    printf("Input x: ");
    scanf(" % d",&y);
    b=locate(a,y);
    if(b! =NULL)
    {
        printf("find:");
        printf(" % 5d",b->data);             /* 查找成功 */
    }
    else
        printf("not found");                 /* 查找失败 */
    freenode(a);                             /* 释放链表占用的内存 */
}
```

程序运行结果：

Input the list:1 2 3 4 5? (回车)

Input x: 5(回车)

find: 5

(2)按序号查找

在单链表中查找第 i 个位置上的结点,若找到,则返回它的地址,否则返回 NULL。

程序 2-5

```
# include <malloc.h>
```

```
# include <stdio.h>
typedef struct node                              /*定义结点的存储结构*/
{
    int data;
    struct node * next;
}NODE;

NODE * create()      /*此函数采用后插入方式建立单链表,并返回一个指向链表表头的指针*/
{
    NODE * head, * q, * p;                       /*定义指针变量*/
    char ch;
    int a;
    head=(NODE * )malloc(sizeof(NODE));          /*申请新的存储空间,建立表头结点*/
    q=head;
    ch=´ * ´;
    printf("\nInput the list:");
    while(ch! =´?´)                     /*"ch"为是否建立新结点的标志,若"ch"为"?"则输入结束*/
    {
        if(scanf("% d",&a)==1);              /*输入新元素,若输入的是数字,则加入链表*/
        {
            p=(NODE * )malloc(sizeof(NODE));
            p->data=a;
            q->next=p;
            q=p;
        }
        ch=getchar();                            /*读入输入与否的标志*/
    }
    q->next=NULL;
    return(head);                                /*返回表头指针 head*/
}

NODE * find(NODE * head,int i)                    /*在已知链表中查找序号为 i 的结点*/
{
    int j=1;
    NODE * p;
    p=head->next;
    while((p! =NULL)&&(j<i))                    /*未到表尾且未找到序号为 i 的结点*/
    {
        p=p->next;                               /*指向下一个元素*/
        j++;
    }
    return(p);
}

void freenode(NODE *  head)                      /*释放链表各元素内存*/
{
```

```
        NODE * q=head, * p;
        do
        {
            p=q->next;
            free(q);
            q=p;
        }while(p! =NULL);
}


main()                                    /* 主程序 */
{
    int i;
    NODE * a, * b;
    a=create();
    printf("Input i: ");
    scanf("%d",&i);
    b=find(a,i);
    if(b! =NULL)
    {
        printf("find:");
        printf("%5d",b->data);            /* 查找成功 */
    }
    else
        printf("not found");              /* 查找失败 */
    freenode(a);                          /* 释放链表占用的内存 */
}
```

程序运行结果：

Input the list:5 6 7 8 9?（回车）

Input i: 3(回车)

find: 7

3. 单链表上的插入运算

在顺序表中，插入运算时，将会有大量元素向后移动。而在单链表中，插入一个结点不需要移动元素，只需要修改指针即可。若将 x 插入 a_1 和 a_2 之间，其过程如下：

（1）建立一个新结点 q，将 x 值赋给 $q \rightarrow$ data。

（2）修改有关结点的指针域。

插入结点指针变化如图 2.9 所示。

图 2.9 插入结点时指针的改变

程序 2-6

```
# include <malloc.h>
# include <stdio.h>
typedef struct node                 /*定义结点的存储结构*/
{
    int data;
    struct node * next;
}NODE;
NODE * create()      /*此函数采用后插入方式建立单链表,并返回一个指向链表表头的指针*/
{
    NODE * head, * q, * p;          /*定义指针变量*/
    int a=0,n=0;
    head=(NODE * )malloc(sizeof(NODE));/*申请新的存储空间,建立表头结点*/
    q=head;
    printf("\nInput number of the list:");
    scanf(" % d",&n);               /*输入单向链表结点个数*/
    if(n>0)                         /*若 n<=0,建立仅含表头结点的空表*/
    {
        printf("Input the list:");
        while(n>0)
        {
            if(scanf(" % d",&a)==1);  /*输入新元素,若输入的是数字,则加入链表*/
            {
                p=(NODE * )malloc(sizeof(NODE));
                p->data=a;
                q->next=p;
                q=p;
                n--;
            }
            else
                getchar();          /*清除输入缓冲区中的非数字*/
        }
    }
    q->next=NULL;
    return(head);                   /*返回表头指针 head*/
}


void insert(NODE * p,int x)         /*在链表的 p 结点位置后插入给定元素 x*/
{
    NODE * q;
    q=(NODE * )malloc(sizeof(NODE)); /*申请新的存储空间*/
```

```
        q->data=x;
        q->next=p->next;                    /* 实现图 2.9(b)的① */
        p->next=q;                          /* 实现图 2.9(b)的②,将新结点 q 链接到 p 结点之后 */
    }

    void freenode(NODE * head)              /* 释放链表各元素内存 */
    {
        NODE * q=head, * p;
        do
        {
            p=q->next;
            free(q);
            q=p;
        }while(p! =NULL);
    }

    main()                                  /* 主程序 */
    {
        int x,position;                     /* x 为将插入的元素,position 为插入位置的序号 */
        int i=0,j=0;
        NODE * c, * d;
        c=create();                         /* 建立单向链表 */
        d=c->next;
        while(d! =NULL)                      /* 统计单向链表中结点数,存入 j 中 */
        {
            d=d->next;
            j++;
        }
        d=c;
        do
        {
            printf("Input position (again):");
            scanf(" % d",&position);         /* position 可为 0,表示表头结点 */
        }while((position>j)||position<0);    /* position 值超过单向链表结点数,重新输入 */
        printf("Input x:");
        scanf(" % d",&x);
        while(i! =position)                   /* 由 position 值确定其在单向链表中的位置 d */
        {
            d=d->next;
            i++;
        }
        insert(d,x);
```

```
    printf("Output the list:");
    while(c->next!=NULL)                     /* 输出插入 x 后的单向链表各元素 */
    {
        c=c->next;
        printf("%5d",c->data);
    }
    printf(" ok");
    freenode(c);                             /* 释放链表占用的内存 */
}
```

程序运行结果:

Input number of the list:5(回车)

Input the list:5 6 7 8 9(回车)

Input position (again):3(回车)

Input x:33(回车)

Output the list:5 6 7 33 8 9 ok

本程序 2-6 建立带表头结点的单链表函数 create(),与程序 2-3、程序 2-4、程序 2-5 中的 create()略有不同,此处函数 create()既可建立非空链表,亦可建立仅带表头结点的空表。

4. 单链表上的删除运算

删除单向链表中的结点 x,并由系统收回其占用的存储空间,其过程如下:

(1)设定两个指针 p 和 q,p 指针指向被删除结点,q 为跟踪指针,指向被删除结点的直接前驱结点。

(2)p 从表头指针 head 指向的第一个结点开始依次向后搜索。当 $p \rightarrow$ data 等于 x 时,被删除结点找到。

(3)修改 p 的前驱结点 q 的指针域。使 p 结点被删除,然后释放存储空间。如图 2.10 所示。

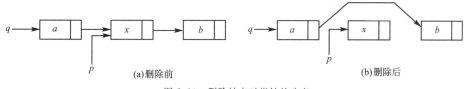

图 2.10　删除结点时指针的改变

程序 2-7

```
#include <malloc.h>
#include <stdio.h>
typedef struct node                          /* 定义结点的存储结构 */
{
    int data;
    struct node * next;
}NODE;
```

```
NODE * create()        /* 此函数采用后插入方式建立单链表,并返回一个指向链表表头的指针 */
{
    NODE * head, * q, * p;                    /* 定义指针变量 */
    int a=0,n=0;
    head=(NODE * )malloc(sizeof(NODE));       /* 申请新的存储空间,建立表头结点 */
    q=head;
    printf("\nInput number of the list:");
    scanf(" % d",&n);                         /* 输入单向链表结点个数 */
    if(n>0)                                   /* 若 n<=0,建立仅含表头结点的空表 */
    {
        printf("Input the list:");
        while(n>0)
        {
            if(scanf(" % d",&a)==1);          /* 输入新元素,若输入的是数字,则加入链表 */
            {
                p=(NODE * )malloc(sizeof(NODE));
                p->data=a;
                q->next=p;
                q=p;
                n--;
            }
            else
                getchar();                    /* 清除输入缓冲区中的非数字 */
        }
    }
    q->next=NULL;
    return(head);                             /* 返回表头指针 head */
}


void delete(NODE * head,int x)                /* 删除链表中的给定元素 x */
{
    NODE * p, * q;
    q=head;
    p=q->next;
    while((p! =NULL)&&(p->data! =x))          /* 查找要删除的元素 */
    {
        q=p;
        p=p->next;
    }
    if(p= =NULL)
        printf(" % d not found. \n",x);        /* x 结点未找到 */
    else
    {
        q->next=p->next;                      /* 链接 x 直接后继结点 */
```

```
        free(p);                           /* 删除 x 结点,释放 x 结点空间 */
    }
}

void freenode(NODE *  head)                /* 释放链表各元素内存 */
{
    NODE *  q=head, * p;
    do
    {
        p=q->next;
        free(q);
        q=p;
    }while(p! =NULL);
}

main()                                     /* 主程序 */
{
    int x;
    NODE * a, * b;
    a=create();
    printf("Input x:");
    scanf(" %5d",&x);
    delete(a,x);
    b=a;
    b=b->next;
    printf("Output the list:");
    while(b! =NULL)
    {
        printf("  %3d",b->data);           /* 输出删除 x 后的单向链表 */
        b=b->next;
    }
    freenode(a);                           /* 释放链表占用的内存 */
}
```

程序第一次运行结果(删除成功):

Input number of the list:5(回车)

Input the list:1 2 3 4 5(回车)

Input x:4(回车)

Output the list:1 2 3 5

程序第二次运行结果(删除元素未找到):

Input number of the list:5(回车)

Input the list:1 2 3 4 5(回车)

Input x:6(回车)

6 not found

Output the list：1 2 3 4 5

5. 输出单链表

若要将单链表按其逻辑顺序输出，就必须从头到尾访问单链表中的每一个结点。

程序 2-8

```
# include <malloc.h>
# include <stdio.h>
typedef struct node                        /* 定义结点的存储结构 */
{
    int data;
    struct node * next;
}NODE;

NODE * create()     /* 此函数采用后插入方式建立单链表,并返回一个指向链表表头的指针 */
{
    NODE * head, * q, * p;              /* 定义指针变量 */
    int a=0,n=0;
    head=(NODE * )malloc(sizeof(NODE));   /* 申请新的存储空间,建立表头结点 */
    q=head;
    printf("\nInput number of the list：");
    scanf("% d",&n);                     /* 输入单向链表结点个数 */
    if(n>0)                              /* 若 n<=0,建立仅含表头结点的空表 */
    {
        printf("Input the list：");
        while(n>0)
        {
            if(scanf("% d",&a)==1);      /* 输入新元素,若输入的是数字,则加入链表 */
            {
                p=(NODE * )malloc(sizeof(NODE));
                p->data=a;
                q->next=p;
                q=p;
                n--;
            }
            else
                getchar();               /* 清除输入缓冲区中的非数字 */
        }
    }
    q->next=NULL;
    return(head);                        /* 返回表头指针 head */
}

void print(NODE * head)                  /* 输出单向链表各元素 */
{
    NODE * p;
```

```
        p=head->next;
        printf("Output the list:");
        while(p! =NULL)
        {
            printf("  %3d",p->data);
            p=p->next;
        }
    }


    void freenode(NODE * head)              /* 释放链表各元素内存 */
    {
        NODE * q=head, * p;
        do
        {
            p=q->next;
            free(q);
            q=p;
        }while(p! =NULL);
    }


    main()
    {
        NODE * a;
        a=create();
        print(a);
        freenode(a);                        /* 释放链表占用的内存 */
    }
```

程序运行结果:
Input number of the list:5(回车)
Input the list:1 2 3 4 5(回车)
Output the list:1 2 3 4 5

2.3.3 循环链表结构

上面讨论的是用单链表结构实现的线性表,各结点之间由一个指针域链接,最后一个指针域的值用 NULL 表示,作为链表结束标志。如果将单链表最后一个结点的指针指向头结点,使链表形成一个环形,此链表就称为循环链表(Circular Link List)。如图 2.11 所示。

循环链表上的运算与单链表上的运算基本一致,区别在于最后一个结点的判断,将单链表算法中出现的 NULL 处改为头指针 head 即可。利用循环链表实现某些运算比单链表更方便。

例如,在循环链表中,可以从表中任一结点 p 出发找到它的直接前驱,而不必从 head 出发。其算法如下:

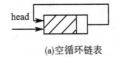

(a)空循环链表

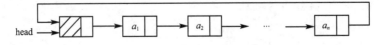

(b)非空循环链表

图 2.11 带表头的循环链表

程序 2-9

```
# include <malloc.h>
# include <stdio.h>
typedef struct node                        /* 定义结点的存储结构 */
{
    int data;
    struct node * next;
}NODE;


NODE * create_circular()
          /* 此函数采用后插入方式建立单向循环链表,并返回一个指向链表表头的指针 */
{
    NODE * head, * q, * p;              /* 定义指针变量 */
    int a=0,n=0;
    head=(NODE * )malloc(sizeof(NODE));/* 申请新的存储空间,建立表头结点 */
    q=head;
    printf("\nInput number of the list:");
    scanf("%d",&n);                    /* 输入单向链表结点个数 */
    head->data=n;                      /* 表头结点赋值 n,即表中结点个数 */
    if(n>0)                            /* 若 n<=0,建立仅含表头结点的空表 */
    {
        printf("Input the list:");
        while(n>0)
        {
            if(scanf("%d",&a)==1;    /* 输入新元素,若输入的是数字,则加入链表 */
            {
                p=(NODE * )malloc(sizeof(NODE));
                p->data=a;
                q->next=p;
                q=p;
                n--;
            }
```

```
            else
                getchar();              /* 清除输入缓冲区中的非数字 */
        }
    }
    q->next=head;
    return(head);                       /* 返回表头指针 head */
}


NODE * prior(NODE * p)                  /* 返回结点 p 的直接前趋结点 q,这里 p、q 为结点指针 */
{
    NODE * q;
    q=p->next;
    while(q->next!=p)
        q=q->next;
    return(q);
}


void freenode(NODE * head)              /* 释放链表各元素内存 */
{
    NODE * q=head, * p;
    do
    {
        p=q->next;
        free(q);
        q=p;
    }while(p!=head);
}


main()                                  /* 主程序 */
{
    NODE * a, * c, * p;
    int i,j;
    a=create_circular();                /* 建立单向循环链表 */
    printf("Input j:");                 /* 给出单向循环链表中的结点序号,表头结点序号为 0 */
    scanf("%d",&j);                     /* j 的取值为:0~表中的结点个数 */
    p=a;
    for(i=0;i<j;i++)
        p=p->next;                      /* 按序号确定一个 p 结点 */
    c=prior(p);
    printf("prior of %d is:%d",p->data,c->data);
    freenode(a);                        /* 释放链表占用的内存 */
}
```

程序运行结果：

　　　/ * 涉及和表头结点有关的前驱结点时,注意表头结点的 data 域的值是表中结点数目 * /

Input number of the list：5(回车)

Input the list：5 6 7 8 9(回车)

Input j：4(回车)

prior of 8 is：7

2.3.4 双向链表结构

1.双向链表的基本概念

在单循环链表中,虽然从任一已知结点出发都可以找到其前驱结点,但时间复杂度为 $O(n)$,原因在于其每个结点只含有一个指向其后继的指针。若希望能快速找到一个结点的直接前驱,则可以在循环链表的结点中再增加一个指针域,这个指针直接指向该结点的直接前驱。这样,链表中一个结点就有了两个指针域,我们把这样的链表称为双向链表。如图 2.12(a)所示。如果每条链都构成一个循环链表,则称这样的链表为双向循环链表。如图 2.12(b)所示。

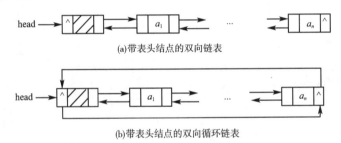

(a)带表头结点的双向链表

(b)带表头结点的双向循环链表

图 2.12　双向链表的逻辑结构

双向链表中结点结构如图 2.13 所示。

双向链表的结点结构用 C 语言描述如下：

图 2.13　双向链表结点结构

```
typedef struct dupnode
{
    ELEMTP data;                      / * 数据域;ELEMTP 可以为任意类型的数据 * /
    struct dupnode * next, * prior;   / * 定义指向直接后继和直接前驱的指针 * /
}DUPNODE;
```

在双向链表中,如果运算只涉及一个方向的指针,则双向链表中的运算与单链表中的算法是一致的。如果运算涉及两个方向的指针,则与单链表中的算法不同。由于双向链表是一种对称结构,因此,与单链表相比,求给定结点的直接前驱和直接后继都很容易。其时间复杂度为 $O(1)$。双向链表有一个重要的特点,若 p 是指向表中任一结点的指针,则有：

$$(p{\rightarrow}next){\rightarrow}prior=(p{\rightarrow}prior){\rightarrow}next=p$$

下面讨论双向链表的插入和删除运算。

2.插入运算

在双向链表的 p 结点之后插入新结点 q。插入过程如图 2.14 所示。

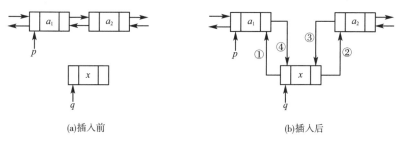

图 2.14　双向链表插入结点时指针的改变

在双向链表中插入一个新结点的算法如下：

```
void insert(DUPNODE * p,DUPNODE * q)
{                                       /* 把 q 结点插在双向链表的 p 结点之后 */
    q->prior=p;
    q->next=p->next;
    (p->next)->prior=q;
    p->next=q;
}
```

3.删除运算

将双向链表中的 p 结点删除。删除过程如图 2.15 所示。

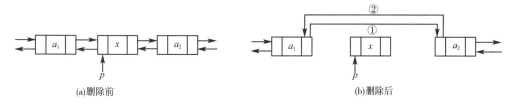

图 2.15　双向链表删除结点时指针的改变

在双向链表中删除一个结点的算法如下：

```
void delete(DUPNODE * p)
{                                       /* 在双向链表中删除结点 p */
    (p->prior)->next=p->next;
    (p->next)->prior=p->prior;
    free(p);
}
```

2.4　线性表应用举例

本节以几个具体例子来说明线性表的应用。

例 2.1　有两个线性表 A 和 B，都是循环链表存储结构，两个链表头指针分别为 head1 和 head2，将 B 链表链接到 A 链表的后面，合并成一个链表。如图 2.16 所示。

程序 2-10

```
#include <malloc.h>
```

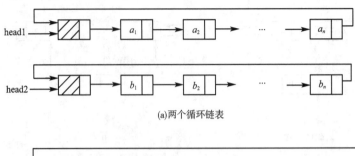

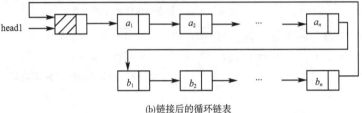

(a)两个循环链表

(b)链接后的循环链表

图 2.16   将带有头指针的两个循环链表合并为一个循环链表

```
# include <stdio.h>
typedef struct node                 /*定义结点的存储结构*/
{
    int data;
    struct node * next;
}NODE;


NODE * create_circular()
          /*此函数采用后插入方式建立单向循环链表,并返回一个指向链表表头的指针*/
{
    NODE * head,* q,* p;         /*定义指针变量*/
    int a=0,n=0;
    head=(NODE * )malloc(sizeof(NODE));           /*申请新的存储空间,建立表头结点*/
    q=head;
    printf("\nInput number of the list:");
    scanf("%d",&n);             /*输入单向链表结点个数*/
    head->data=n;               /*表头结点赋值 n,即表中结点个数*/
    if(n>0)                     /*若 n<=0,建立仅含表头结点的空表*/
    {
        printf("Input the list:");
        while(n>0)
        {
            if(scanf("%d",&a)==1);    /*输入新元素,若输入的是数字,则加入链表*/
            p=(NODE * )malloc(sizeof(NODE));
            p->data=a;
            q->next=p;
            q=p;
            n--;
```

```
        }
        else
            getchar();              /* 清除输入缓冲区中的非数字 */
    }
    q->next=head;
    return(head);                   /* 返回表头指针 head */
}

NODE * connect(NODE * head1,NODE * head2)
{   /* 把循环链表 A 和 B 合并成一个循环链表。head1 和 head2 分别为两个循环链表的头指针 */
    NODE * p, * q;
    p=head1->next;
    while(p->next!=head1)           /* 查找 head1 的最后一个结点 */
        p=p->next;
    q=head2->next;
    while(q->next!=head2)           /* 查找 head2 的最后一个结点 */
        q=q->next;
    p->next=head2->next;            /* A,B 两表链接 */
    q->next=head1;
    free(head2);                    /* 释放 B 表表头结点 */
    return(head1);
}

void freenode(NODE * head)          /* 释放链表各元素内存 */
{
    NODE * q=head, * p;
    do
    {
        p=q->next;
        free(q);
        q=p;
    }while(p!=head);
}

main()                              /* 主程序 */
{
    NODE * a, * b, * c, * d;
    a=create_circular();            /* 调用 create_circular()函数,建立单向循环链表 A */
    b=create_circular();            /* 调用 create_circular()函数,建立单向循环链表 B */
    c=connect(a,b);                 /* 调用 connect 函数,将循环链表 A 和 B 合并成一个循环链表 */
    d=c;
    printf("\nOutput the list:");   /* 输出链接后的整个链表 */
    while(d->next!=c)
    {
        d=d->next;
```

```
        printf("   % 3d",d->data);
    }
    freenode(c);                      /* 释放链表占用的内存 */
}
```

程序运行结果:(首先建立 A,B 单向循环链表,然后输出合并后的单向循环链表)

Input number of the list:3(回车)

Input the list:11 22 33(回车)

Input number of the list:4(回车)

Input the list:44 55 66 77(回车)

Output the list:11 22 33 44 55 66 77

例 2.2 一元多项式的加法运算。

设有两个一元多项式分别为:

$$A_n(x) = a_0 + a_1 x + a_2 x^2 + \cdots + a_n x^n \tag{1}$$

$$B_m(x) = b_0 + b_1 x + b_2 x^2 + \cdots + b_m x^m \tag{2}$$

多项式(1)中有 $n+1$ 个系数,系数可用线性表表示为

$$A = (a_0, a_1, a_2, \cdots, a_n)$$

多项式(2)中有 m+1 个系数,系数可用线性表表示为

$$B = (b_0, b_1, b_2, \cdots, b_m)$$

设 $m \leqslant n$,两个多项式的和 $R_n(x) = A_n(x) + B_m(x)$ 的系数可用线性表表示为:

$$R = (a_0 + b_0, a_1 + b_1, a_2 + b_2, \cdots, a_m + b_m, a_{m+1}, \cdots, a_n) \tag{3}$$

由上面三个多项式系数组成的线性表 A、B、R 可用顺序结构在计算机中存储,分别用三个一维数组 a[n]、b[m]、r[n] 来表示。用这种顺序存储方式,很容易实现加法运算。但是当多项式的零系数很多时,用顺序存储的方式就不合适了,会浪费大量存储空间。如有一多项式 $A(x) = 1 + 2x^{200} + 3x^{300}$。它仅有三个非零元素,实际上它只需要三个存储单元。而用一维数组表示时,它却需要 301 个单元。为减少空间的浪费,我们采用链接存储方式。

下面用线性链表表示一元多项式,多项式中每个非零项用一个结点来表示,结点中含有两个数据域和一个指针域,两个数据域分别存放非零项的系数和指数。结点结构如图 2.17 所示。

coef	exp	next

图 2.17 多项式的链表结点结构

多项式非零项结点结构的 C 语言描述如下:

```
typedef struct pnode
{
    int coef;              /* 系数以整型为例 */
    int exp;               /* 指数 */
    struct pnode * next;
}PNODE;
```

下面以具体例子来说明在相加过程中,结点指针改变的情况。设有多项式

$$A(x) = 1 + 2x + 4x^3 \tag{1}$$

$$B(x) = 2 - 2x + 3x^2 \tag{2}$$

多项式(1)加多项式(2)的和为多项式(3)：

$$R(x) = 3 + 3x^2 + 4x^3 \qquad\qquad (3)$$

用带有表头结点的单链表表示多项式(1)和(2)。将表头结点的 exp 域置为 -1，以便于处理。如图 2.18(a)和图 2.18(b)所示。相加后的和如图 2.18(c)所示，其中无指针链接的结点表示已释放的空间。

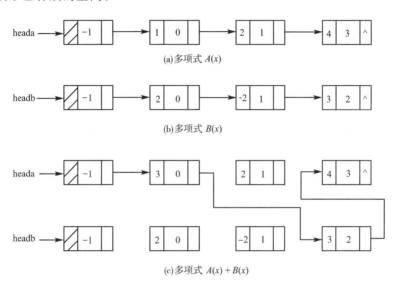

(a)多项式 $A(x)$

(b)多项式 $B(x)$

(c)多项式 $A(x) + B(x)$

图 2.18　多项式相加的链表表示

程序 2-11

```
# include <malloc.h>
# include <stdio.h>
typedef struct node              /* 定义多项式结点的存储结构 */
{
    int coef;                    /* 多项式系数 */
    int exp;                     /* 多项式指数 */
    struct node * next;
}PNODE;

PNODE * create_polyn()
        /* 此函数采用后插入方式建立一元多项式,并返回一个指向多项式表表头的指针 */
{
    PNODE * head, * q, * p;      /* 定义指针变量 */
    int c,e,n;
    head=(PNODE * )malloc(sizeof(PNODE));   /* 申请新的存储空间,建立多项式表头结点 */
    q=head;
    printf("Input number of the polyn_list:");
    scanf("%d",&n);              /* 输入多项式项数 */
    if(n>0)                      /* 若 n<=0,建立仅含表头结点的空表,即空多项式 */
    {
        printf("Input the list:");
```

```
        while(n>0)
        {
            p=(PNODE * )malloc(sizeof(PNODE));
            scanf("%d",&c);          /*输入多项式系数*/
            scanf("%d",&e);          /*输入多项式指数*/
            p->coef=c;
            p->exp=e;
            q->next=p;
            q=p;
            n——;
        }
    }
    q->next=NULL;
    return(head);                    /*返回多项式表头指针 head*/
}


void padd(PNODE * heada,PNODE * headb)
{               /*多项式 A(x)+B(x)。heada 和 headb 分别为多项式 A(x)和 B(x)的表头指针*/
    PNODE * p,* q,* u,* s;
    int x;                           /*假设多项式系数为整数*/
    p=heada->next;      /*p 指向 heada 链表中的第一个结点,即多项式 A(x)的第一项*/
    q=headb->next;      /*q 指向 headb 链表中的第一个结点,即多项式 B(x)的第一项*/
    s=heada;                         /*s 与 p 配合,s 暂存 heada 指针*/
    while((p! =NULL)&&(q! =NULL))/*在 heada 和 headb 链表都未到表尾结点时*/
    {
        if(p->exp==q->exp)       /*当两个多项式中的某项指数相等时*/
        {
            x=p->coef+q->coef;/*系数相加,值存放在临时单元 x 中*/
            if(x! =0)               /*当系数相加后,系数值不为 0 时*/
            {
                p->coef=x;        /*在 heada 链表中存放系数相加后的值*/
                s=p;               /*s 暂存 p 指针*/
            }
            else                     /*当系数相加后,系数值为 0 时*/
            {
                s->next=p->next;        /*将 p->next 临时存放在 s->next 指针中*/
                free(p);          /*释放 p 结点*/
            }
            p=s->next;           /*将 p 重新赋值为 s->next,即释放前的 p->next 指针*/
            u=q;                     /*u 与 q 配合,u 暂存 q 指针*/
            q=q->next;           /*q 指向下一结点*/
            free(u);                 /*释放 u 结点*/
        }
        else                         /*当两个多项式中的某项指数不相等时*/
        {
            if(p->exp>q->exp)    /*如果 p 的指数大于 q 的指数,在 p 之前插入 q*/
```

```
            {
                u＝q－>next；          /＊将 u 指向 q 结点的直接后继结点＊/
                q－>next＝p；          /＊将 p 结点成为 q 结点的直接后继结点＊/
                s－>next＝q；
                    /＊将 q 结点成为 s 结点的直接后继结点,即 q 结点插入 s 和 p 结点之间＊/
                s＝q；                /＊置 s 指向 p 结点的直接前驱结点＊/
                q＝u；                /＊完成 q 结点的插入,q 重新赋值为 u 指针＊/
            }
            else                     /＊如果 p 的指数小于 q 的指数＊/
            {
                s＝p；               /＊s 跟上 p＊/
                p＝p－>next；         /＊p 结点前进到下一个结点＊/
            }
        }
    }
    if(q!＝NULL)
        /＊当 heada 和 headb 中某一链表到表尾结点时,如果 p 已是尾结点,而 q 未到尾结点,＊/
            /＊就将 q 链接到 p 的尾结点上;如果 q 已到尾结点,则不再需要改变 p 结点了。＊/
        s－>next＝q；
    free(headb)；                    /＊释放 headb 结点空间＊/
}


void print(PNODE ＊head)            /＊输出多项式＊/
{
    PNODE ＊p；
    p＝head－>next；
    printf("Output the polyn_list:")；
    while(p!＝NULL)
    {
        printf("％dx^％d,",p－>coef,p－>exp)；
        p＝p－>next；
    }
    printf("\n")；
}


void freenode(PNODE ＊head)         /＊释放链表各元素内存＊/
{
    PNODE ＊ q＝head,＊p；
    do
    {
        p＝q－>next；
        free(q)；
        q＝p；
    }while(p!＝NULL)；
}
```

```
main()                              /* 主程序 */
{
    PNODE * a, * b;
    a＝create_polyn();              /* 此函数采用后插入方式建立一元多项式 A(x) */
    b＝create_polyn();              /* 此函数采用后插入方式建立一元多项式 B(x) */
    print(a);                       /* 输出多项式 A(x) */
    print(b);                       /* 输出多项式 B(x) */
    padd(a,b);
    print(a);                       /* 输出多项式 A(x)＋B(x) */
    freenode(a);                    /* 释放链表占用的内存 */
}
```

程序运行结果：

Input number of the polyn_list：3(回车)

Input the list：1 0 2 1 4 3(回车)

Input number of the polyn_list：3(回车)

Input the list：2 0 －2 1 3 2(回车)

Output the polyn_list：1x^0, 2x^1, 4x^3,

Output the polyn_list：2x^0, －2x^1, 3x^2

Output the polyn_list：3x^0, 3x^2, 4x^3

上述算法时间主要在比较指数和相加系数上。多项式 $A(x)$ 有 n 项，$B(x)$ 有 m 项，算法的时间复杂度为 $O(n+m)$。

2.5 数组

数组是线性表的推广，也是一种常用的数据结构。本节简单地讨论数组的定义和实现，以及矩阵的压缩存储。

2.5.1 数组的定义

数组是由一组具有相同特性的数据元素组成的。其中的数据元素可以是整型、实型等简单类型，也可以是数组等构造类型。数据元素在数组中的相对位置是由其下标来确定的。

如果数组元素中只含有一个下标，这样的数组称为一维数组，若把数据元素的下标顺序变换成线性表中的序号，则一维数组就是一个线性表。如 2.1.1 中的描述。

如果每个数组元素含有两个下标，则称该数组为二维数组。如图 2.19 所示，一个 $m \times n$ 阶矩阵就是一个二维数组。

$$\begin{bmatrix} a_{11} & a_{12} & a_{13} & \cdots & a_{1n} \\ a_{21} & a_{22} & a_{23} & \cdots & a_{2n} \\ \cdots & \cdots & \cdots & \cdots & \cdots \\ \cdots & \cdots & \cdots & \cdots & \cdots \\ a_{m1} & a_{m2} & a_{m3} & \cdots & a_{mn} \end{bmatrix}$$

图 2.19 $m \times n$ 阶矩阵的二维数组

对这个二维数组，可以把它看作是一个线性表，其数据元素又是由 n 个向量构成的一维数组，而每个向量是由 m 个简单类型的元素组成的，如图 2.20 所示。所以二维数组也可以看成一个一维表。

$$A_{m\times n} = \begin{bmatrix} a_{11} & a_{12} & a_{13} & \cdots & a_{1n} \\ a_{21} & a_{22} & a_{23} & \cdots & a_{2n} \\ \cdots & \cdots & \cdots & \cdots & \cdots \\ \cdots & \cdots & \cdots & \cdots & \cdots \\ a_{m1} & a_{m2} & a_{m3} & \cdots & a_{mn} \end{bmatrix}$$

图 2.20　二维数组图例

一旦定义了数组,它的维数和元素数目也就确定了,而且数据元素的下标具有上下界约束关系,并且是有序的。

2.5.2　数组的顺序存储结构

数组的存储结构是指如何将数组存放在计算机的内存单元中,通常数组采用的是顺序存储结构,即把数组元素顺序地存放在一片地址连续的存储单元中。在计算机内存单元中,存储单元都是一维的结构,因此,存放二维数组就必须按照某种次序将数组元素排成一个线性序列。

对于二维数组来说,可以有两种存储方式,一种是以行为主顺序的存储方式,即先存储第一行,再存储第二行,以此类推,每一行元素从左到右顺序存储;另一种是以列为主顺序的存储方式,即先存储第一列,再存储第二列,以此类推,每一列的元素从上到下顺序存储。例如,二维数组 a[3][2] 是一个 3×2 的矩阵,以行为主顺序的存储结构和以列为主顺序的存储结构如图 2.21 所示。

（a）3×2 阶矩阵　　（b）以行为主顺序　　（c）以列为主顺序

图 2.21　3×2 阶矩阵的顺序存储的两种方式

二维数组存储地址的计算与一维数组存储地址的计算类似。假设给定二维数组 a[m][n],其存储顺序按行为主顺序存储,每一数据元素占 L 个数据单元,$LOC(a_{11})$ 为第一个元素 a_{11} 在存储器中的地址,则数组中任一元素 a_{ij} 的存储地址计算公式为

$$LOC(a[i][j]) = LOC(a_{11}) + ((i-1)\times n + j - 1)\times L$$

其中 $1\leqslant i\leqslant m, 1\leqslant j\leqslant n$。

2.5.3　矩阵的压缩存储

有时矩阵中包含大量的零元素或具有相同值的元素,为了节省存储空间,可以不存储零元素或相同值的元素,只存储非零元素和不同值的元素,这种存储方式就是压缩存储。但在这种存储方式中,必须能体现出矩阵的逻辑结构。

一般将要压缩存储的矩阵分成特殊矩阵和稀疏矩阵。那些具有相同值的元素和非零元素有一定分布规律的矩阵,称为特殊矩阵,如三角矩阵、带状矩阵等。而对于那些零元素远远多于非零元素,并且非零元素的分布没有规律的矩阵称为稀疏矩阵。

1. 三角矩阵

以对角线划分,三角矩阵有上三角和下三角两种。在一个 n 阶方阵中,主对角线右上方的元素都为零时,称为下三角矩阵;主对角线左下方的元素都为零时,称为上三角矩阵。如图 2.22 所示。

$$\begin{bmatrix} a_{11} & 0 & 0 & 0 & 0 & 0 \\ a_{21} & a_{22} & 0 & 0 & 0 & 0 \\ a_{31} & a_{32} & a_{33} & 0 & 0 & 0 \\ a_{41} & a_{42} & a_{43} & a_{44} & 0 & 0 \\ \cdots & \cdots & \cdots & \cdots & \cdots & \cdots \\ a_{n1} & a_{n2} & \cdots & \cdots & \cdots & a_{nn} \end{bmatrix} \qquad \begin{bmatrix} a_{11} & a_{12} & a_{13} & a_{14} & \cdots & a_{1n} \\ 0 & a_{22} & a_{23} & a_{24} & \cdots & a_{2n} \\ 0 & 0 & a_{33} & a_{34} & \cdots & a_{3n} \\ 0 & 0 & 0 & a_{44} & \cdots & a_{4n} \\ & & & & & \\ & & & & & a_{nn} \end{bmatrix}$$

(a) n 阶下三角矩阵   (b) n 阶上三角矩阵

图 2.22　三角矩阵

在三角矩阵中,零元素占据了近一半的空间,非零元素个数为 $n(n+1)/2$。如果不存储零元素,就可以节约很多存储空间。

在一个 n 阶下三角矩阵中,可以用一个一维数组 $A[n]$ 来存储矩阵中的非零元素,$A[1] = a_{11},A[2] = a_{21},A[3] = a_{22},A[4] = a_{31},A[5] = a_{32},A[6] = a_{33},\cdots$,矩阵中的元素是以行为主顺序存放在 A 数组中的。下三角矩阵中的任一非零元素 $a_{ij}(i \geqslant j)$ 的下标和一维数组 A 的下标 K 有一个唯一的对应关系,即 $K = i*(i-1)/2+j$。

对于 n 阶上三角矩阵,也可以用类似下三角矩阵的方法存储,其非零元素和一维数组 A 的下标 K 的对应关系为:$K = (i-1)*n-(i-1)(i-2)/2+(j-i+1)$。

2. 稀疏矩阵

当一个矩阵中非零元素的个数远远少于零元素的个数时,称这种矩阵为稀疏矩阵。对稀疏矩阵一般都采用压缩存储的方法来存储矩阵中的元素。有两种常用的存储稀疏矩阵的方法:三元组表法和十字链表法。

下面先介绍三元组表法。

在压缩存放稀疏矩阵的非零元素时,还要存放此非零元素所在的行号和列号,这种存储方法称为三元组表法。它是一种顺序存储,按行优先顺序存放。一个非零元素有行号、列号和值,为一个三元组。整个稀疏矩阵中非零元素的三元组的整体称为三元组表。如图 2.23(a) 所示的稀疏矩阵,可用三元组表表示,如图 2.23(b) 所示。三元组表亦可表示为:

$((1,1,5),(1,5,8),(2,3,7),(4,2,3),(6,1,7),(6,4,9))$。

$$A = \begin{bmatrix} 5 & 0 & 0 & 0 & 8 \\ 0 & 0 & 7 & 0 & 0 \\ 0 & 0 & 0 & 0 & 0 \\ 0 & 3 & 0 & 0 & 0 \\ 0 & 0 & 0 & 0 & 0 \\ 7 & 0 & 0 & 9 & 0 \end{bmatrix}$$

row	col	val
1	1	5
1	5	8
2	3	7
4	2	3
6	1	7
6	4	9

(a) 稀疏矩阵   (b) 三元组表

图 2.23　稀疏矩阵的三元组表示

三元组线性表中的结点的 C 语言描述为：

```
typedef struct trinode
{
    int row,col;                 /* row 为行号,col 为列号 */
    int val;                     /* val 为结点的值,以整数为例 */
}TRINODE;
```

　　稀疏矩阵采用三元组表存储,可以节约大量存储空间。但采用三元组表存储方式的最大问题是,当稀疏矩阵的值发生变化时,比如,零元素变成非零元素,或非零元素变成零元素时,存储结构修改很不方便。这时三元组就不适合于作稀疏矩阵的存储结构。

　　下面介绍稀疏矩阵的链式存储,这种方法可以解决上述问题。

　　在链表中,每个非零元素可用一个含 5 个域的结点表示,如图 2.24 所示。其中 row、col 和 val 分别表示该非零元素所在行、列和值,向右域 right 用以链接稀疏矩阵同一行中的非零元素,向下域 down 用以链接稀疏矩阵同一列中下一个非零元素,同一行的非零元素通过 right 域链接成一个线性链表,同一列的非零元素通过 down 域链成一个线性链表,每个非零元素既是某个行链表中的一个结点,又是某个列链表中的一个结点。整个稀疏矩阵构成一个十字交叉链表,故称这样的存储结构为十字链表。

图 2.24　十字链表的结点结构

　　十字链表结点结构的 C 语言描述如下：

```
typedef struct matrixnode
{
    int row,col;                 /* row 和 col 分别存放矩阵非零元素的行号和列号 */
    int val;                     /* val 存放结点的值,以整数为例 */
    struct matrixnode * down, * right;    /* down 指向同一列中下一个非零元素的结点 */
                                 /* right 指向同一行中下一个非零元素的结点 */
}MATRIXNODE;
```

图 2.23(a)中的稀疏矩阵 A 对应的十字链表如图 2.25 所示。

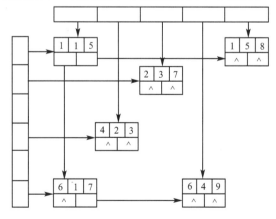

图 2.25　稀疏矩阵的十字链表

用十字链表作稀疏矩阵存储结构时,每个结点除了存储元素值外,还要存储该非零元素的行、列的下标和两个指针。另外还要增设行、列链表表头指针数组。所以只有在矩阵中非零元素少于一定数量时采用十字链表才可能节约存储空间。

本章小结

1.线性表是一种具有一对一的线性关系的特殊数据结构。线性表有两种存储方法:用顺序存储方法来表示这种线性关系,得到顺序存储结构(即顺序表);用链式存储方式来表示这种线性关系,得到线性表的链式存储结构(即链表)。

2.线性表的链式存储结构,是通过结点之间的链接而得到的,链式存储结构有单链表、双向链表和循环链表等。

3.单链表结点至少有两个域:一个数据域和一个指针域。双向链表结点至少含有三个域:一个数据域和两个指针域。

4.循环链表不存在空指针,最后一个结点的指针指向表头,形成一个首尾相接的环。

5.为了处理问题方便,在链表中增加一个头结点。

6.顺序存储可以提高存储单元的利用率,不便于插入和删除运算。链式存储会占用较多的存储空间,可以使用不连续的存储单元,插入、删除运算较方便。

习题

2.1 叙述线性表两种存储结构各自的优缺点。

2.2 设计一个算法,将 x 插入一个有序(从小到大排序)的线性表(顺序存储结构)的适当位置上,以保持线性表的有序性。

2.3 设计一个算法,从顺序表中删除自第 i 个结点开始的 k 个结点。

2.4 设计一个算法,将顺序表中所有数据域为 x 的结点的数据域替换成 y。

2.5 设计一个算法,产生一个有 4 个结点的单链表,这些结点的数据域分别是 a,b, c,d,且表头指针是 head。

2.6 设计一个算法,将结点数据域依次是 $a_1,a_2,\cdots,a_n(n\geqslant3)$ 的一个单链表的所有结点逆置,即第一个结点的数据域变为 a_n,最后一个结点的数据域变为 a_1。

2.7 对于二维数组 $A[m][n]$,其中 $m\leqslant10,n\leqslant10$,先读入 m 和 n,然后读该数组的全部元素,对下面情况编写相应函数:

求数组 A 靠边元素之和。

上机实验

实验 2 对双向链表的基本操作

实验目的要求:

1.通过实验进一步掌握双向链表的基本概念和存储方式。

2.完成程序的编写和调试工作。

实验内容：

1.编写双向链表操作的主程序。

2.建立双向链表。

3.完成双向链表内的结点的插入。

4.完成双向链表内的结点的删除。

第 3 章

栈与队列

学习目的要求:

本章介绍栈和队列的逻辑特征及其在计算机中的存储表示,栈和队列的基本运算的算法描述以及栈和队列的应用。通过本章学习,要求掌握以下内容:

1. 栈的基本概念和栈的基本运算。
2. 栈在计算机中的应用。
3. 队列的基本概念和队列的基本运算。
4. 队列在计算机中的应用。

3.1 栈

本节主要介绍栈的定义,栈的顺序存储结构及其基本运算,如初始化栈、进栈、出栈、读栈和判断栈是否为空等,栈的链式存储结构及其运算,如进栈、读栈和栈在计算机中应用的几个典型例子。

3.1.1 栈的定义

栈(Stack)又称堆栈,是一种特殊的线性表,它限定线性表中元素的插入和删除操作只能在线性表的一端进行。允许插入和删除的一端为变化的一端,称为栈顶(top),栈顶的第一个元素称为栈顶元素,栈的另一端称为栈底(bottom)。

向一个栈插入新元素又称为进栈或入栈,它是把该元素放到栈顶元素的上面,使之成为新的栈顶元素。从一个栈删除一个元素又称为出栈或退栈,它是把栈顶元素删除掉,使其下面的相邻元素成为新的栈顶元素。也就是说,最先放入栈的元素在栈底,最后放入的元素在栈顶,而删除元素则相反,最后放入的元素最先被删除,最先放入的元素最后被删除。

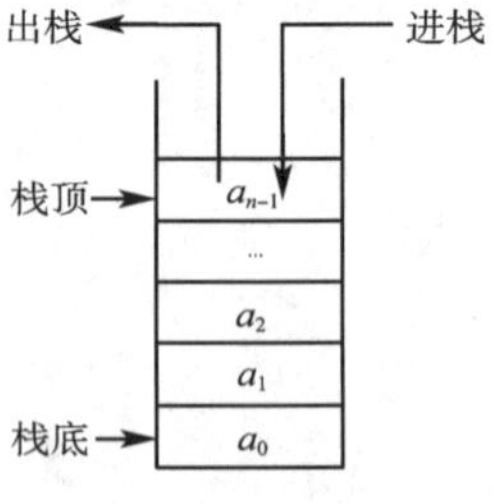

图 3.1 栈示意图

如图 3.1 所示的栈中,假设栈 $S = (a_0, a_1, a_2, \cdots, a_{n-1})$,则称 a_0 为栈底元素,a_{n-1} 为栈顶元素。栈中元素以 $a_0, a_1, a_2, \cdots, a_{n-1}$ 的顺序进栈,而以 $a_{n-1}, a_{n-2}, \cdots, a_1, a_0$ 的顺序出栈。所以又把栈称为后进先出表(Last In First Out),简称为 LIFO 表。

在日常生活中,有许多类似栈的例子,如洗盘子时,把洗好的盘子依次摞起来,相当于进栈,取用盘子时,从一摞盘子上一个接一个地拿下,相当于出栈。又如存放货物的货栈,货物入库时,总是从底层开始一层一层地放上去,相当于进栈,货物出库时,只能将货物从顶层一层一层地拿出,相当于出栈。

下面是栈常用的基本操作：

(1)InitStack()初始化操作，建立一个空栈 S。

(2)GetTop(&S,&x)取栈顶元素操作，若栈 S 不空，则取栈顶元素，用 x 返回栈顶元素。

(3)Push(&S,x)进栈操作，在 S 栈的栈顶压入一个元素 x。

(4)Pop(&S,&x)出栈操作，删除已存在且非空的栈 S 的栈顶元素，用 x 返回栈顶元素。

(5)Empty(&S)判断一个栈是否为空，若 S 为空栈，返回一个真值。

3.1.2　栈的顺序存储结构及其运算

栈的顺序存储结构，简称顺序栈，它是利用一组地址连续的存储单元依次存放自栈底到栈顶的数据元素。与顺序表的数据类型描述类似。

栈的顺序存储结构可用 C 语言定义为：

```
#define MAXLEN 10                  /*定义 MAXLEN 为顺序栈最大容量,例如设为 10*/
typedef struct
{
    elementtype element[MAXLEN];
               /*定义栈中元素,elementtype 为所需的元素类型,MAXLEN 为栈的最大容量*/
    int top;                        /*定义栈顶指针为 top*/
}SqStack;
```

在这个描述中，假设栈中数据元素的类型是整型，数组 element 存放栈中数据元素，数组最大容量为 MAXLEN，栈顶指针为 top。

由于栈顶的位置经常变动，所以要设一个栈顶指针 top，用它来表示栈顶元素当前的位置。栈顶指针动态反映栈中元素的变动情况。当有新元素进栈时，栈顶指针向上移动，top 加 1。当有元素出栈时，栈顶指针向下移动，top 减 1。

用数组 element[MAXLEN]作为栈的存储空间，element[top]为栈顶元素，当 top＝－1 时栈为空；当 top＝0 时，栈中有一个元素；当 top＝MAXLEN－1 时，表示栈满。

当 top＝－1，即栈为空时，从空栈中再删除一个元素，栈将溢出，称为"下溢"。当 top＝MAXLEN－1，即栈满时，向栈中再插入一个元素，栈也将溢出，称为"上溢"。

下面以一个例子来说明栈的操作。

设有一栈 $s＝(a,b,c,d,e)$，它的顺序存储结构如图 3.2(a)所示，此时 top＝4。如果向栈中插入一个元素 f，即一个元素进栈，如图 3.2(b)所示，此时 top＝5。如果连续删除

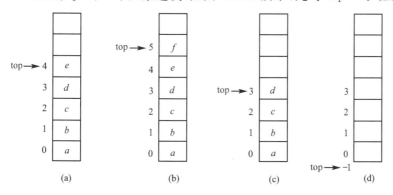

图 3.2　顺序栈的插入和删除示意图

两个元素 f 和 e,即两个元素退栈,如图 3.2(c)所示,此时 top=3。如果依次继续删除栈中所有元素 d,c,b,a,则栈变成一个空栈,如图 3.2(d)所示,此时 top=-1。

　　栈的顺序存储的基本操作以及具体的算法实现如下:

1. 初始化顺序栈

```
SqStack InitStack_sq()                    /*建立一个空栈 s*/
{
    SqStack s;
    s.top=-1;
    return(s);
}
```

2. 取栈顶元素

```
int GetTop_sq(SqStack * s,elementtype * x)
                            /*取栈顶元素,若栈 s 非空,用 * x 返回栈顶元素*/
{
    if(s->top==-1)
        return(0);
    else
    {
        * x=s->element[s->top];
        return(1);
    }
}
```

3. 进栈操作

```
int Push_sq(SqStack * s,elementtype x)        /*进栈操作,若栈 s 未满,将元素 x 进栈*/
{
    if(s->top==MAXLEN-1)
        return(0);
    s->top++;
    s->element[s->top]=x;
    return(1);
}
```

4. 出栈操作

```
int Pop_sq(SqStack * s,elementtype * x)
                        /*出栈操作,若栈 s 非空,删除 s 的栈顶元素,并用 * x 返回栈顶元素*/
{
    if(s->top==-1)
        return(0);
    * x=s->element[s->top];
    s->top--;
    return(1);
}
```

5. 判空栈操作

```
int Empty_sq(SqStack * s)                    /*判断栈 s 是否为空,空则返回 1,非空返回 0*/
```

```
{
    return(s->top==-1);
}
```

对于顺序栈,入栈时,必须首先判断栈是否满了,若栈满,不能入栈;出栈时,必须首先判断栈是否为空,若栈空,不能出栈。

顺序栈操作综合练习见程序 3-1。

程序 3-1

```
#include <stdio.h>
#define MAXLEN 10
typedef int elementtype;
typedef struct                      /*栈的顺序存储结构定义*/
{
    elementtype element[MAXLEN];   /*存放栈元素的数组*/
    int top;                        /*栈指针*/
}SqStack;

SqStack InitStack_sq()              /*建立一个空栈 s*/
{
    SqStack s;
    s.top=-1;
    return(s);
}


int GetTop_sq(SqStack * s,elementtype * x)
                                /*取栈顶元素,若栈 s 非空,用*x 返回栈顶元素*/
{
    if(s->top==-1)
        return(0);              /*栈空返回 0*/
    else
    {
        *x=s->element[s->top];
        return(1);
    }
}


int Push_sq(SqStack * s,elementtype x)      /*进栈操作,若栈 s 未满,将元素 x 进栈*/
{
    if(s->top==MAXLEN-1)
        return(0);              /*栈满返回 0*/
    s->top++;
    s->element[s->top]=x;
    return(1);
}
```

```
int Pop_sq(SqStack * s,elementtype * x)
                        /* 出栈操作,若栈 s 非空,删除 s 的栈顶元素,并用 * x 返回栈顶元素 */
{
    if(s->top==-1)
        return(0);                  /* 栈空返回 0 */
    * x=s->element[s->top];
    s->top--;
    return(1);
}


int Empty_sq(SqStack * s)           /* 判断栈 s 是否为空,空则返回 1,非空返回 0 */
{
    return(s->top==-1);
}


void print(SqStack s)               /* 输出栈元素 */
{
    int i;
    if(s.top! ==-1)                 /* 栈非空,输出栈元素 */
    {
        printf("Output elements of stack:");
        for(i=0;i<=s.top;i++)
            printf(" % d",s.element[i]);
    }
    else
        printf("The stack is empty!!!");
    printf("\n");
}


main()                              /* 主程序 */
{
    SqStack stack;
    int i;
    elementtype y;
    elementtype z;
    stack=InitStack_sq();           /* 建立空栈 stack */
    if(Empty_sq(&stack)! =0)        /* 判断栈 stack 是否为空 */
        printf("\nThe stack is empty!");
    else
        printf("\nThe stack is not empty!");
        printf("\nPush 5 elements to stack:");
    for(i=1;i<=5;i++)               /* 入栈 5 个元素 */
    {
```

```
        scanf("% d",&y);
        Push_sq(&stack,y);
    }
    print(stack);                    /* 入栈 5 个元素后输出栈元素 */
    GetTop_sq(&stack,&z);            /* 取栈顶元素,送 z */
    printf("Element of top is：% d \n",z);        /* 输出栈顶元素 z */
    printf("Pop 3 elements from stack：");
    for(i=1;i<=3;i++)         /* 出栈 3 个元素 */
    {
        Pop_sq(&stack,&z);
        printf("% d",z);                 /* 按出栈次序输出栈元素 */
    }
    printf("\n");
    print(stack);                    /* 出栈 3 个元素后输出栈元素 */
    if(Empty_sq(&stack)!=0)          /* 判断栈 stack 是否为空 */
        printf("The stack is empty! \n");
    else
        printf("The stack is not empty! \n");
    printf("Pop 2 elements from stack：");
    for(i=1;i<=2;i++)         /* 出栈 2 个元素 */
    {
        Pop_sq(&stack,&z);
        printf("% d",z);                 /* 按出栈次序输出栈元素 */
    }
    printf("\n");
    print(stack);                    /* 出栈 2 个元素后输出栈元素 */
    if(Empty_sq(&stack)!=0)          /* 判断栈 stack 是否为空 */
        printf("The stack is empty! \n");
    else
        printf("The stack is not empty! \n");
}
```

程序运行结果：

The stack is empty!

Push 5 elements to stack：1 2 3 4 5(回车)

Output elements of stack：1 2 3 4 5

Element of top is：5

Pop 3 elements from stack：5 4 3

Output elements of stack：1 2

The stack is not empty!

Pop 2 elements from stack：2 1

The stack is empty!!!

The stack is empty!

　　栈是动态变化的数据结构,顺序栈在某种程度上可以满足这种动态结构所对应的动态操作,但是一般数组长度的定义有一定局限性。我们可以定义链式存储结构,它具有动态分配的特征,使得栈的大小只受到内存大小的限制,这样增强了栈的灵活性。

3.1.3　栈的链式存储结构及其运算

　　栈的链式存储结构简称为链栈,它是一种特殊的单链表,也是一种动态存储结构,通常不会发生栈的溢出,不用预先分配存储空间。它的结点定义如图 3.3 所示。

图 3.3　链栈结点的定义

　　链栈的结点类型的定义用 C 语言描述如下:

```
typedef struct node
{
    elementtype data;              /*数据域*/
    struct node * next;            /*指针类型,用于存放下一个结点的地址*/
}NODE;
NODE * top;                        /*链栈表头指针,即栈顶指针*/
```

　　单链表的头部结点称为栈顶,单链表的尾部结点称为栈底,单链表的表头指针 top 作为栈顶指针,如图 3.4 所示。

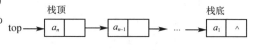

图 3.4　链栈示意图

　　链栈的主要操作有进栈、出栈和读栈等。

1. 进栈

　　当向链栈插入一个新元素时,首先要向系统申请一个结点的存储空间,将新元素的值写入新结点的数据域中,然后修改栈顶指针。

　　设要插入的新元素为 x,以整型为例。进栈的算法描述如下:

程序 3-2

```
# include <malloc.h>
# include <stdio.h>
typedef struct node                /*定义链栈结点*/
{
    int data;                      /*这里以整型数据为例*/
    struct node * next;            /*指针类型,存放下一个结点地址*/
}NODE;

NODE * crea_linkstack()            /*建立链栈*/
{
    NODE * top, * p;               /*定义栈顶指针 top*/
    int a,n;
    top=NULL;
    printf("\nInput number of push linkstack:");
    scanf("%d",&n);                /*入链栈的元素个数*/
    if(n>0)                        /*若 n<=0,建立空栈*/
    {
```

```
        printf("Input %d elements of push linkstack:",n);
        while(n>0)
        {
            scanf("%d",&a);          /*输入新元素*/
            p=(NODE*)malloc(sizeof(NODE));
            p->data=a;
            p->next=top;
            top=p;
            n——;
        }
    }
    return(top);                    /*返回栈顶指针*/
}


NODE *pushstack(NODE *top,int x)   /*进栈操作*/
{
    NODE *p;
    p=(NODE*)malloc(sizeof(NODE));
    p->data=x;                      /*将要插入的数据x存储到结点p的数据域中*/
    p->next=top;                    /*将p插入链表头部,即链栈顶部*/
    top=p;
    return(top);
}


void print(NODE *top)              /*输出链栈中各元素*/
{
    NODE *p;
    p=top;
    if(p!=NULL)
    {
        printf("Output the linkstack:");
        while(p!=NULL)
        {
            printf("%3d",p->data);
            p=p->next;
        }
    }
    else
        printf("\nThe stack is empty!!!");
}


void freenode(NODE *head)          /*释放链栈中各元素*/
{
```

```
        NODE *  q＝head, * p;
        do
        {
            p＝q->next;
            free(q);
            q＝p;
        }while(p! ＝NULL);
}


main()                            /＊主程序＊/
{
    int y;                        /＊入栈元素＊/
    NODE  * a;
    a＝crea_linkstack();          /＊建立链栈＊/
    print(a);                     /＊输出整个链栈＊/
    printf("\nPush an element to linkstack：");
    scanf("% d",&y);              /＊输入进栈元素 y＊/
    a＝pushstack(a,y);            /＊y 进栈＊/
    print(a);                     /＊输出整个链栈＊/
    freenode(a);                  /＊释放占用的内存＊/
}
```

程序运行结果：

Input number of push linkstack：5(回车)

Input 5 elements of push linkstack：1 2 3 4 5(回车)

Output the linkstack：5 4 3 2 1

Push an element to linkstack：6(回车)

Output the linkstack：6 5 4 3 2 1

2. 出栈

当出栈时,先取出栈顶元素的值,再修改栈顶指针,释放原栈顶结点。

出栈的算法描述如下：

程序 3-3

```
# include <malloc. h>
# include <stdio. h>
typedef struct node              /＊定义链栈结点＊/
{
    int data;                    /＊这里以整型数据为例＊/
    struct node  * next;         /＊指针类型,存放下一个结点地址＊/
}NODE;


NODE  * crea_linkstack()         /＊建立链栈＊/
{
    NODE  * top, * p;            /＊定义栈顶指针 top＊/
```

```
        int a,n;
        top=NULL;
        printf("\nInput number of push linkstack:");
        scanf("%d",&n);              /*入链栈的元素个数*/
        if(n>0)                      /*若n<=0,建立空栈*/
        {
            printf("Input %d elements of push linkstack:",n);
            while(n>0)
            {
                scanf("%d",&a);/*输入新元素*/
                p=(NODE*)malloc(sizeof(NODE));
                p->data=a;
                p->next=top;
                top=p;
                n--;
            }
        }
        return(top);                 /*返回栈顶指针*/
}


NODE *popstack(NODE *top,int *p)
{
        NODE *q;                     /*定义q结点*/
        if(top!=NULL)                /*如果栈不空*/
        {
            q=top;
            *p=top->data;            /*将栈顶元素放入*p中*/
            top=top->next;           /*修改top指针*/
            free(q);                 /*释放原栈顶空间*/
        }
        return(top);                 /*返回栈顶指针*/
}


void print(NODE *top)               /*输出链栈中各元素*/
{
        NODE *p;
        p=top;
        if(p!=NULL)
        {
            printf("Output the linkstack:");
            while(p!=NULL)
            {
                printf("%3d",p->data);
```

```
                    p=p->next;
                }
        }
        else
            printf("\nThe stack is empty!!!");
}


void freenode(NODE * head)        /* 释放链栈中各元素 */
{
    NODE * q=head, * p;
    do
    {
        p=q->next;
        free(q);
        q=p;
    }while(p! =NULL);
}


main()                            /* 主程序 */
{
    int y=0;                      /* 入栈元素 */
    NODE * a;
    a=crea_linkstack();           /* 建立链栈 */
    print(a);                     /* 输出整个链栈 */
    a=popstack(a,&y);             /* 出栈一个元素到 y */
    printf("\nOutput the element of poplinkstack: % d\n",y);
    print(a);                     /* 输出整个链栈 */
    freenode(a);                  /* 释放占用的内存 */
}
```

程序运行结果：

Input number of push linkstack：5(回车)

Input 5 elements of push linkstack：1 2 3 4 5(回车)

Output the linkstack：5 4 3 2 1

Output the element of poplinkstack：5

Output the linkstack：4 3 2 1

3.1.4 栈的应用举例

栈是计算机软件中应用最广泛的数据结构之一。比如,在编译系统中的表达式求值,程序递归的实现,子程序的调用和返回地址的处理等。下面介绍栈的几个应用实例。

1.算术表达式的计算

表达式求值是编译系统中的一个基本问题,目的是把人们平时书写的算术表达式变成计算机能够理解并能正确求值的表达式。

算术表达式中包含算术运算符和操作数,在各运算符之间存在着优先级,运算时必须按优先级顺序进行运算,先运算高级别的,后运算低级别的,而不能简单地从左到右进行运算。因此,进行表达式运算时,必须设置两个栈,一个栈用于存放运算符,另一个栈用于存放操作数;另外,为实现对表达式的正确求值,在表达式的最后加上结束符@,并初始化运算符栈的栈底元素为@符(关于@符与其他运算符的关系可参考表 3-2 运算符的优先关系)。在表达式运算过程中,编译程序对算术表达式从左到右进行扫描,遇到操作数,就把操作数放入操作数栈,遇到运算符时,要把该运算符与运算符栈的栈顶比较。如果该运算符优先级高于栈顶运算符的优先级,就把该运算符进栈,否则退栈。退栈后,在操作数栈中退出两个元素,其中先退出的元素在运算符右,后退出的元素在运算符左,然后用运算符栈中退出的栈顶元素(运算符)进行运算,运算的结果存入操作数栈中。反复进行上述操作,直到扫描结束。此时,运算符栈为空,操作数栈只有一个元素,即为最终的运算结果。

例 3.1 用栈求表达式 $6-8/4+3*5$@的值。栈的变化见表 3-1。

算术表达式有两种表示形式,题中表示形式叫中缀算术表达式,它是将运算符置于两个操作数的中间,是人们日常习惯使用的表达式形式。中缀算术表达式的计算必须按照算术运算规则进行,即先括号内后括号外,先乘除后加减,同级运算符先左后右等。从上面的例题可以看到,计算机直接处理这种表达式比较麻烦,需要对表达式进行多次扫描才能完成计算。

算术表达式的另一种表示形式是后缀算术表达式。它是将运算符置于两个操作数的后面。这种表达式不存在括号,也不存在优先级的差别,计算过程完全按照运算符出现的先后次序进行。计算机在处理这种表达式时,只需对表达式扫描一遍,就可完成计算。

表 3-1 　　　　　　　　　　用栈求表达式的值

步骤	操作数栈	运算符栈	说 明
开始		@	开始时操作数栈为空,运算符栈为@
1	6	@	扫描到"6",进入操作数栈
2	6	@ -	扫描到"-",进入运算符栈
3	6 8	@ -	扫描到"8",进入操作数栈
4	6 8	@ - /	扫描到"/",进入运算符栈
5	6 8 4	@ - /	扫描到"4",进入操作数栈
6	6	@ -	扫描到"+","/""4""8"退栈
7	6 2	@ -	8/4=2,进入操作数栈
8		@	继续,"-""2""6"退栈
9	4	@	6-2=4,进入操作数栈
10	4	@ +	"+"进入运算符栈
11	4 3	@ +	扫描到"3",进入操作数栈
12	4 3	@ + *	扫描到"*",进入运算符栈
13	4 3 5	@ + *	扫描到"5",进入操作数栈
14	4	@ +	扫描到"@","*""5""3"退栈
15	4 15	@ +	3*5=15进入操作数栈
16		@	"+""15""4"退栈
17	19	@	4+15=19进入操作数栈
18	19		两个@相遇,置运算符栈空,运算结束,表达式的值为19

后缀表达式不是人们日常使用的表达式形式,这就需要将日常使用的中缀表达式变成等价的后缀表达式,然后再进行计算。

例如,对于下面的中缀表达式:

(1)2＊5－4

(2)20－10/(2＋3)

(3)3＊(a＋b)/(4－c)

对应的后缀表达式为:

(1)2 5 ＊ 4 －

(2)20 10 2 3 ＋ / －

(3)3 a b ＋ ＊ 4 c － /

2.中缀表达式转换成等价的后缀表达式

中缀表达式转换成等价的后缀表达式是利用栈来完成的。基本方法是,表达式中操作数次序不变,运算符次序发生变化,同时去掉了圆括号。

在把中缀表达式转换成等价的后缀表达式时,首先要考虑各运算符的优先级,假设在表达式中的运算符含有＋、－、＊、/ 及左、右圆括号。根据中缀算术表达式运算的规则,前后两个相邻的运算符 P_1 与 P_2 之间的优先关系如表 3-2 所示。

表 3-2 　　　　　　　　运算符的优先关系

P_1	P_2						
	＋	－	＊	/	(	)	@
＋	＞	＞	＜	＜	＜	＞	＞
－	＞	＞	＜	＜	＜	＞	＞
＊	＞	＞	＞	＞	＜	＞	＞
/	＞	＞	＞	＞	＜	＞	＞
(	＜	＜	＜	＜	＜	＝	
)	＞	＞	＞	＞		＞	＞
@	＜	＜	＜	＜	＜		＝

$P_1 < P_2$,表示 P_1 运算落后于 P_2 运算或者说 P_2 运算优先于 P_1 运算。

$P_1 > P_2$,表示 P_1 运算优先于 P_2 运算或者说 P_2 运算落后于 P_1 运算。

表中的"＝"关系,表示 P_1 与 P_2 同时存在与消失,如"("与")"相遇时,两个运算符 P_1 和 P_2 同时消失;表中的空白处,表示 P_1 与 P_2 不该相遇,否则表明中缀算术表达式有错误。在把中缀表达式转换成后缀表达式时,为了栈处理方便,首先在存放运算符栈的栈底放入一个表达式的结束符@,并令它落后于其他任何运算符,当栈处理结束时,中缀表达式中最后的结束符@与运算符栈栈底的@相遇,表明中缀表达式已转换完毕。

转换规则是,设立一个栈,存放运算符,首先为空栈,编译程序从左到右扫描中缀表达式:

(1)将@压入运算符栈。

(2)若遇到操作数,直接输出,并输出一个空格作为两个操作数的分隔符。

(3)若遇到运算符,则必须与栈顶比较,运算符级比栈顶级别高则进栈,否则退出栈顶元素并输出,然后输出一个空格作为分隔符。

(4)若遇到左括号,进栈,若遇到右括号,则一直退栈输出,直到退到左括号为止。

(5)当栈空时,输出的结果即为后缀表达式。

例 3.2　将中缀表达式 $2*(3+5)/(6-4)@$ 转换成等价的后缀表达式。栈的变化及输出结果见表 3-3。

表 3-3　中缀表达式转换为后缀表达式栈中的变化

步骤	运算符栈	输出结果
开始		
1	@	2
2	@ *	2
3	@ * (	2
4	@ * (	2 3
5	@ * (+	2 3
6	@ * (+	2 3 5
7	@ *	2 3 5 +
8	@ /	2 3 5 + *
9	@ / (	2 3 5 + *
10	@ / (	2 3 5 + * 6
11	@ / (-	2 3 5 + * 6
12	@ / (-	2 3 5 + * 6 4
13	@ /	2 3 5 + * 6 4 -
14		2 3 5 + * 6 4 - /

3. 函数递归的实现

函数直接或间接地调用自己的算法,叫作递归算法。递归算法是程序设计中的常用算法之一,它可以使程序设计简单精练,程序的可读性增强。在计算机中,它的算法也是用栈来实现的。

例 3.3　用递归的方法求 $n!$。根据阶乘的定义它可以表示如下:

$$n! = \begin{cases} 1 & n = 0 \\ n*(n-1)! & n > 0 \end{cases}$$

其算法用 C 语言描述如下:

程序 3-4

```c
int smul(int n)
{
    if(n==0)
        return(1);
    else
        return(n * smul(n-1));
}
```

这是一个递归函数。递归函数的执行过程如下:

(1)系统首先为递归调用建立一个工作栈,在该工作栈中存放参数、局部变量和调用后的返回地址等信息。

(2)在每次递归调用之前,把本次算法中所使用的参数、局部变量的当前值和调用后的返回地址等压入栈顶。

(3)在每次执行递归调用结束之后,又把栈顶元素弹出,分别赋给相应的参数和局部变量,以便使它们恢复到调用前的状态,然后返回由返回地址所指定的位置。

(4)继续执行后续指令。

例 3.4 设 $n=4$,计算 4!。用一个栈来描述其递归的求解过程,本例为简单描述,栈中省略返回地址。如图 3.5 所示。

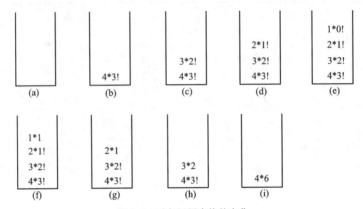

图 3.5 递归调用中栈的变化

栈的具体变化过程为:

(1)开始时,栈为空,如图 3.5(a)所示。

(2)接着在栈中保存 4 * 3!,如图 3.5(b)所示。

(3)再接着调用 3!,在栈中保存 3 和 2!,如图 3.5(c)所示。

(4)接着调用 2!,在栈中保存 2 和 1!,如图 3.5(d)所示。

(5)接着调用 1!,在栈中保存 1 和 0!,如图 3.5(e)所示。

(6)接着调用 0!,而 0! 值为 1,故返回,1 和 0! 退栈,如图 3.5(f)所示。此时得到 1! (1 * 0!)的值 1。

(7)然后 2 和 1! 退栈,如图 3.5(g)所示。此时得到 2! (2 * 1!)的值 2。

(8)然后 3 和 2! 退栈,如图 3.5(h)所示。此时得到 3! (3 * 2!)的值 6。

(9)然后 4 和 3! 退栈,如图 3.5(i)所示。此时得到 4! (4 * 3!)的值 24。这时栈已为空,算法结束。最后得到结果为 24,即 4!=24。

例 3.5 Hanoi 塔问题

假设有 3 个分别命名为 A、B 和 C 的塔座,在塔座 A 上插有 n 个直径大小各不相同、从小到大的编号为 $1,2,\cdots,n$ 的圆盘,如图 3.6 所示。现要求将 A 座上的 n 个圆盘移至 C 座上并仍按同样顺序叠排,圆盘移动时必须遵循下列规则:

(1)每次只能移动一个圆盘。

(2)圆盘可以插在 A、B 和 C 中的任一塔座上。

(3)任何时刻都不能将一个较大的圆盘压在较小圆盘之上。

如何实现移动圆盘的操作呢?当 $n=1$ 时,问题很简单,只要将编号为 1 的圆盘从塔座 A 直接移

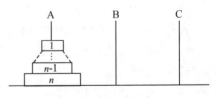

图 3.6 Hanoi 塔

至塔座 C 上;当 $n>1$ 时,需要塔座 B 作辅助塔座,若能设法将压在编号为 n 的圆盘之上的 $n-1$ 个圆盘从塔座 A(按照移动规则)移至塔座 B 上,则就可将编号为 n 的圆盘从塔座 A 移至塔座 C 上,然后再将塔座 B 上的 $n-1$ 个圆盘(按照移动规则)移至塔座 C 上。而如何将 $n-1$ 个圆盘从一个塔座移至另一个塔座的问题是一个和原问题具有相同特征属性的问题,只是问题的规模变小,因此可以用同样的方法求解。因此可得如下的求解 n 阶 Hanoi 塔问题的递归算法。

程序 3-5

```
void Hanoi(int n,char A,B,C)
{
    if(n==1) move(A,1,C);       /*编号为 1 的圆盘从 A 移到 C*/
    else
    {
        Hanoi(n-1,A,C,B);       /*将 A 上编号为 1 至 n-1 的圆盘移到 B 上,C 作为辅助塔座*/
        move(A,n,C);            /*将编号为 n 的圆盘从 A 移到 C 上*/
        Hanoi(n-1,B,A,C);       /*将 B 上编号为 1 至 n-1 的圆盘移到 C 上,A 作为辅助塔座*/
    }
} /*Hanoi*/
```

我们以三个圆盘从塔座 A 借助塔座 B 移到塔座 C 为例,即调用递归函数Hanoi(3, A,B,C)来展示递归过程:

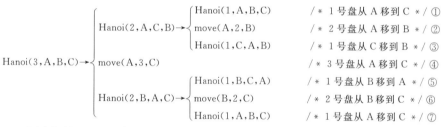

三个圆盘的 Hanoi 塔问题需移动圆盘 7 次才能完成。Hanoi(3,A,B,C)递归执行过程的步骤①～⑦如图 3.7 所示。

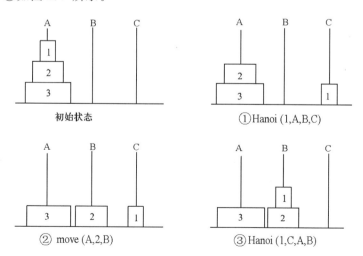

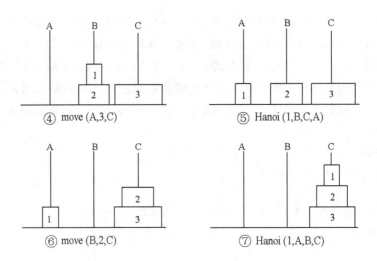

④ move (A,3,C)   ⑤ Hanoi (1,B,C,A)

⑥ move (B,2,C)   ⑦ Hanoi (1,A,B,C)

图 3.7　三个圆盘 Hanoi 塔的状态系列图

3.2　队列

本节主要介绍队列的定义、队列的顺序存储结构、队列的循环存储结构和队列的链式存储结构及其基本算法,并简单介绍队列的应用。

3.2.1　队列的定义

队列(queue)也是一种特殊的线性表,它仅允许在表的一端进行插入,在表的另一端进行删除。允许插入的一端称为队尾($rear$),允许删除的一端称为队首($front$)。

在队列的队尾插入一个元素的操作称为入队或进队运算,在队列的队首删除一个元素的操作称为出队或退队运算。在队列数据结构中,最先入队的元素将最先出队,最后入队的元素将最后出队。因此,又把队列称为先进先出表(First In First Out,简称 FIFO)。

如果队列中没有任何元素,则称为空队列,否则称为非空队列。

如图 3.8 所示的队列中,假设队列 q $=(a_0,a_1,a_2,a_3,\cdots,a_{n-1})$。其中 a_0 是队首元素,a_{n-1} 是队尾元素。队列中的元素是按 $a_0,a_1,a_2,a_3,\cdots,a_{n-1}$ 的顺序入队,按 $a_0,a_1,a_2,a_3,\cdots,a_{n-1}$ 的顺序出队。

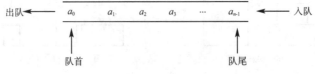

出队 ←　a_0　a_1　a_2　a_3　…　a_{n-1}　← 入队

队首　　　　　　　　　　　队尾

图 3.8　队列示意图

在日常生活中,有许多队列的例子,如顾客排队购物,排在队伍前面的顾客先买,先离队;排在队伍后面的顾客后买,后离队。

与栈类似,队列的基本操作可以归纳为以下几种:

(1)InitQueue(&Q);　　　初始化一个空队列 Q。

(2)GetFront(&Q,&y);　　取队列 Q 的队头元素,y 返回其值,但队列 Q 状态不变。

（3）EnQueue(&Q,x)；　　　　若队列 Q 还有空间,将元素 x 插入队尾。

（4）DelQueue(&Q,&y)；　　　若队列 Q 不为空,删除队列 Q 的队头元素,y 返回其值。

（5）Empty(&Q)；　　　　　　判断队列 Q 是否为空,若为空返回一个真值,否则返回一个假值。

3.2.2　队列的顺序存储结构及其运算

1. 顺序队列

队列顺序存储结构称为顺序队列（sequential queue）。顺序队列与顺序表一样,用一个一维数组来存放数据元素。在内存中,用一组连续的存储单元顺序存放队列中各元素。队列的 C 语言描述如下：

```
#define MAXLEN 10              /* 定义 MAXLEN 为队列最大容量,例如设为 10 */
typedef struct
{
    int element[MAXLEN];       /* 定义数组 element,用来存放队列的元素,以整数为例 */
    int front,rear;            /* 定义队首和队尾指针 */
}SeQueue;
```

在这个描述中,假设队列中的元素为整型,element 数组存放队列元素,数组最大容量为 MAXLEN,队首指针为 $front$,队尾指针为 $rear$。

由于队列中数据的变化,队列的队首和队尾位置也是变化的。因此,设置两个指针,一个是队首指针 $front$,指向队列中第一个元素的前一个位置。另一个是队尾指针 $rear$,指向队列中最后一个元素的位置。

用一维数组 element[MAXLEN] 作为队列存储空间,其中 MAXLEN 为队列的容量。队列元素从 element[0] 单元开始存放。

在队列顺序存储结构中,队首指针和队尾指针是数组元素的下标。在队列为空的初始状态时,$front = rear = -1$。每当向队列中插入一个元素,队尾指针 $rear$ 向后移动一位,$rear = rear + 1$。当 $rear = MAXLEN - 1$ 时,表示队满；每当从队列中删除一个元素时,队首指针也向后移动一位,$front = front + 1$。经过多次入队和出队运算,可能出现 $front = rear$,这时队列为空。

下面以一个例子来说明队列的操作。

设有一顺序队列 $q = (a_0,a_1,a_2,a_3,a_4)$,对应的存储结构如图 3.9(a) 所示,此时 $front = -1,rear = 4$。若有一个元素 a_5 入队,如图 3.9(b) 所示,此时 $front = -1,rear = 5$。若有连续三个元素 a_0,a_1,a_2 出队,如图 3.9(c) 所示,此时 $front = 2,rear = 5$。若所有元素都出队,如图 3.9(d) 所示,此时 $front = 5,rear = 5$,队列变为空队列。

下面给出顺序队列中实现入队与出队运算的算法描述。

（1）入队

在顺序队列中,入队时,数据元素是从队尾进入的,应该先改变队尾指针,使队尾指针指向新元素应插入的位置,即队尾位置,然后将数据插入。由于顺序队列有上界,因此会发生队满的情况。在插入时,若发生队满,应返回队满信息。

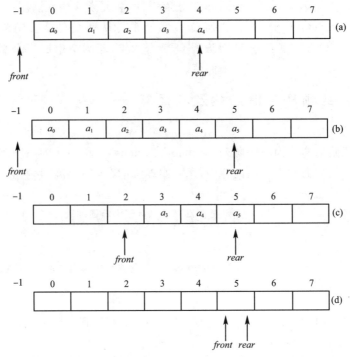

图 3.9 顺序队列中入队与出队指针变化过程

程序 3-6

```
#include <stdio.h>
#define MAXLEN 10
typedef int elementtype;
typedef struct                          /* 队列的顺序存储结构定义 */
{
    elementtype element[MAXLEN];        /* 存放队列元素的数组 */
    int front,rear;                     /* 队列头、尾指针 */
}SeQueue;

SeQueue InitQueue_sq()                  /* 建立一个空队列 q */
{
    SeQueue q;
    q.front=-1;
    q.rear=-1;
    return(q);
}

int GetFront_sq(SeQueue * q,elementtype * x)
                            /* 取队头元素,若队列 q 非空,用 * x 返回其元素 */
{
    if(q->front==q->rear)
```

```
        return(0);                        /* 队列空返回 0 */
    else
    {
        * x=q->element[(q->front)+1];
        return(1);
    }
}


int Enqueue_sq(SeQueue * q,elementtype x)    /* 入队列操作,若队列 q 未满,将元素 x 入队 */
{
    if(q->rear==MAXLEN-1)
        return(0);                        /* 队列满返回 0 */
    q->rear++;
    q->element[q->rear]=x;
    return(1);
}


int Empty_sq(SeQueue * q)                 /* 判断队列 q 是否为空,空则返回 1,非空返回 0 */
{
    return(q->front==q->rear);
}


void print(SeQueue q)                     /* 输出队列 q 元素 */
{
    int i;
    if(q.front!=q.rear)                   /* 队列非空,输出队列元素 */
    {
        printf("Output elements of queue: ");
        for(i=q.front+1;i<=q.rear;i++)
            printf(" %d",q.element[i]);
    }
    else
        printf("The queue is empty!!!");
    printf("\n");
}


main()                                    /* 主程序 */
{
    SeQueue queue;
    int i;
    elementtype y;
    elementtype z;
    queue=InitQueue_sq();                 /* 建立空队列 queue */
    if(Empty_sq(&queue)!=0)               /* 判断队列 queue 是否为空 */
```

```
        printf("\nThe queue is empty!");
    else
        printf("\nThe queue is not empty!");
    printf("\nAdding 5 elements to queue：");
    for(i=1;i<=5;i++)                    /*入队列 5 个元素*/
    {
        scanf("%d",&y);
        Enqueue_sq(&queue,y);
    }
    print(queue);                        /*入队列 5 个元素后输出队列元素*/
    GetFront_sq(&queue,&z);              /*取队列头部元素,送 z*/
    printf("Element of head is：%d \n",z);           /*输出队列头部元素 z*/
    print(queue);                        /*再输出队列元素*/
    if(Empty_sq(&queue)!=0)              /*判断队列 queue 是否为空*/
        printf("The queue is empty! \n");
    else
        printf("The queue is not empty! \n");
}
```

程序运行结果：
The queue is empty!
Adding 5 elements to queue：1 2 3 4 5(回车)
Output elements of queue：1 2 3 4 5
Element of head is：1
Output elements of queue：1 2 3 4 5
The queue is not empty!

(2)出队

出队时将队首指针所指元素取出,但在队列结构定义时,队首指针指向队首元素的前一个位置,因此,应先使队首指针加 1,然后取出队首指针所指元素。当队列为空时,返回队空值 0。

程序 3-7
```c
# include <stdio.h>
# define MAXLEN 10
typedef int elementtype;
typedef struct                      /*队列的顺序存储结构定义*/
{
    elementtype element[MAXLEN];    /*存放队列元素的数组*/
    int front,rear;                 /*队列头、尾指针*/
}SeQueue;

SeQueue InitQueue_sq()              /*建立一个空队列 q*/
{
    SeQueue q;
```

```
        q.front=-1;
        q.rear=-1;
        return(q);
}


int GetFront_sq(SeQueue * q,elementtype * x)
                                        /* 取队头元素,若队列 q 非空,用 * x 返回其元素 */
{
        if(q->front==q->rear)
            return(0);                  /* 队列空返回 0 */
        else
        {
             * x=q->element[(q->front)+1];
            return(1);
        }
}


int Enqueue_sq(SeQueue * q,elementtype x)     /* 入队列操作,若队列 q 未满,将元素 x 入队 */
{
        if(q->rear==MAXLEN-1)
            return(0);                  /* 队列满返回 0 */
        q->rear++;
        q->element[q->rear]=x;
        return(1);
}


int Delqueue_sq(SeQueue * q,elementtype * x)
                                        /* 出队列操作,若队列 q 非空,将出队元素送 * x */
{
        if(q->front==q->rear)
            return(0);                  /* 队列空返回 0 */
        else
        {
            q->front++;
             * x=q->element[q->front];
            return(1);
        }
}


int Empty_sq(SeQueue * q)               /* 判断队列 q 是否为空,空则返回 1,非空返回 0 */
{
        return(q->front==q->rear);
}
```

```
void print(SeQueue q)                      /* 输出队列 q 元素 */
{
    int i;
    if(q.front!=q.rear)                    /* 队列非空,输出队列元素 */
    {
        printf("Output elements of queue: ");
        for(i=q.front+1;i<=q.rear;i++)
            printf("%d",q.element[i]);
    }
    else
        printf("The queue is empty!!!");
    printf("\n");
}


main()                                     /* 主程序 */
{
    SeQueue queue;
    int i;
    elementtype y;
    elementtype z;
    queue=InitQueue_sq();                  /* 建立空队列 queue */
    if(Empty_sq(&queue)!=0)                /* 判断队列 queue 是否为空 */
        printf("\nThe queue is empty!");
    else
        printf("\nThe queue is not empty!");
    printf("\nAdding 5 elements to queue: ");
    for(i=1;i<=5;i++)                      /* 入队列 5 个元素 */
    {
        scanf("%d",&y);
        Enqueue_sq(&queue,y);
    }
    print(queue);                          /* 入队列 5 个元素后输出队列元素 */
    GetFront_sq(&queue,&z);                /* 取队列头部元素,送 z */
    printf("Element of head is: %d",z);                   /* 输出队列头部元素 z */
    printf("\nDelete 2 elements from queue: ");
    for(i=1;i<=2;i++)                      /* 出队列 2 个元素 */
    {
        Delqueue_sq(&queue,&z);
        printf("%d",z);                    /* 按出队列次序输出队列元素 */
    }
    printf("\n");
    print(queue);                          /* 再输出队列元素 */
    if(Empty_sq(&queue)!=0)                /* 判断队列 queue 是否为空 */
        printf("The queue is empty! \n");
```

```
    else
        printf("The queue is not empty! \n");
}
```

程序运行结果：

The queue is empty!

Adding 5 elements to queue：1 2 3 4 5(回车)

Output elements of queue：1 2 3 4 5

Element of head is：1

Delete 2 elements from queue：1 2

Output elements of queue：3 4 5

The queue is not empty!

若存储队列的一维数组中所有位置上都有元素，即尾指针指向一维数组最后，而头指针指向一维数组开头，则队满。这时不能再向队列中插入元素。

但可能会出现这种情况，尾指针指向一维数组最后，但前面有元素已经出队，这时要插入元素，仍然发生溢出，而实际上队列并未满。这种溢出称为"假溢出"。为了解决这个问题，下面讨论循环队列。

2. 循环队列

循环队列是将存储队列的存储区看成一个首尾相连的环，即将表示队列的数组元素 element[0]与 element[MAXLEN−1]连接起来，形成一个环形表。如图 3.10 所示。

在循环队列中，容量设为 MAXLEN，队首指针为 $front$，队尾指针为 $rear$。当 $rear=front$ 时，不能判定循环队列是空队还是满队。对此作出规定，$front=rear$ 是循环队列空的标志。$(rear+1)\%MAXLEN=front$ 是循环队列满的标志。因此，在循环队列满时，队列中实际上还有一个空闲单元，以防空队与满队的标志发生冲突。

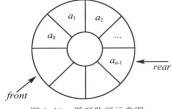

图 3.10 循环队列示意图

下面给出循环队列中实现进队与出队运算算法描述。循环队列存储在数组 element[MAXLEN]中，队尾指针为 $rear$，队首指针为 $front$。

（1）入队

将一个新元素 x 入队，从队尾插入，首先要判断是否队满，若队满，则返回队满信息。若队不满，则插入新元素，返回插入成功信息。

程序 3-8

```
# include <stdio.h>
# define MAXLEN 10
typedef int elementtype;
typedef struct                          /*循环队列的存储结构定义*/
{
    elementtype element[MAXLEN];        /*存放循环队列元素的数组*/
    int front,rear;                     /*循环队列头、尾指针*/
}CQueue;

CQueue InitCQueue()                     /*建立一个空循环队列 cq*/
```

```
{
    CQueue cq;
    cq.front=0;
    cq.rear=0;
    return(cq);
}


int EnCqueue(CQueue  * cq,elementtype x)
                              /* 入循环队列操作,若循环队列 cq 未满,将元素 x 入队 */
{
    if((cq->rear+1) % MAXLEN==cq->front)
        return(0);                /* 循环队列满返回 0 */
    else
    {
        cq->rear=(cq->rear+1) % MAXLEN;
        cq->element[cq->rear]=x;
        return(1);
    }
}


void print(CQueue cq)           /* 输出循环队列 cq 元素 */
{
    int i;
    if(cq.front! =cq.rear)      /* 循环队列非空,输出循环队列元素 */
    {
        printf("Output elements of cqueue: ");
        i=cq.front;
        do
        {
            i=(i+1) % MAXLEN;
            printf(" % d",cq.element[i]);
        }while(i! =cq.rear);
    }
    else
        printf("The cqueue is empty!!!");
}


main()                          /* 主程序 */
{
    CQueue cqueue;
    int i;
    elementtype y;
    cqueue=InitCQueue();         /* 建立空循环队列 cqueue */
    printf("\nAdding 5 elements to cqueue: ");
```

```
    for(i=1;i<=5;i++)              /* 入循环队列 5 个元素 */
    {
        scanf("%d",&y);
        EnCqueue(&cqueue,y);
    }
    print(cqueue);                 /* 输出循环队列元素 */
    printf("\nAdding 1 element to cqueue:");
    scanf("%d",&y);                /* 再入循环队列 1 个元素 */
    EnCqueue(&cqueue,y);
    print(cqueue);                 /* 再输出循环队列元素 */
}
```

程序运行结果：

Adding 5 elements to cqueue:1 2 3 4 5(回车)

Output elements of cqueue:1 2 3 4 5

Adding 1 element to cqueue:6(回车)

Output elements of cqueue:1 2 3 4 5 6

（2）出队

出队时要判断是否队空，若队为空，则返回队空信息 0。若队不为空，则将队首元素存入 x 中，返回出队成功信息 1。

程序 3-9

```
#include <stdio.h>
#define MAXLEN 10
typedef int elementtype;
typedef struct                  /* 循环队列的存储结构定义 */
{
    elementtype element[MAXLEN];  /* 存放循环队列元素的数组 */
    int front,rear;               /* 循环队列头、尾指针 */
}CQueue;

CQueue InitCQueue()             /* 建立一个空循环队列 cq */
{
    CQueue cq;
    cq.front=0;
    cq.rear=0;
    return(cq);
}

int EnCqueue(CQueue *cq,elementtype x)
                                /* 入循环队列操作,若循环队列 cq 未满,将元素 x 入队 */
{
    if((cq->rear+1)%MAXLEN==cq->front)
        return(0);              /* 循环队列满返回 0 */
```

```
    else
    {
        cq->rear=(cq->rear+1) % MAXLEN;
        cq->element[cq->rear]=x;
        return(1);
    }
}


int DelCqueue(CQueue * cq,elementtype * x)
                            /*出循环队列操作,若循环队列 cq 非空,将出队元素送 * x */
{
    if(cq->rear==cq->front)
        return(0);                  /*循环队列空返回 0 */
    else
    {
        cq->front=(cq->front+1) % MAXLEN;
        * x=cq->element[cq->front];
        return(1);
    }
}


void print(CQueue cq)               /*输出循环队列 cq 元素 */
{
    int i;
    if(cq.front! =cq.rear)          /*循环队列非空,输出循环队列元素 */
    {
        printf("Output elements of cqueue: ");
        i=cq.front;
        do
        {
            i=(i+1) % MAXLEN;
            printf(" % d",cq.element[i]);
        }while(i! =cq.rear);
    }
    else
        printf("The cqueue is empty!!!");
}


main()                              /*主程序 */
{
    CQueue cqueue;
    int i;
    elementtype y,z;
    cqueue=InitCQueue();            /*建立空循环队列 cqueue */
```

```
        printf("\nAdding 9 elements to cqueue：");
        for(i=1;i<=9;i++)              /* 入循环队列 9 个元素 */
        {
            scanf("%d",&y);
            EnCqueue(&cqueue,y);
        }
        print(cqueue);                 /* 输出循环队列元素 */
        printf("\nDelete 5 elements from cqueue：");
        for(i=1;i<=5;i++)              /* 出循环队列 5 个元素 */
        {
            DelCqueue(&cqueue,&z);
            printf("%d",z);            /* 按出循环队列次序输出队列元素 */
        }
        printf("\n");
        print(cqueue);                 /* 再输出循环队列元素 */
        printf("\nAdding 4 elements to cqueue：");
        for(i=1;i<=4;i++)              /* 再入循环队列 4 个元素 */
        {
            scanf("%d",&y);
            EnCqueue(&cqueue,y);
        }
        print(cqueue);                 /* 再输出循环队列元素 */
}
```

程序运行结果：

Adding 9 elements to cqueue：1 2 3 4 5 6 7 8 9(回车)

Output elements of cqueue：1 2 3 4 5 6 7 8 9

Delete 5 elements from cqueue：1 2 3 4 5

Output elements of cqueue：6 7 8 9

Adding 4 elements to cqueue：1 2 3 4(回车)

Output elements of cqueue：6 7 8 9 1 2 3 4

3.2.3　队列的链式存储结构及其运算

队列的链式存储结构称为链队列(linked queue)。在链队列中,有一个头指针 *front* 和一个尾指针 *rear*。与单链表类似,另外给链队列增加一个附加表头结点。队列头指针指向队列表头结点,队列尾指针指向队列的尾结点。队列空的条件是 *front* = *rear*,即头尾指针都指向表头结点。链队列的入队运算在队尾进行,链队列的出队运算在队首进行。图 3.11是链队列的示意图。

链队列结点的结构用 C 语言描述如下：

```
typedef struct node
{
    int data;                          /* 以整型为例 */
    struct node * next;
}NODE;
```

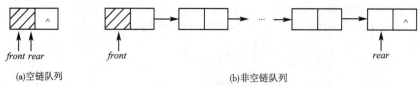

图 3.11　链队列示意图

(1) 入队

将 x 加到链队列的尾部,并返回 $rear$。算法描述如下:

程序 3-10

```
# include <malloc.h>
# include <stdio.h>
typedef struct node                          / * 定义链队列结点 * /
{
    int data;                                / * 以整型数据为例 * /
    struct node * next;                      / * 指针类型变量,存放下一个结点地址 * /
}NODE, * LQNODE;                              / * 定义结点类型和结点指针类型 * /
void crea_linkqueue(LQNODE * front2,LQNODE * rear2)    / * 建立空链队列 * /
{                                            / * 队列头指针为 * front2,尾指针为 * rear2 * /
    * front2=(NODE * )malloc(sizeof(NODE));       / * 建立表头结点 * /
    ( * front2)->next=NULL;
    * rear2= * front2;
}


void pushqueue(LQNODE * rear2,int y)         / * 入队操作 * /
{
    NODE  * p;
    p=(NODE * )malloc(sizeof(NODE));
    p->data=y;                               / * 将要插入的数据 y 存储到结点 p 的数据域中 * /
    p->next=NULL;
    ( * rear2)->next=p;                       / * 将 p 插入链队列尾部 * /
    * rear2=p;                                / * 修改链队列尾指针 * rear2 * /
}


void print(LQNODE * front2)                  / * 输出链队列中各元素 * /
{
    NODE * p;
    p=( * front2)->next;
    if(p! =NULL)
    {
        printf("Output the linkqueue :");
        while(p! =NULL)
        {
            printf(" % 2d",p->data);
            p=p->next;
        }
```

```
        }
        else
            printf("\nThe linkqueue is empty!!!");
}


void freenode(NODE * front)                 /* 释放链队列中各元素 */
{
    NODE * q=front, * p;
    do
    {
        p=q->next;
        free(q);
        q=p;
    }while(p!=NULL);
}


main()                                      /* 主程序 */
{
    int i,y=0;                              /* 将入链队列的元素设为 y */
    LQNODE front,rear;                      /* 定义链队列头、尾指针 */
    crea_linkqueue(&front,&rear);           /* 建立空链队列 */
    print(&front);                          /* 输出整个链队列 */
    printf("\nAdding 5 elements to linkqueue : ");
    for(i=1;i<=5;i++)                        /* 入链队列 5 个元素 */
    {
        scanf("%d",&y);
        pushqueue(&rear,y);
    }
    print(&front);                          /* 再输出整个链队列 */
    freenode(front);                        /* 释放占用的内存 */
}
```

程序运行结果:

The linkqueue is empty!!!

Adding 5 elements to linkqueue : 1 2 3 4 5(回车)

Output the linkqueue : 1 2 3 4 5

(2)出队

从带表头结点的链队列中删除队首元素,并存入 *x 中,不管链队列是否为空,都返回 *rear*。

程序 3-11

```
#include <malloc.h>
#include <stdio.h>
typedef struct node                         /* 定义链队列结点 */
{
    int data;                               /* 以整型数据为例 */
    struct node * next;                     /* 指针类型变量,存放下一个结点地址 */
```

```
}NODE, * LQNODE;                                  /*定义结点类型和结点指针类型*/

void crea_linkqueue(LQNODE * front2,LQNODE * rear2)          /*建立空链队列*/
{                                         /*队列头指针为*front2,尾指针为*rear2*/
    * front2=(NODE * )malloc(sizeof(NODE));             /*建立表头结点*/
    ( * front2)->next=NULL;
    * rear2= * front2;
}


void pushqueue(LQNODE * rear2,int y)        /*入队操作*/
{
    NODE * p;
    p=(NODE * )malloc(sizeof(NODE));
    p->data=y;                          /*将要插入的数据y存储到结点p的数据域中*/
    p->next=NULL;
    ( * rear2)->next=p;                    /*将p插入链队列尾部*/
    * rear2=p;                           /*修改链队列尾指针*rear2*/
}


void popqueue(LQNODE * front2,LQNODE * rear2,int * x)          /*出队操作*/
{
    NODE * p;
    if( * front2!= * rear2)                   /*判断链队列空,若链队列不空*/
    {
        p=( * front2)->next;                /*p指向链队列第一个元素*/
        ( * front2)->next=p->next;          /*将p元素出队*/
        if(p->next==NULL)                  /*表示原链队列中只有一个元素*/
            * rear2= * front2;              /*出队后,队空,修改*rear2指针*/
        * x=p->data;                       /*保存出队后的元素值*/
        free(p);
    }
    else
        printf("\nThe linkqueue is empty!!!");
}


void print(LQNODE * front2)                 /*输出链队列中各元素*/
{
    NODE * p;
    p=( * front2)->next;
    if(p!=NULL)
    {
        printf("Output the linkqueue : ");
        while(p!=NULL)
        {
            printf(" % 2d",p->data);
            p=p->next;
```

```
                }
            }
        else
            printf("\nThe linkqueue is empty!!!");
}


void freenode(NODE * front)              /* 释放链队列中各元素 */
{
    NODE * q=front, * p;
    do
    {
        p=q->next;
        free(q);
        q=p;
    }while(p! =NULL);
}


main()                                   /* 主程序 */
{
    int i,x,y=0;                         /* 将出、入链队列的元素设为 x 和 y */
    LQNODE front,rear;                   /* 定义链队列头、尾指针 */
    crea_linkqueue(&front,&rear);        /* 建立空链队列 */
    print(&front);                       /* 输出整个链队列 */
    printf("\nAdding 5 elements to linkqueue : ");
    for(i=1;i<=5;i++)                    /* 入链队列 5 个元素 */
    {
        scanf("% d",&y);
        pushqueue(&rear,y);
    }
    print(&front);                       /* 输出整个链队列 */
    popqueue(&front,&rear,&x);           /* 出链队列一个元素到 x */
    printf("\nDelete the element of linkqueue : % d\n",x);
    print(&front);                       /* 再输出整个链队列 */
    freenode(front);                     /* 释放占用的内存 */
}
```

程序运行结果：

```
The linkqueue is empty!!!
Adding 5 elements to linkqueue : 1 2 3 4 5(回车)
Output the linkqueue : 1 2 3 4 5
Delete the element of linkqueue : 1
Output the linkqueue : 2 3 4 5
```

3.2.4　队列的应用

队列在日常生活中和计算机程序设计中应用非常广泛。下面举两个计算机应用方面的例子。

例 3.6 打印数据缓冲区问题。

在打印机打印的时候,数据是由主机传送给打印机的。主机输出数据的速度比打印机打印的速度要快得多。若直接把输出的数据送给打印机,由于速度不匹配,主机就要等待打印机,而不能进行其他工作。这样就大大影响了主机的工作效率。

为了解决这个问题,通常是在内存中设置一个打印数据缓冲。缓冲区是一块连续的存储空间,把它设计成循环队列结构,主机把要打印的数据依次写到这个缓冲区中,写满后就暂停输出,主机此时可以进行其他工作。打印机就从缓冲区按照先进先出的原则依次取出数据并打印。打印完这批数据后,再向主机发出请求,主机接到请求后,再向缓冲区写入打印数据。

利用缓冲区,解决了计算机数据处理与打印机之间速度不匹配的问题,从而提高了计算机的工作效率。

例 3.7 键盘输入循环缓冲区问题。

键盘输入是另一个循环队列在计算机操作系统中应用的实例。例如,当程序正在执行某一任务时,用户仍然可以从键盘输入其他内容。用户输入的内容暂时未能在屏幕上显示出来,当程序的当前任务结束时,用户输入的内容才显示出来。

在这个过程中,系统是将检测到的键盘输入的字符先存储到一个缓冲区中,当系统当前任务结束后,就从键盘缓冲区依次取出已输入的字符,并按要求进行处理。这是系统设置的一个键盘缓冲区,也采用了循环队列结构。利用循环队列的工作方式,对字符按次序处理。循环结构又可以限制缓冲区的大小,有效地利用了存储空间。

本章小结

1.栈是一种运算受到限制的特殊线性表,它仅允许在线性表同一端进行插入和删除操作,栈是一种后进先出的线性表,简称为 LIFO 表。

2.栈在日常生活和计算机程序设计中有着广泛的应用,如算术表达式求值、函数的嵌套和递归调用等。

3.队列也是一种运算受到限制的特殊线性表,它仅允许在线性表一端进行插入,在另一端进行删除,队列是一种先进先出的特殊线性表,简称为 FIFO 表。

4.队列的链式存储结构与单链表类似,但删除结点只能在队头,插入元素只能在队尾。

习题

3.1 简述栈的基本性质。

3.2 简述栈和队列的相同点和不同点。

3.3 什么是队列的上溢?怎样解决这个问题?

3.4 对于下面的每一步画出栈中元素及栈顶指针示意图:

(1)空栈。

(2)元素 a,b,c 进栈。

(3)元素 d,e,f 进栈。

(4)删除元素 f 和 e。

(5)元素 g 进栈。

3.5 将下列中缀表达式改写为后缀表达式：

(1)$8 * 5 - 4$

(2)$2 + 4/(6-4)$

(3)$(2+a) * (b * (b+c) + c)$

3.6 已知一个中缀表达式为 $5-2 * (20-(3+4))/2$,试写出它的后缀算术表达式,并用图示表达转换过程中栈的变化情况。

3.7 设循环队列的容量为 20,序号从 0 到 19,经过一系列入队与出队运算后,有下列情形：

(1)$front = 5, rear = 10$

(2)$front = 10, rear = 5$

问在这两种情况下,循环队列中各有多少个元素？

3.8 设有一个具有 n 个单元的循环队列,设头指针为 f,尾指针为 r,试写出一个算法,求队列中元素的个数。

3.9 试设计用带表头结点的线性双向循环链表存储结构表示队列的入队和出队的算法。

上机实验

实验 3 顺序栈的算法实现

实验目的要求：

1.掌握顺序栈的基本概念。

2.通过实验进一步加深理解栈的经过及其有关算法。

实验内容：

按照下列要求,编写程序并上机运行。

设有一组数据 1,2,3,4,5,6,7,8,9 为整型数。利用这些数据完成下列操作。

1.初始化栈。

2.将 9 个数据进栈。

3.将 9,8,7,6 出栈,并将出栈的元素数据显示出来。

4.判断栈空。

第 4 章

串

学习目的要求：

本章主要介绍串的基本概念、串在计算机中的存储方法、串的基本运算及其在不同存储结构上的实现。通过本章学习，要求掌握以下内容：

1. 串的基本概念和串的基本运算。
2. 串的顺序存储结构、串的链式存储结构和串的索引存储结构。
3. 串的顺序存储中的连接、相等判断、取子串、插入、删除和子串查找算法的实现。

4.1 串的基本概念

串是一种特殊的线性表，它的数据对象是字符集合，它的每个元素都是一个字符，一系列相连的字符就组成了一个字符串。字符串简称串。

计算机中的非数值处理的对象基本上是字符串数据。在程序设计语言中，字符串通常是作为输入和输出的常量出现的。随着计算机程序设计语言的发展，产生了字符串处理，字符串也作为一种变量类型出现在程序设计语言中。在汇编语言的编译程序中，源程序和目标程序都是字符串数据。

在日常事务处理程序中，也有许多字符串应用的例子，如客户的名称和地址信息、产品的名称和规格等信息都是作为字符串来处理的。在文字处理软件中，在计算机翻译系统中，都使用了字符串处理的方法。

下面介绍串的基本概念。

串（String）：是由零个或多个字符组成的有限序列。记作：

$$s = "a_1 a_2 a_3 \cdots a_n" \quad (n \geqslant 0)$$

其中 s 是串的名字，用双引号括起来的字符序列是串的值。双引号本身不属于串，它用来标识字符串的起始和终止，从而避免串与常数或与标识符混淆。$a_i (1 \leqslant i \leqslant n)$ 可以是字母、数字或其他字符。

串的长度：串中字符的数目 n 称为串的长度。

空串：不含任何字符的串称为空串，它的长度 $n = 0$，记为 $s = ""$。

空格串：仅由空格组成的串称为空格串，它的长度为空格符的个数。为了清楚起见，在书写时把空格写成"Φ"，如 $s = "ΦΦΦ"$，则 s 串长度为 $n = 3$。

由于空格也是一个字符,因此它可以出现在其他串之间。计算串的长度时,这些空格符也要计算在内。如串 s=″IΦamΦaΦstudent.″,该串的长度是 15,而不是 12。

子串:串中任意个连续字符构成的序列称为该串的子串,而包含该子串的串称为母串。例如,串 s1=″abcdefghijk″,s2=″def″,则称 s2 是 s1 的子串,s1 是 s2 的母串。

子串在母串中首次出现时,该子串的首字符在母串中的位置称为子串在母串中的位置。例如,s2 在 s1 中的位置是 4。

两串相等:只有当两个串的长度相等,并且各对应位置上的字符都相同时,两个串才相等。

4.2　串的存储结构

线性表的顺序存储结构和链式存储结构对于串来说都是适用的。但串中的数据元素是字符,有其特殊性。对串的存储一般有两种处理方式,一是将串定义成字符型数组,由串名可以直接访问到串值。串的存储空间是在编译时分配完成的,其空间大小不能更改。这种存储方式称为串的静态存储结构。二是串的存储空间分配是在程序运行时动态分配的,并可根据需要随时进行再次分配与释放,从而动态地改变其空间的大小,这种方式称为串的动态存储结构。

4.2.1　串的静态存储结构

串的静态存储结构采用顺序存储结构,简称为顺序串。顺序串中的字符被顺序地存放在内存中一片连续的存储单元中。在计算机中,一个字符只占一个字节,所以串中的字符是顺序存放在相邻字节中的。

在 C 语言中,串的顺序存储可用一个字符型数组和一个整型变量来表示,其中字符型数组存放串值,整型变量存放串的长度。用 C 语言描述如下:

```
typedef struct string
{
    char ch[MAXLEN];   /* MAXLEN 是事先定义好的常量,用以确定字符串数组可能的最大长度 */
    int len;
}STRING;
```

当计算机按字节(byte)单位编址时,一个机器字,即一个存储单元刚好存放一个字符,串中相邻的字符顺序地存放在地址相邻的字节中。若给定串 s=″good morning″,则顺序串的存储如图 4.1 所示。

0	1	2	3	4	5	6	7	8	9	10	11	…	MAXLEN–1
g	o	o	d	Φ	m	o	r	n	i	n	g	\0		

图 4.1　顺序串存储示意图

当计算机按字(word)单位编址时,一个存储单元由若干个字节组成。这时串的顺序存储结构有非紧缩存储和紧缩存储两种方式。

1. 串的非紧缩存储

假设计算机的字长为 32 位,即 4 个字节(bytes),则一个存储单元仅存放一个字符时,就要浪费 3 个字节。若给定串 s=″good morning″,则非紧缩存储方式如图 4.2 所示。

这种存储方式的优点是对串中的字符处理效率高,但对存储空间的利用率低。

2. 串的紧缩存储

根据计算机中的字的长度,尽可能将多个字符存放在一个字中。若给定串 s=″good morning″,则紧缩存储方式如图 4.3 所示。

与非紧缩存储的优缺点相反,紧缩存储方式对存储空间的利用率高,但对串的单个字符操作很不方便,需要花较多的处理时间。

1	g		
2	o		
3	o		
4	d		
5	Φ		
6	m		
7	o		
8	r		
9	n		
10	i		
11	n		
12	g		

图 4.2　串的非紧缩存储

1	g	o	o	d
2	Φ	m	o	r
3	n	i	n	g
4				
5				
6				
7				
8				
9				
10				
11				
12				

图 4.3　串的紧缩存储

4.2.2　串的链式存储结构

串的链式存储结构也称为链串,结构与链表类似,链串中每个结点有两个域,一个是值域(data),用于存放字符串中的字符;另一个是指针域(next),用于存放后继结点的地址。链串的特点是链表中的结点数据只能为字符型。

串的链式存储结构用 C 语言描述如下:

```
typedef struct chainnode
{
    char data;
    struct chainnode * next;
}CHAINNODE;
```

一个链串一般是由头指针唯一确定的。如串 s=″abcde″,如果结点的大小为 1 的话,每个结点存放一个字符,该链串如图 4.4 所示。

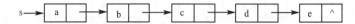

图 4.4　串的链式存储结构

在串的链式存储中,我们常常会考虑串的存储密度。

存储密度可定义为：

$$存储密度 = \frac{串值所占的存储位}{实际分配的存储位}$$

串的链式存储结构的优点是插入删除运算很方便。但是数据域只占一个字节,而指针域可能要占若干字节。总体来说,存储利用率很低。

为了提高存储密度,可让每个结点的值域存放多个字符。例如每个结点存放 4 个字符,这种结构也叫作大结点链接存储结构。如串 s＝"good morning!"的存储结构如图 4.5 所示。

图 4.5　大结点链接存储结构

串的长度不一定正好是结点大小的整数倍,因此要用特殊字符来填充最后一个结点,以表明串的结束。

大结点链接存储结构节约了存储空间,但是对字符串进行插入或删除运算时,会引起大量字符的移动,很不方便。例如,在图 4.6(a)所示的串 s 的第 3 个字符后插入字符串"xyz"时,要移动原来 s 中的后面 4 个字符,如图 4.6(b)所示。

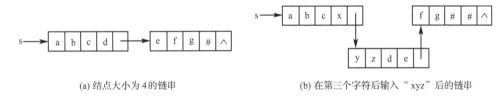

(a) 结点大小为 4 的链串　　　　　　(b) 在第三个字符后输入"xyz"后的链串

图 4.6　在链串中进行插入操作示意图

4.2.3　串的索引存储结构

串的索引存储结构的构造方法是:

首先开辟一块地址连续的存储空间,用于存放各串本身的值。

再另外建立一个索引表。在索引表的项目中存放一个串的名称、长度和在存储空间中的起始地址。

在系统运行过程中,每当有一新的串出现时,系统就从存放串值的存储空间中给新串分配一块连续的空间,用于存放该串的值。另外在索引表中增加一个索引项,记录该串的名称、长度和起始地址。

例如,有下面 4 个字符串:

a＝"you"

b＝"are"

c＝"a"

d＝"student"

采用索引存储结构如图 4.7 所示。图的上部分是索引表,下部分是存放串值的连续存储空间。

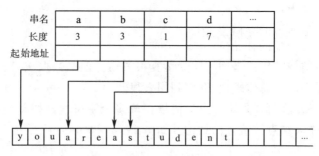

图 4.7　串的索引存储结构示意图

4.3　串的基本运算

本节以串的顺序结构为例,介绍串的基本运算和算法的描述。主要包括串连接、两串相等判断、取子串、插入子串、删除子串、子串定位和串替换。

串连接:connect(s1,s2) 将串 s2 连接在 s1 的尾部,形成一个新串。

两串相等判断:equal(s1,s2) 判断两个串是否相等,若相等返回 1,否则返回 0。

取子串:substring(s,start,len) 返回串 s 中从 start 开始的、长度为 len 的字符序列。

插入子串:insert(s,s1,i) 在串 s 的第 i 个位置插入串 s1。

删除子串:delete(s,i,j) 从串 s 的第 i 个位置开始,连续删除 j 个字符。

子串定位:match(s,s1) 返回子串 s1 在串 s 中第一次出现的位置。

串替换:replace(s,s1,i,j) 将串 s 中从第 i 个位置开始的长度为 j 的子串用串 s1 来替换。

在 4.2.1 节中,曾对字符串的顺序存储用 C 语言进行了描述。用一个字符型数组存放串值,用一个整型变量存放串的长度。描述如下:

```
typedef struct string
{
    char ch[MAXLEN];    /*用字符型数组 ch 存放串值,MAXLEN 是已经定义过的常量*/
    int len;            /*用整型变量 len 存放串的长度*/
}STRING;                /*自定义 STRING 为 struct string 型的结构类型别名*/
```

在以下的串运算的算法中,都用到上述定义。

根据 C 语言数组下标从 0 开始的特点,串中的第 1 个元素存放在 ch[0]中,第 2 个元素存放在 ch[1]中,…,第 MAXLEN 个元素存放在 ch[MAXLEN−1]中,这样串中字符的下标位置顺序为 0,1,…,MAXLEN−1。

1. 串连接

串连接就是把两个串连接在一起,其中一个串接在另一个串的末尾,生成一个新串。如给出两个串 s1 和 s2,把 s2 连接到 s1 之后,生成一个新串 s。其算法描述如下:

程序 4-1

```
# include <malloc.h>
# include <stdio.h>
```

```
#define MAXLEN 13                    /*定义一常量 MAXLEN 为 13*/
typedef struct string                /*定义串顺序存储结构*/
{
    char ch[MAXLEN];                 /*用字符型数组 ch 存放串值,MAXLEN 是已经定义过的常量*/
    int len;                         /*用整型变量 len 存放串的长度*/
}STRING;                             /*自定义 STRING 为 struct string 型的结构类型别名*/

STRING connect(s1,s2)
STRING s1,s2;
{
    STRING s;
    int i;
    if(s1.len+s2.len<=MAXLEN)        /*当 s1 和 s2 的长度之和小于或等于 MAXLEN 时*/
    {
        for(i=0;i<s1.len;i++)                    /*将 s1 存放到 s 中*/
            s.ch[i]=s1.ch[i];
        for(i=0;i<s2.len;i++)                    /*将 s2 存放到 s 中*/
            s.ch[s1.len+i]=s2.ch[i];
        s.ch[s1.len+i]='\0';                     /*设置串结尾标志*/
        s.len=s1.len+s2.len;                     /*s 的长度为 s1 和 s2 的长度之和*/
    }
    else                             /*当 s1 和 s2 的长度之和大于 MAXLEN 时*/
        s.len=0;                                 /*不能连接,置 s 串长度为 0*/
    return(s);                                   /*连接成功,返回 s,不成功时返回空串*/
}

main()                               /*主程序*/
{
    STRING a1={"Beijing ",8},a2={"China",5},s;  /*定义串变量,给串变量赋初值*/
    s=connect(a1,a2);                            /*调用 connect 函数*/
    printf("\n%s\n%d",s.ch,s.len);               /*输出结果*/
}
```

程序运行结果:

```
Beijing China
13
```

在该例中,有两个串分别为 a1="Beijing ",a2="China",调用函数 connect(a1,a2)后,函数的串值为 s="Beijing China"。

2.两串相等判断

只有当两个串的长度相等,并且各对应位置上的字符都相等时,两个串才相等。如给定两个串 s1 和 s2,判断这两个串是否相等。当 s1 与 s2 相等时,返回函数值 1,否则返回函数值 0。算法如下:

程序 4-2

```
#include <malloc.h>
```

```
# include <stdio.h>
# define MAXLEN 13            /*定义一常量 MAXLEN 为 13*/
typedef struct string         /*定义串顺序存储结构*/
{
    char ch[MAXLEN];          /*用字符型数组 ch 存放串值,MAXLEN 是已经定义过的常量*/
    int len;                  /*用整型变量 len 存放串的长度*/
}STRING;                       /*自定义 STRING 为 struct string 型的结构类型别名*/
int equal(s1,s2)
STRING s1,s2;
{
    int i;
    if(s1.len!=s2.len)        /*如果 s1 与 s2 长度不等*/
        return(0);            /*返回函数值 0*/
    else                      /*如果 s1 与 s2 长度相等*/
    {
        for(i=0;i<s1.len;i++)          /*判断 s1 和 s2 中各对应位置上字符是否相等*/
            if(s1.ch[i]!=s2.ch[i])     /*如果某一对应位置上字符不相等*/
                return(0);    /*返回函数值 0*/
    }                         /*两个串完全相等时*/
    return(1);                /*返回函数值 1*/
}
main()                        /*主程序*/
{
    STRING a1={"Beijing ",8},a2={"China",5};          /*定义串变量,给串变量赋初值*/
    int r;
    r=equal(a1,a2);           /*调用 equal 函数*/
    printf("\n%d",r);         /*输出结果*/
}
```

程序运行结果:

0

在该例中,有两个串分别为 a1="Beijing ",a2="China",调用函数 equal(a1,a2)后,函数的返回值为 0。

3. 取子串

取子串就是在给定串中,从某一位置开始连续取出若干字符,作为子串的值。例如,给定串 s,从 s 中的第 n1 个字符开始(注意 C 语言中的数组下标是从 0 开始的,若 n1=1时,对应数组中下标为 0 的那个字符,其余类推),连续取出 n2 个字符,放在 sub 串中。其算法描述如下:

程序 4-3

```
# include <malloc.h>
# include <stdio.h>
# define MAXLEN 13                /*定义一常量 MAXLEN 为 13*/
typedef struct string             /*定义串顺序存储结构*/
{
```

```
        char ch[MAXLEN];
        int len;
}STRING;
STRING substring(s,n1,n2)              /* 取子串运算 */
STRING s;
int n1,n2;
{
        STRING sub;
        int i;
        if((n1>=1)&&(n1<=s.len)&&(n2>=1)&&(n2<=s.len-n1+1))
        {                              /* 如果长度和起始位置合理 */
            for(i=0;i<n2;i++)
                sub.ch[i]=s.ch[n1+i-1];
            sub.ch[i]='\0';            /* 设置字符串结尾标志 */
            sub.len=n2;
        }
        else                           /* 如果长度和起始位置不合理 */
        {
            sub.ch[0]='\0';            /* 设置字符串结尾标志 */
            sub.len=0;
        }
        return(sub);                   /* 如果取子串成功,返回子串;不成功,则返回空串 */
}


main()
{
    STRING a1={"Beijing China",13},s;              /* 定义串变量,给串变量赋初值 */
    s=substring(a1,1,7);           /* 调用 substring 函数 */
    printf("\n%s",s.ch);           /* 输出结果 */
    s=substring(a1,14,1);
    printf("\n%s",s.ch);
    s=substring(a1,9,5);
    printf("\n%s",s.ch);
}
```

程序运行结果：

Beijing

/* 运行结果的中间行无内容,表示输出空串 */

China

在该例中，有一串 a1="Beijing China"，按下列不同参数调用时的结果分别为：

(1)substring(a1,1,7)，得到的子串为 s="Beijing"。

(2)substring(a1,14,1)，得到的子串为空串。

(3)substring(a1,9,5)，得到的子串为 s="China"。

4. 插入子串

插入子串就是在给定串的指定位置插入一个串。若要将串 s1 插入串 s 的第 i 个位置，则串 s 中从第 i 个位置开始，一直到最后一个字符，都要向后移动，移动的位数为串 s1 的长度。其算法描述如下：

程序 4-4

```
# include <malloc.h>
# include <stdio.h>
# define MAXLEN 25                    /* 定义一常量 MAXLEN 为 25 */
typedef struct string                 /* 定义串顺序存储结构 */
{
    char ch[MAXLEN];
    int len;
}STRING;
STRING insert(s,s1,i)                  /* 插入子串运算 */
STRING s,s1;
int i;
{
    int j;
    STRING s2={"",0};
    if(s.len+s1.len>=MAXLEN||(i>s.len+1)||(i<1))
    {                                  /* 如果长度不够或起始位置不合理,输出溢出信息 */
        printf("overflow\n");
        return(s2);                    /* 不能插入,输出空串 s2 */       }
    else
    {
        for(j=s.len;j>=i;j--)
            s.ch[j+s1.len-1]=s.ch[j-1];  /* s 串最后一个到第 i 个位置的元素后移 */
        for(j=0;j<s1.len;j++)
            s.ch[j+i-1]=s1.ch[j];                    /* 插入 s1 串到 s 串指定位置 */
        s.len=s.len+s1.len;    /* s 串长度增加 */
        s.ch[s.len]='\0';      /* 设置字符串结尾标志 */
        return(s);             /* 返回 s */
    }
}


main()                                 /* 主程序 */
{
    STRING a={"Beijing China",13};                    /* 定义串变量,给串变量赋初值 */
    STRING a1={" Shanghai",9},s;
    int i=8;
    s=insert(a,a1,i);              /* 调用 insert 函数 */
    if(s.len!=0)
    {
```

```
for(i=0;i<s.len;i++)
    printf("%c",s.ch[i]);          /*输出插入后串 s*/
printf("\n%d\n",s.len);           /*输出插入后串 s 长度*/
    }
}
```

程序运行结果：

```
Beijing Shanghai China
22
```

在该例中，串 a="Beijing China"，串 a1="ΦShanghai "，i＝8，在调用了 insert(a,a1,i)后，得到的结果为 s="Beijing Shanghai China"。

5. 删除子串

在串中删除从某一位置开始连续的字符。如在 s 串中，从第 i 个位置开始连续删除 j 个字符。可能出现三种情况：

(1)如果 i 值不在 s 串范围内，不能删除。

(2)从第 i 个位置开始到最后的字符数不足 j 个，删除时，不用移动元素，只需修改 s 串长度即可。

(3)i 和 j 都满足要求。删除后，要把后面其余的元素向前移动 j 位。

删除子串的 C 语言算法描述如下：

程序 4-5

```
#include <malloc.h>
#include <stdio.h>
#define MAXLEN 25                 /*定义一常量 MAXLEN 为 25*/
typedef struct string             /*定义串顺序存储结构*/
{
    char ch[MAXLEN];
    int len;
}STRING;


STRING delete(s,i,j)              /*删除子串运算*/
STRING s;
int i,j;
{
    int k;
    STRING s1={"",0};
    if((i<1)||(i>s.len))          /*i 值不在 s 值范围之内,不能删除*/
    {
        printf("error\n");
        return(s1);               /*不能删除,输出空串 s1*/
    }
    else
        if(s.len-i+1<j)           /*第 i 个位置开始到最后的字符数不足 j 个时*/
        {
```

```
            s.ch[i-1]='\0';              /* 设置字符串结尾标志 */
            s.len=i-1;                   /* 修改 s 串长度 */
            return(s);
        }
        else                             /* i 和 j 都可以满足要求 */
        {
            for(k=i+j-1;k<=s.len;k++)              /* 元素向前移动 j 位 */
                s.ch[k-j]=s.ch[k];
            s.len=s.len-j;               /* s 串长度减 j */
            return(s);
        }
    }

main()                                   /* 主程序 */
{
    STRING s={"Beijing Shanghai China",22};         /* 定义串变量,给串变量赋初值 */
    int i=8,j=9;
    s=delete(s,i,j);                     /* 调用 delete 函数 */
    printf("\n%s\n%d",s.ch,s.len);       /* 输出删除子串后串 s 的值和长度 */
}
```

程序运行结果:

Beijing China

13

在该例中,串 s="Beijing Shanghai China",在调用了 delete(s,i,j)后,得到的结果为s="Beijing China"。

6. 子串定位

子串定位运算也称串的模式匹配。这是一种很常用的串运算,在文本编辑中经常用到这种运算。

所谓模式匹配,就是判断某个串是否是另一个已知串的子串。如果是其子串,则给出该子串的起始位置,即子串第一个字符在数组中的下标位置。如果不是,则给出不是的信息(-1)。

下面介绍一种简单的模式匹配算法。

设有一母串 s 和一子串 s1,判断母串 s 中是否包含子串 s1。其判断的基本方法是:

从母串 s 中的第一个字符开始,按 s1 子串的长度 s1.len,与 s1 子串中的字符依次对应比较。

若不匹配,则再从 s 串中的第二个字符开始,仍按 s1 子串的长度 s1.len,与 s1 子串中的字符依次对应比较。

如此反复进行比较。直到匹配成功或者母串 s 中剩余的字符少于 s1 的长度为止。

若匹配成功,则返回 s1 串在 s 串中的位置。若匹配不成功,则返回函数值-1。

子串定位的算法如下:

程序 4-6

```
# include <malloc.h>
# include <stdio.h>
# define MAXLEN 25              /* 定义一常量 MAXLEN 为 25 */
typedef struct string           /* 定义串顺序存储结构 */
{
    char ch[MAXLEN];
    int len;
}STRING;

int match(s,s1)                 /* 子串定位运算 */
STRING s,s1;
{
    int i,j,k;
    i=0;
    while(i<=s.len-s1.len)  /* i 为 s 串中字符的位置,每次前进一个位置 */
    {                           /* 该循环执行到 s 串中剩余长度不够比较时为止 */
        j=i;                    /* j 用作临时计数变量 */
        k=0;                    /* 用 k 控制比较的长度小于 s1.len */
        while((k<s1.len)&&(s.ch[j]==s1.ch[k]))          /* 比较过程 */
        {
            j=j+1;
            k=k+1;
        }
        if(k==s1.len)           /* 比较成功,返回 i 的位置 */
            return(i);
        else                    /* 比较不成功,从 s 串中下一个字符继续比较 */
            i=i+1;
    }
    return(-1);                 /* 比较结束时,未找到匹配字符串,返回标识-1 */
}

main()                          /* 主程序 */
{
    STRING a={"Beijing Shanghai China",22};            /* 定义串变量,给串变量赋初值 */
    STRING a1={"Shanghai",8};
    int r;
    r=match(a,a1);              /* 调用 match 函数 */
    printf("\n%d",r);           /* 输出结果 */
}
```

程序运行结果:

8

在该例中,有下列母串和子串,在调用 match(a,a1)后的结果如下:

(1)a="Beijing Shanghai China",a1="Shanghai",得到结果是 a1 串在 a 串中的位置为 8。

(2)a="Beijing Shanghai China",a1="Dalian",没有匹配字符串,函数返回值为—1。

7. 串置换

串置换就是把母串中的某个子串用另一个子串来替换。字符串替换算法可以用删除子串的算法和插入子串的算法来实现。算法描述如下:

程序 4-7

```
STRING replace(s,s1,i,j)
STRING s,s1;
int i,j;
{
    delete(s,i,j);      /* 调用删除算法,在 s 串中从第 i 个字符开始删除,共删除 j 个字符 */
    insert(s,s1,i);          /* 调用插入算法,在 s 串中从第 i 个位置开始插入 s1 子串 */
}
```

例如,有一串 s="You are a student.",现在要把"student"替换成 s1="teacher",在调用了函数 replace(s,s1,11,7)后,结果为 s=" You are a teacher."。

4.4　串的应用举例

文本编辑是串应用的一个典型例子。有很多种文本编辑的软件,用于不同的应用领域,如一般的办公室文书编辑、专业用的报刊和书籍编辑。不同的软件公司也开发出了不同的文本编辑软件。这些文本编辑软件的大小、功能都不一样,但其基本操作原理都是一致的,通常都是串的插入、删除、查找、替换以及字符格式的设置等。

这些编辑软件进行文本处理时,对整个文本进行了不同的拆分方法,如页、段、行、句、词和字等。在编辑过程中,可以把整个文本看成一个字符串,也可以把它叫作文本串,那么页就是文本串的子串,行又是页的子串,等等。这样,在编辑过程中,就能够以不同的单位对文本进行各种不同功能的操作。

计算机在执行文本编辑程序时,要对文本建立起各种功能所需要的存储信息表,如页表、行表。在编辑过程中,要设立页指针、行指针和字符指针。插入、删除等操作都是按照这些指针进行相应的修改工作的。如插入字符后,后面的文本要相应向后移动,删除字符后,后面的文本要相应向前移动等。

本章小结

1.串是一种数据类型受到限制的特殊的线性表,它的数据对象是字符集合,每个元素都是一个字符,一系列相连的字符组成一个串。

2.串虽然是线性表,但又有其自己的特点,不是作为单个字符进行讨论,而是作为一个整体,即字符串,进行讨论。

3.串的存储方式有两种,静态存储结构和动态存储结构。静态存储结构分为紧缩格式存储和非紧缩格式存储。两种存储方式各有其优缺点,非紧缩格式存储,不能节省内存单元,但操作起来比较方便。相反,紧缩格式存储可以节省内存单元,但操作起来不方便。

4.串的基本运算有串连接、两串相等判断、取子串、插入子串、删除子串、子串定位和串替换等。

习题

4.1　简述下列串的概念:

串、串的长度、空串、空格串、子串和两串相等。

4.2　简述串有哪几种存储结构。

4.3　已知顺序串 s＝"abcd",写出它的所有子串;编写求其全部子串的算法。

4.4　已知顺序串 s,编写一算法,将 s 串中的所有 x 字符都删除。

4.5　已知顺序串 s,编写一算法,将 s 串中的所有 x 字符都用 y 字符替换。

4.6　已知顺序串 s,编写一算法,统计 s 串中字符 a 出现的次数。

4.7　设有一篇英文短文,每个单词之间是用空格分开的,编写一算法,统计短文中单词的个数。

上机实验

实验 4　串置换的基本运算

实验目的要求:

1.进一步理解顺序串的基本概念和顺序串的存储方式。

2.深入理解顺序串的各个算法的实现。

实验内容:

编写一个完整的程序,实现串的置换操作。在主程序中调用子串定位、删除子串和插入子串函数。

1.编写一个主程序。

2.编写一个串置换函数。

3.在主程序中调用串置换函数。

4.在串置换函数中调用子串定位函数。

5.在串置换函数中调用删除子串函数。

6.在串置换函数中调用插入子串函数。

7.在主程序中输出置换结果。

第5章

树

学习目的要求：

本章主要介绍树形结构的基本概念、树形结构在计算机中的存储方法、树形结构的基本运算及其在不同存储结构上的实现，还介绍了树形结构的一些简单应用。通过本章学习，要求掌握以下内容：

1. 树的基本概念和树的基本操作。

2. 二叉树的定义和性质，二叉树的顺序存储结构和链式存储结构。

3. 遍历二叉树和线索二叉树。

4. 树的存储和遍历，树、森林与二叉树的相互转换。

5. 二叉树的应用。哈夫曼树、哈夫曼编码、二叉排序树、平衡二叉树和 B 树。

5.1 树的基本概念

树形结构是一类重要的非线性结构，树是以分支关系定义的层次结构。树形结构在现实生活中和计算机领域内都有广泛的应用。本节着重介绍树的基本定义和常用术语，以便对树形结构有一个全面的了解。

5.1.1 树的定义

现实世界中的很多事物可以用树形结构来描述。例如：学校管理机构之间的关系可以表示成树形结构。如图 5.1 所示。

这张图看上去很像一棵倒置的树，"树形结构"由此得名。下面给出树的定义。

树是 $n(n \geqslant 0)$ 个结点的有限集合 T。当 $n = 0$ 时称为空树；否则，称为非空树。在任一非空树中：

1. 有且仅有一个特定的称为根的结点；

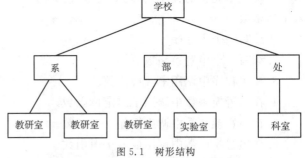

图 5.1 树形结构

2. 除根结点之外的其余结点被分成 $m(m \geqslant 0)$ 个互不相交的集合 $T_1, T_2, \cdots, T_m$。且其中每一个集合本身又是一棵树，它们被称为根的子树。

显然，这是一个递归定义，即在树的定义中又用到了树这个术语。它反映了树的固有特性：

1. 空树是树的特例。

2. 非空树中至少有一个结点，称为树的根，只有根结点的树称为最小树。

3. 在含有多个结点的树中，除根结点外，其余结点构成若干棵子树，且各子树间互不相交。

例如在图 5.2 中，(a) 是只有一个根结点的树；(b) 是有 6 个结点的树，其中 A 是根，其余结点分成三个互不相交的子集：$T_1 = \{B\}$，$T_2 = \{C, E, F\}$，$T_3 = \{D\}$，T_1、T_2 和 T_3 是 A 的子树，且本身也是一棵树。如 T_2 的根为 C，其余结点分成两个互不相交的子集 $T_{21} = \{E\}$，$T_{22} = \{F\}$，T_{21} 和 T_{22} 都是 C 的子树。

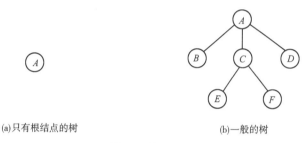

(a) 只有根结点的树   (b) 一般的树

图 5.2 树的示例

5.1.2 树的基本术语

结点：包含一个数据元素及若干指向其子树的分支。在树形表示中用一个圆圈及短线表示。

结点及树的度：结点拥有子树的个数称为结点的度。如图 5.2(b) 中，A 的度为 3，C 的度为 2，B、D 的度为 0。树的度是指树内各结点度的最大值。例如在图 5.2(b) 中的树的度为 3。

叶子或终端结点：是指度为零的结点。例如在图 5.2(b) 中 B，E，F，D 结点均为叶子结点。

分支结点或非终端结点：是指度不为零的结点。例如在图 5.2(b) 中的 A，C 结点，通常又将非根结点的分支结点称为内部结点。

结点的孩子和双亲：一个结点的各子树的根称为该结点的孩子，这个结点称为其孩子的双亲。例如图 5.2(b) 中 B、C、D 均为 A 的孩子，而 A 则是它们的双亲，E、F 均为 C 的孩子，而 C 则是 E、F 的双亲，A 是 C、E、F 的祖先，C、E、F 是 A 的子孙。

兄弟：同一双亲的孩子之间互为兄弟。如图 5.2(b) 中 B、C、D 互为兄弟。

堂兄弟：其双亲在同一层的结点互为堂兄弟。

结点的层次：是指从根开始定义，根为第一层，根的孩子为第二层，依次类推，若某结点在第 i 层，则其孩子结点就在第 $i+1$ 层。例如图 5.2(b) 中的 A 在第 1 层，B、C、D 在第 2 层，E、F 在第 3 层。

树的深度或高度：树中结点的最大层次数。例如图 5.2(b) 中的树高度为 3。

有序树：树中结点的各子树看成从左至右依次有序且不能交换，则称该树为有序树，否则称为无序树。

森林：是 $m(m \geqslant 0)$ 棵互不相交的树的集合。森林的概念与树的概念十分相近，只要将树的根结点删掉，就得到了子树构成的森林，而加上一个根，森林就变为一棵树。如图 5.2(b) 中删掉结点 A，就可得到一个由三棵树组成的森林。

5.1.3 树的表示方法

树结构可以用不同的形式来表示，常用的表示形式有四种（以图 5.2(b) 树为例）：

1. 树形表示法，如图 5.2(b) 所示。
2. 集合包含关系的文氏图表示法，如图 5.3(a) 所示。
3. 广义表表示法，为：(A(B,C(E,F),D))。
4. 凹入表表示法，如图 5.3(b) 所示。

　　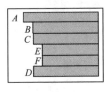

(a) 文氏图表示法　　　　　(b) 凹入表表示法

图 5.3　图的其他两种表示

5.1.4 树的存储结构

树和线性表一样，可以有顺序存储和链式存储两种存储方式。在设计树的存储方式时，应考虑树本身的结构以及处理树的算法要求，针对不同的树结构和不同的算法，选用不同的存储方式。这里仅介绍三种常用的链表结构。

1. 双亲表示法

这种方法是用一组连续的存储空间来存储树的结点。每个结点包括数据元素的值本身和指向结点双亲位置的指针两个成员。可以对树中的 n 个结点按 0 到 $n-1$ 编号，那么就可以用数组 $tree[n]$ 存储这棵树，其中 $tree[i].parent$ 存储结点 i 的双亲。由于 $root$（代表根结点序号）没有双亲，所以可以让 $tree[root].parent = -1$。

例如，图 5.2 中所示的树，若结点 A、B、C、D、E、F 依次编号为 0 到 5，则图 5.4 表示该树的双亲表示法。

下标	name	parent
0	A	-1
1	B	0
2	C	0
3	D	0
4	E	2
5	F	2

图 5.4　树的双亲表示法

这种存储结构利用了每个结点（除根以外）只有唯一的双亲的性质，很容易由孩子找到双亲，但无法从双亲找到孩子。

2. 多重链表表示法

每个结点可能含有 m 个孩子，即每个结点发出 m 个链，分别指向它的一个孩子。由于树中各结点的度数不同，所需的指针域个数也不同，因此结点一般有两种形式：定长结点型和不定长结点型。

定长结点型即每个结点的指针域个数均为树的度数。但由于树中很多结点的度数都小于树的度数,使链表中有很多空指针域,造成空间浪费。

不定长结点型即每个结点的指针域个数为该结点的度数。由于各结点的度数不同,则各结点的长度不同,为处理方便,结点中除数据域和指针域之外一般还增加一个称为"度"的域,用于存储该结点的度。这种形式虽能节省存储空间,但运算不便。

在用不定长结点的多重链表来表示树时,每个结点的指针域个数等于该结点的孩子个数。图 5.5 是图 5.2(b)所示树的多重链表表示法。

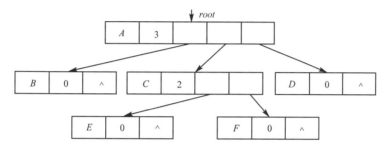

图 5.5　树的多重链表表示法

定长结点的多重链表中每个结点都有 m 个链域(m 为树的度数),而实际大多数链域的值都为空。请读者画出用这种存储方式存储图 5.2(b)所示树的存储结构图。

3. 孩子－兄弟链表表示法

在这种存储方式下,每个结点包括三部分的内容:结点值、指向该结点第一个孩子结点的指针和指向该结点下一个兄弟结点的指针。图 5.6 是图 5.2(b)所示树的孩子－兄弟链表表示法。

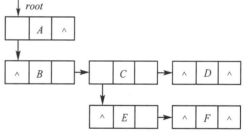

图 5.6　树的孩子－兄弟链表表示法

5.2　二叉树的定义和性质

二叉树是另一种特殊的树形结构,它的特点是每个结点至多有两棵子树(即二叉树中不存在度大于 2 的结点),二叉树的子树有左右之分,其次序不能任意颠倒。

二叉树的结构简单,存储效率较高,二叉树运算的算法也相对简单。并且任何树或森林与二叉树之间可以通过简单的操作规则互相转换。在树的应用中,它起着特别重要的作用。

5.2.1　二叉树的定义

二叉树:是结点的有限集合,这个集合或者为空集,或者是由一个根结点和两棵互不相交的分别称为这个根结点的左右子树的二叉树组成。

二叉树可以有五种基本形态,如图 5.7 所示。请注意,二叉树的左、右子树是严格区分的,不能颠倒,图 5.7 中(c)和(d)就是两棵不同的二叉树。

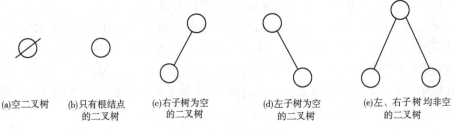

(a)空二叉树　　(b)只有根结点　　(c)右子树为空　　(d)左子树为空　　(e)左、右子树均非空
　　　　　　　　的二叉树　　　　的二叉树　　　　的二叉树　　　　的二叉树

图 5.7　二叉树的基本形态

5.2.2　二叉树的性质

二叉树具有下列重要性质。

性质 1　在二叉树的第 i 层上至多有 2^{i-1} 个结点($i \geqslant 1$)。

利用归纳法容易证得此性质。

证明:$i=1$ 时,只有一个根结点。显然,$2^{i-1}=2^0=1$ 是对的。

现在假设 $i=k$ 时,性质 1 正确,即第 k 层的结点数最多为 2^{k-1} 个。如果由此可推出第 $k+1$ 层的结点数最多为 2^k 个,性质 1 便得到了证明。那么 $k+1$ 层的结点数最多是多少呢? 第 $k+1$ 层的结点数最多是第 k 层的 2 倍,即第 k 层的每个结点都有两个孩子。因此,第 $k+1$ 层结点数最多是 $2 \times 2^{k-1}=2^{1+k-1}=2^k$。

性质 1 证毕。

性质 2　深度为 k 的二叉树至多有 2^k-1 个结点($k \geqslant 1$)。

证明:利用性质 1 的结论可得,在深度为 k 的二叉树中至多含有结点数为

$$\sum_{i=1}^{k}(i \text{ 层上结点最大数}) = \sum_{i=1}^{k} 2^{i-1} = 2^k - 1$$

性质 2 证毕。

性质 3　对任何一棵二叉树 T,如果其终端结点数为 n_0,度为 2 的结点数为 n_2,则

$$n_0 = n_2 + 1$$

证明:设 n_1 为度为 1 的结点数,则总结点数 n 为

$$n = n_0 + n_1 + n_2 \tag{1}$$

二叉树中除根结点外其他结点都有一个指针与其双亲相连,若指针数为 b,满足:

$$n = b + 1 \tag{2}$$

而这些指针又可以看作由度为 1 和度为 2 的结点与它们孩子之间的联系,于是 b 和 n_1、n_2 之间的关系为

$$b = n_1 + 2n_2 \tag{3}$$

由(2)、(3)可得:

$$n = n_1 + 2n_2 + 1 \tag{4}$$

比较 (1)、(4) 式可得：

$$n_0 = n_2 + 1$$

性质 3 证毕。

下面介绍两种特殊形态的二叉树：满二叉树和完全二叉树。

满二叉树：若一棵高度为 h 的二叉树，共有 $2^h - 1$ 个结点，则此二叉树称为满二叉树。满二叉树的终端结点都在同一层。除终端结点之外，其余结点都有左右两个孩子。如图 5.8 所示。若对一棵满二叉树从第一层的根结点开始，自上而下，自左向右地对结点进行连续编号，则给出了满二叉树的顺序表示方法。这样，就可以用向量来存储满二叉树。

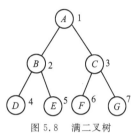

图 5.8 满二叉树

完全二叉树：如果高度为 h，有 n 个结点的二叉树，能够与高度为 h 的连续编号的满二叉树从 1 到 n 标号的结点相对应。则称这样的二叉树为完全二叉树。如图 5.9 中，图 5.9(a) 是完全二叉树，而图 5.9(b) 和图 5.9(c) 是非完全二叉树。显然，满二叉树也是完全二叉树。

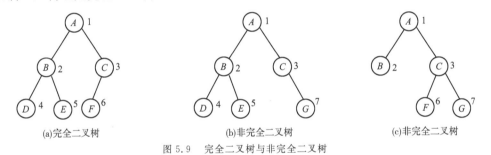

图 5.9 完全二叉树与非完全二叉树

从满二叉树和完全二叉树的定义中可以看出，满二叉树一定是完全二叉树，但完全二叉树不一定是满二叉树。满二叉树的叶子结点全部在最底层，完全二叉树的叶子结点都在最底层和倒数第二层。

性质 4 具有 n 个结点的完全二叉树的高度为 $\lfloor \log_2 n \rfloor + 1$。

符号 $\lfloor x \rfloor$ 表示取不大于 x 的最大整数，也叫下取整。

证明：设一个完全二叉树的高度为 h，根据二叉树的定义可知，该二叉树的前面的 $h - 1$ 层是满二叉树，共有 $2^{h-1} - 1$ 个结点。如果该二叉树为满二叉树，则共有 $2^h - 1$ 个结点。由此可以得到下面的式子：

$2^{h-1} - 1 < n \leqslant 2^h - 1$，即有：

$2^{h-1} \leqslant n < 2^h$，对此式两边同时取对数有：

$h - 1 \leqslant \log_2 n < h$，因为 h 是整数，所以有：

$h = \lfloor \log_2 n \rfloor + 1$。

性质 4 证毕。

性质 5 如果对一棵有 n 个结点的完全二叉树的结点按层的顺序，即从上到下，每层中从左到右的顺序编号为 $1, 2, 3, \cdots, n$，然后按此编号将该二叉树中各个结点顺序地存放

在一个一维数组中,则对任一结点 $i(1 \leqslant i \leqslant n)$ 有如下结论:

(1) 如果 $i = 1$,则结点 i 为根结点,无双亲。如果 $i > 1$,则 i 的双亲结点为 $\lfloor i/2 \rfloor$。

(2) 如果 $2i \leqslant n$,则结点 i 的左孩子为 $2i$,否则无左孩子。即满足 $2i > n$ 的结点为叶子结点。

(3) 如果 $2i + 1 \leqslant n$,则结点 i 的右孩子为 $2i + 1$,否则无右孩子。

(4) 如果结点 i 的序号为奇数且不等于1,则它的左兄弟为 $i - 1$。

(5) 如果结点 i 的序号为偶数且不等于 n,则它的右兄弟为 $i + 1$。

(6) 结点 i 所在层数为 $\lfloor \log_2 i \rfloor + 1$。

5.3 二叉树的存储结构

二叉树的存储结构有顺序存储结构和链式存储结构两种,在本节中将详细介绍这两种存储结构,并对比二者的优缺点。

5.3.1 二叉树的顺序存储结构

顺序存储是用一组连续的存储单元存储二叉树的数据元素。因此,必须把二叉树中的所有结点安排成一个适当的线性序列,使得结点在这个序列中的相互位置能反映出结点之间的逻辑关系。

在一棵具有 n 个结点的完全二叉树中,从根结点起,自上层到下层,每层从左至右地给出所有结点的编号,就能得到一个足以反映整个二叉树结构的线性序列,如图 5.10(a) 所示。根据完全二叉树的特性,结点在一维数组中的相对位置蕴含着结点之间的关系。即完全二叉树中结点的层次序列足以反映结点之间的逻辑关系。因此可将完全二叉树中所有结点按编号顺序依次存储在一维数组 $a[n]$ 中。这样,无须附加任何信息就能在这种顺序存储结构里找到每个结点的双亲和孩子。在如图 5.10(b) 所示的完全二叉树的顺序存储结构中,$a[2]$ 的双亲是 $a[1]$,其左、右孩子分别是 $a[4]$ 和 $a[5]$。

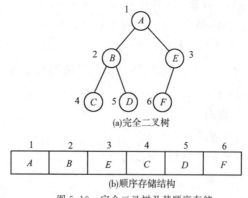

(a)完全二叉树

1	2	3	4	5	6
A	B	E	C	D	F

(b)顺序存储结构

图 5.10 完全二叉树及其顺序存储

显然,顺序存储结构对完全二叉树而言,既简单又节省存储空间。但是,对于一般二叉树的顺序存储,为了能用结点在一维数组中的相对位置来表示结点之间的逻辑关系,也必须按完全二叉树的形式来存储树中的结点,这将造成存储空间的浪费。用顺序存储结构存储一般二叉树如图 5.11 所示。

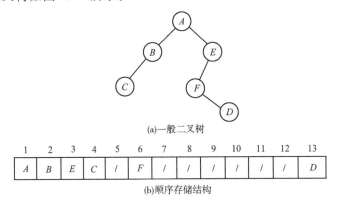

(a)一般二叉树

1	2	3	4	5	6	7	8	9	10	11	12	13
A	B	E	C	/	F	/	/	/	/	/	/	D

(b)顺序存储结构

图 5.11　一般二叉树及其顺序存储

5.3.2　二叉链表

二叉树一般都采用二叉链表作为链式存储结构。在这种存储方式下,二叉树的每个结点包括三个成员,如图 5.12 所示。

lchild	data	rchild

图 5.12　二叉树的链式存储中的结点

其中,*lchild* 是指向该结点左孩子的指针,*rchild* 是指向该结点右孩子的指针,*data* 存放结点本身的值。图 5.13(a)的二叉树的二叉链表表示如图 5.13(b)所示。

二叉树的结点类型用 C 语言定义如下:

```
typedef struct btnode
{
    int data;
    struct btnode * lchild;
    struct btnode * rchild;
}BTNODE, * BINTREE;
```

其中 BINTREE 是指向根结点的指针类型。

5.3.3　建立二叉树

用二叉链表表示二叉树,建立二叉树的递归算法描述如下:

程序 5-1

```
# include <malloc.h>
# include <stdio.h>
typedef struct btnode                    /* 二叉树结点类型的定义 */
{
    int data;
    struct btnode * lchild;
    struct btnode * rchild;
}BTNODE, * BINTREE;
```

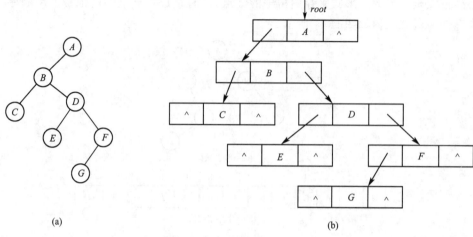

(a)

(b)

图 5.13 二叉链表图示

```
void createbintree(BINTREE * t)              /* 输入二叉树的先序遍历序列,创建二叉链表 */
{
    int a;
    scanf("%d",&a);                          /* 如果读入 0,创建空树 */
    if(a==0)
     * t=NULL;
    else
    {
        * t=(BTNODE *)malloc(sizeof(BTNODE));  /* 申请根结点 * t空间 */
        (* t)->data=a;                        /* 将结点数据 a 放入根结点的数据域 */
        createbintree(&(* t)->lchild);        /* 建左子树 */
        createbintree(&(* t)->rchild);        /* 建右子树 */
    }
}


void freetree(BINTREE t)                      /* 释放二叉树占用的内存 */
{
    if(t! =NULL)
    {
        freetree(t->lchild);
        freetree(t->rchild);
        free(t);
    }
}


main()
{
    BINTREE t=NULL;
    createbintree(&t);
```

```
    freetree(t);                        /＊释放占用的内存＊/
}
```

程序运行结果(以图 5.14 二叉树为例)：

1 2 4 0 0 5 0 3 0 6 0 0 (回车)　　　　　 /＊可建立图 5.14 二叉树二叉链表存储结构/＊

5.4　二叉树的遍历

在二叉树的一些应用中,常常要求在树中查找具有某种特征的结点,或者对树中全部结点逐个进行某种处理。这就提出了一个遍历二叉树的问题,即如何按某条搜索路径访问树中每个结点,使得树中每个结点都被且仅被访问一次。

遍历是二叉树最重要的运算之一,是对二叉树进行其他运算的基础。

5.4.1　遍历方案

遍历(Traverse)是指沿着某条搜索路线,依次对树中每个结点均做一次且仅做一次访问。访问结点所做的操作依赖于具体的应用问题。

从二叉树的递归定义可知,一棵非空的二叉树由根结点及左、右子树这三个基本部分组成。因此,在任一给定结点上,可以按某种次序执行三个操作：

(1)访问根结点(D)。

(2)遍历该结点的左子树(L)。

(3)遍历该结点的右子树(R)。

以上三种操作有六种执行次序：

$$DLR、LDR、LRD、DRL、RDL、RLD。$$

注意:前三种次序与后三种次序对称,故只讨论先左后右的前三种次序。

5.4.2　三种遍历的命名

根据访问根结点操作发生位置命名：

DLR:先序遍历(Preorder Traverse,亦称前序遍历)

　　——访问根结点的操作发生在遍历其左右子树之前。

LDR:中序遍历(Inorder Traverse)

　　——访问根结点的操作发生在遍历其左右子树之中(间)。

LRD:后序遍历(Postorder Traverse)

　　——访问根结点的操作发生在遍历其左右子树之后。

注意:由于访问是根据根结点 D 操作位置命名,所以 DLR、LDR 和 LRD 分别又称为先根遍历、中根遍历和后根遍历。

5.4.3　遍历算法

1.先序遍历的递归算法定义：

若二叉树非空,则依次执行如下操作：

(1)访问根结点。
(2)先序遍历左子树。
(3)先序遍历右子树。
算法描述如下：

程序 5-2

```
# include <malloc.h>                          /* 先序遍历序列算法实现 */
# include <stdio.h>
# include <stdlib.h>
typedef int datatype;
typedef struct node                           /* 定义二叉树结点结构 */
{
    datatype data;
    struct node * lchild;
    struct node * rchild;
}BINTNODE;
typedef BINTNODE * BINTREE;                    /* 定义二叉链表指针类型 */

void createbintree(BINTREE * t)               /*输入二叉树的先序遍历序列,创建二叉链表 */
{
    int a;
    scanf("% d",&a);                          /* 如果读入 0,创建空树 */
    if(a==0)
        * t=NULL;
    else
    {
        * t=(BINTNODE * )malloc(sizeof(BINTNODE));  /* 申请根结点 * t 空间 */
        ( * t)->data=a;                       /* 将结点数据 a 放入根结点的数据域 */
        createbintree(&( * t)->lchild);       /* 建左子树 */
        createbintree(&( * t)->rchild);       /* 建右子树 */
    }
}

void preorder(BINTREE T)                      /* 先序遍历序列 */
{
    if(T)                                     /* 如果二叉树非空 */
    {
        printf("% d  ",T->data);              /* 访问根结点 */
        preorder(T->lchild);
        preorder(T->rchild);
    }
}

void freetree(BINTREE t)                      /*释放二叉树占用的内存 */
```

```
{
    if(t!＝NULL)
    {
        freetree(t->lchild);
        freetree(t->rchild);
        free(t);
    }
}

main()                          /＊主函数＊/
{
    BINTREE t＝NULL;
    printf("\n please input nodes of BINTREE:");
    createbintree(&t);
    printf("the preorder is:");
    preorder(t);
    freetree(t);                /＊释放占用的内存＊/
}
```

程序运行结果(以图5.14二叉树为例):

please input nodes of BINTREE:1 2 4 0 0 5 0 0 3 0 6 0 0 (回车)

the preorder is:1 2 4 5 3 6

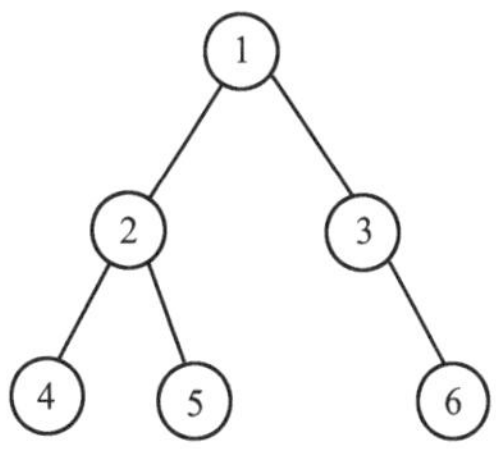

图 5.14　二叉树

2.中序遍历的递归算法定义:

若二叉树非空,则依次执行如下操作:

(1)中序遍历左子树。

(2)访问根结点。

(3)中序遍历右子树。

算法描述如下:

程序 5-3

```
# include <malloc.h>                /＊ 中序遍历序列算法实现＊/
# include <stdio.h>
# include <stdlib.h>
typedef int datatype;
typedef struct node                 /＊ 定义二叉树结点结构＊/
{
    datatype data;
    struct node ＊lchild;
    struct node ＊rchild;
}BINTNODE;
typedef BINTNODE ＊BINTREE;          /＊ 定义二叉链表指针类型＊/

void createbintree(BINTREE ＊t)      /＊输入二叉树的先序遍历序列,创建二叉链表＊/
{
    int a;
```

```
        scanf("%d",&a);                          /* 如果读入 0,创建空树 */
        if(a==0)
            *t=NULL;
        else
        {
            *t=(BINTNODE *)malloc(sizeof(BINTNODE));  /* 申请根结点 *t 空间 */
            (*t)->data=a;                        /* 将结点数据 a 放入根结点的数据域 */
            createbintree(&(*t)->lchild);        /* 建左子树 */
            createbintree(&(*t)->rchild);        /* 建右子树 */
        }
}


void inorder(BINTREE T)                         /* 中序遍历序列 */
{
    if(T)                                        /* 如果二叉树非空 */
    {
        inorder(T->lchild);
        printf("%d",T->data);                    /* 访问根结点 */
        inorder(T->rchild);
    }
}


void freetree(BINTREE t)                         /* 释放二叉树占用的内存 */
{
    if(t!=NULL)
    {
        freetree(t->lchild);
        freetree(t->rchild);
        free(t);
    }
}


main()                                           /* 主函数 */
{
    BINTREE t=NULL;
    printf("\n please input nodes of BINTREE:");
    createbintree(&t);
    printf("the inorder is:");
    inorder(t);
    freetree(t);                                 /* 释放占用的内存 */
}
```
程序运行结果(以图 5.14 二叉树为例):

please input nodes of BINTREE:1 2 4 0 0 5 0 0 3 0 6 0 0(回车)

the inorder is:4 2 5 1 3 6

3. 后序遍历的递归算法定义

若二叉树非空,则依次执行如下操作:

(1)后序遍历左子树。

(2)后序遍历右子树。

(3)访问根结点。

算法描述如下:

程序 5-4

```
# include <malloc.h>                          / * 后序遍历序列算法实现 * /
# include <stdio.h>
# include <stdlib.h>
typedef int datatype;
typedef struct node                          / * 定义二叉树结点结构 * /
{
    datatype data;
    struct node * lchild;
    struct node * rchild;
}BINTNODE;
typedef BINTNODE * BINTREE;                   / * 定义二叉链表指针类型 * /

void createbintree(BINTREE * t)              / *输入二叉树的先序遍历序列,创建二叉链表 * /
{
    int a;
    scanf("% d",&a);                         / * 如果读入 0,创建空树 * /
    if(a==0)
        * t=NULL;
    else
    {
        * t=(BINTNODE * )malloc(sizeof(BINTNODE));  / * 申请根结点 * t空间 * /
        ( * t)—>data=a;                       / * 将结点数据 a 放入根结点的数据域 * /
        createbintree(&( * t)—>lchild);              / * 建左子树 * /
        createbintree(&( * t)—>rchild);              / * 建右子树 * /
    }
}

void postorder(BINTREE T)                     / * 后序遍历序列 * /
{
    if(T)                                     / * 如果二叉树非空 * /
    {
        postorder(T—>lchild);
        postorder(T—>rchild);
        printf("% d",T—>data);               / *访问根结点 * /
```

```
        }
    }


    void inorder(BINTREE T)                    /* 中序遍历序列 */
    {
        if(T)                                  /* 如果二叉树非空 */
        {
            inorder(T->lchild);
            printf(" % d",T->data);            /* 访问根结点 */
            inorder(T->rchild);
        }
    }


    main()                                     /* 主函数 */
    {
        BINTREE t=NULL;
        printf("\n please input nodes of BINTREE:");
        createbintree(&t);
        printf("the postorder is:");
        postorder(t);
        inorder(t);
        freetree(t);                           /* 释放占用的内存 */
    }
```

程序运行结果(以图 5.14 二叉树为例)：

please input nodes of BINTREE：1 2 4 0 0 5 0 0 3 0 6 0 0 (回车)

the postorder is：4 5 2 6 3 1

4. 按层次遍历算法

按层次遍历就是按二叉树结点层次自上而下,从左到右顺序访问其各结点。

层次遍历算法基本思想是:建立一循环队列,队列元素为指针类型变量,此循环队列用来暂存二叉树结点的指针。若欲层次遍历的二叉树非空,在层次遍历该二叉树前,先将此树根结点的指针送入循环队列,这是被送入循环队列的第一个队列元素。开始层次遍历时再将此根结点指针出队来访问根结点,然后判其左或右儿子是否存在,若存在,则将其左、右儿子结点的指针依次送入队列,以备后面访问,算法中左儿子结点的指针先于右儿子结点的指针入队,保证了左儿子结点(包括其子孙结点)先于右儿子结点(包括其子孙结点)被访问。如此,每当从循环队列出队一结点指针,并访问相应结点后,再将其左、右儿子结点的指针依次送入队列(若其左或右儿子存在的话)。周而复始,直到循环队列空为止,层次遍历完成。

算法描述如下:

程序 5-5

```
# include <malloc.h>
```

```
# include <stdio. h>
# define QUEUESIZE 20                    /*定义循环队列最大容量为 20*/
typedef struct node
{
    int data1;
    struct node * lchild;
    struct node * rchild;
}BINTNODE, * BINTREE;                     /*定义二叉链表指针类型*/
typedef struct cirqueue                   /*循环队列的存储结构定义*/
{
    int front,rear;                       /*定义队列头、尾指针*/
    BINTNODE * data[QUEUESIZE];           /*定义被存放的队列元素为指针类型变量*/
}CIRQUEUE;


createbintree(BINTREE * t)                /*输入二叉树先序遍历序列,创建二叉链表*/
{   int a;
    scanf("%d",&a);
    if(a==0)
        * t=NULL;
    else
    {   * t=(BINTNODE * )malloc(sizeof(BINTNODE));
        ( * t)->data1=a;
        createbintree(&( * t)->lchild);
        createbintree(&( * t)->rchild);
    }
}


leverorder(BINTREE t)                     /*层次遍历二叉树*/
{   CIRQUEUE * q;
    BINTREE p;
    q=(CIRQUEUE * )malloc(sizeof(CIRQUEUE));        /*申请循环队列空间*/
    q->rear=q->front=0;                   /*将循环队列初始化为空*/
    q->data[q->rear]=t;                   /*将根结点指针入队*/
    q->rear=(q->rear+1)%QUEUESIZE;        /*将队列尾指针加 1*/
    while(q->rear! =q->front)             /*若队列不为空,做以下操作*/
    {
        p=q->data[q->front];              /*取队首元素 * p*/
        printf("%d",p->data1);            /*打印 * p 结点的数据域信息*/
        q->front=(q->front+1)%QUEUESIZE;             /*修改队列头指针*/
        if((q->rear+1)%QUEUESIZE==q->front)          /*若队列为队满,则打印队满信
                                                        息,退出程序的执行*/
          printf("the queue full!");
        else                              /*若队列不满,将 * p 结点的左孩子指针入队*/
        {
            if(p->lchild! =NULL)          /*若 * p 结点的左孩子存在,则左孩子指针入队*/
            {
```

```
                    q->data[q->rear]=p->lchild;
                    q->rear=(q->rear+1)%QUEUESIZE;        /*修改队列尾指针*/
                }
            }
            if((q->rear+1)%QUEUESIZE==q->front)      /*若队列为队满,则打印队满信
                                                       息,退出程序的执行*/
                printf("the queue full!");
            else                             /*若队列不满,将*p结点的右孩子指针入队*/
            {
                if(p->rchild! =NULL)         /*若*p结点的右孩子存在,则右孩子指针入队*/
                {
                    q->data[q->rear]=p->rchild;
                    q->rear=(q->rear+1)%QUEUESIZE;            /*修改队列尾指针*/
                }
            }
        }
    }                                            /* end of leverorder */


void freetree(BINTREE t)                  /*释放二叉树占用的内存*/
{
    if(t! =NULL)
    {
        freetree(t->lchild);
        freetree(t->rchild);
        free(t);
    }
}


main()                                    /*主函数*/
{   BINTREE t=NULL;
    printf("\nPlease input nodes of BINTREE :");
    createbintree(&t);
    if(t! =NULL)
    {
        printf("The leverorder is :");
        leverorder(t);
    }
    else
    {
        printf("The bintree is empty!!! \n");
    }
    freetree(t);                          /*释放占用的内存*/
}
```

程序运行结果(以图 5.14 二叉树为例):
Please input nodes of BINTREE : 1 2 4 0 0 5 0 0 3 0 6 0 0(回车)
The leverorder is : 1 2 3 4 5 6

*5.5 线索二叉树

从上节关于二叉树遍历的讨论可以看出,遍历二叉树是按一定的规则将二叉树中的结点排列成一个线性序列,这实质上是对一个非线性结构进行线性化操作,使每个结点(除第一个和最后一个外)在这个线性序列中有且仅有一个直接前驱和直接后继。换句话说,二叉树的结点之间隐含着一个线性关系,不过这个关系要通过遍历才能显示出来。例如对图 5.15 所示的二叉树进行中序遍历,可得到中序序列 123456789,其中"3"的直接前驱为"2",直接后继为"4"。

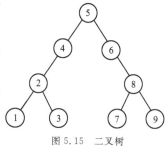

图 5.15 二叉树

若当以二叉链表作为二叉树的存储结构时,要找到结点的线性直接前驱或直接后继就不方便了。能否在不增加存储空间的前提下保留结点的线性前驱和后继信息呢?为此引入线索二叉树。

含有 n 个结点的二叉树中有 $n-1$ 条边指向其左、右孩子,这意味着在二叉链表中的 $2n$ 个孩子指针域中只用到了 $n-1$ 个域,另外还有 $n+1$ 个指针域是空的。可充分利用这些空指针来存放结点的线性直接前驱和直接后继信息。

试作如下规定:若结点有左子树,则其 *lchild* 域指示其左孩子,否则令 *lchild* 域指示其直接前驱;若结点有右子树,则其 *rchild* 域指示其右孩子,否则令 *rchild* 域指示其直接后继。但是,在计算机存储中如何区分结点的指针是指向其孩子还是指向其线性关系的前驱和后继呢?为此,结点中还需要增加两个标志域,用于标识结点指针的性质。因为标志域长度很小,增加的存储开销不大。修改后的二叉链表结点结构如图 5.16 所示。

lchild	*ltag*	*data*	*rtag*	*rchild*

图 5.16 二叉链表结点结构

其中: $ltag = 0$ 时表示 *lchild* 指示结点的左孩子。

$ltag = 1$ 时表示 *lchild* 指示结点的直接前驱。

$rtag = 0$ 时表示 *rchild* 指示结点的右孩子。

$rtag = 1$ 时表示 *rchild* 指示结点的直接后继。

以这种结构的结点构成的二叉链表作为二叉树的存储结构叫作线索链表;其中指向结点直接前驱和后继的指针叫作线索;加上线索的二叉树称为线索二叉树;对二叉树以某种次序遍历将其变为线索二叉树的过程叫作线索化。

对二叉树进行不同顺序的遍历,得到的结点序列不同,由此产生的线索二叉树也不同,所以有先序线索二叉树、中序线索二叉树和后序线索二叉树之分。下面以中序线索二叉树为例介绍建立线索二叉树和中序遍历线索二叉树算法。

---

* 本节可作为选学内容

线索的使用方法是当右子树为空时,将指针指向中序遍历时的下一个结点。左子树为空时,就指向中序遍历的前一个结点。如图 5.17 所示。

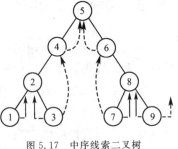

图 5.17 的虚线就是线索。如叶子结点 3 没有右子树,所以右线索指向中序遍历的下一个结点 4;同时也没有左子树,所以左线索指向中序遍历的前一个结点 2,其他各结点的处理方式相同。结点 1 和结点 9 的这两条线索刚好是中序遍历的第一个和最后一个结点,此时的线索可使用头结点来处理。

图 5.17 中序线索二叉树

线索二叉树的结点类型的 C 语言定义如下:

```
struct nodexs
{
    int data;
    struct nodexs * lchild, * rchild;
    int ltag,rtag;                      /*左、右标志域*/
}
```

线索二叉树为空的时候,其头结点的结构如图 5.18 所示。

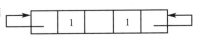

图 5.18 线索二叉树为空的链表结构

在线索二叉树中加上头结点后,与图 5.17 对应的中序线索二叉树链表如图 5.19 所示。

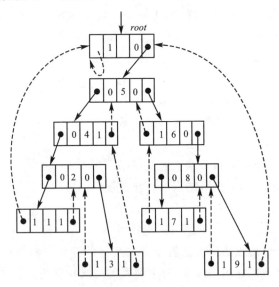

图 5.19 与中序线索二叉树对应的中序线索二叉树链表

读者应能熟练地画出另外两种遍历方式下的线索链表。

1. 中序线索二叉树算法

中序线索二叉树是指按照前面定义的结点形式(每个结点有 5 个域)建立某二叉树的二叉链表,然后按中序遍历的方式在访问结点时建立线索。其方法是跟踪整个遍历的走向,记录中序遍历的前后结点,然后链接各结点的线索。算法程序描述如下:

程序 5-6

```
# include <malloc.h>
# include <stdio.h>
# define QUEUESIZE 20
typedef struct node
{
    int data;
    int ltag,rtag;                  /* 线索标志域,取值为 0 或 1 */
    struct node * lchild;
    struct node * rchild;
}BINTNODE, * BINTREE;               /* 定义二叉链表指针类型 */
BINTREE pre=NULL;                   /* 全局变量,用于二叉树线索化 */

createbintree(BINTREE * t)          /* 建立二叉树,且每个结点的线索标志域均为 1 */
{
    int a;
    scanf("% d",&a);
    if(a==0)
        * t=NULL;
    else
    {
        * t=(BINTNODE * )malloc(sizeof(BINTNODE));
        ( * t)->data=a;
        ( * t)->ltag=1;
        ( * t)->rtag=1;
        createbintree(&( * t)->lchild);
        createbintree(&( * t)->rchild);
    }
}

void inthread(BINTREE ptr)          /* 中序线索化二叉树 */
{
    if(ptr! =NULL)                  /* 对非空树进行中序线索化 */
    {
        inthread(ptr->lchild);      /* 左子树线索化 */
        if(ptr->lchild==NULL)       /* 建立前驱线索 */
            ptr->lchild=pre;
        else
            ptr->ltag=0;
        if((pre! =NULL)&&(pre->rchild==NULL))       /* 建立后继线索 */
            pre->rchild=ptr;
        else
            if(pre! =NULL)
```

```
                        pre->rtag=0;
            pre=ptr;
            inthread(ptr->rchild);        /*右子树线索化*/
        }
    }


    void freetree(BINTREE t)              /*释放二叉树占用的内存*/
    {
        if(t!=NULL)
        {
            if(t->ltag==0)freetree(t->lchild);
            if(t->rtag==0)freetree(t->rchild);
            free(t);
        }
    }


    main()                                /*主函数*/
    {
        BINTREE t=NULL;
        printf("\nplease input nodes of BINTREE:");
        createbintree(&t);                /*建立二叉树*/
        inthread(t);                      /*中序线索化二叉树*/
        freetree(t);                      /*释放占用的内存*/
    }
```

程序运行结果(以图 5.14 二叉树为例):

please input nodes of BINTREE:1 2 4 0 0 5 0 0 3 0 6 0 0(回车)

程序运行以后,所建二叉树已经中序线索化,但此程序看不到结果,在后续程序 5-7 的中序线索二叉树遍历算法中能看到结果。

程序 5-6 建立的中序线索二叉树如图 5.20 所示。

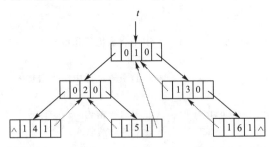

图 5.20 程序 5-6 建立的中序线索二叉树

2. 中序线索二叉树遍历算法

中序遍历线索二叉树的方法是:若树非空,从根结点出发,如果根结点左指针是线索 (ltag=1),即根结点无左儿子,则根结点就是中序遍历线索二叉树访问的第一个结点;否则,沿根结点左链查找,直至找到 ltag=1 的结点为止,该结点就是中序遍历线索二叉树访问的第一个结点。然后就是利用中序线索二叉树的特点,访问其(或某结点)后继结点。方法是这样的,当某结点(设其为 ptr)被访问后,访问 ptr 结点的后继结点过程如下:

(1)若 ptr—>rtag=1,则 ptr 的后继结点就是 ptr—>rchild。

(2)若 ptr—>rtag=0,则 ptr 结点有右子树,根据中序遍历的规则,其后继是 ptr 的右子树中最左下的结点,故应沿右子树的左链查找,直至找到 ltag=1 的结点为止,该结点就是 ptr 的后继结点。

算法描述如下:

程序 5-7

```
# include <malloc.h>
# include <stdio.h>
# define QUEUESIZE 20
typedef struct node
{
    int data;
    int ltag,rtag;                    /*线索标志域,取值为 0 或 1*/
    struct node * lchild;
    struct node * rchild;
}BINTNODE, * BINTREE;                 /*定义二叉链表指针类型*/
BINTREE pre=NULL;                     /*全局变量,用于二叉树线索化*/

createbintree(BINTREE * t)            /*建立二叉树,且每个结点的线索标志域均为 1*/
{
    …                                 /*参考中序线索二叉树算法的程序 5-6*/
}

void inthread(BINTREE ptr)            /*中序线索化二叉树*/
{
    …                                 /*参考中序线索二叉树算法的程序 5-6*/
}

void inorder(BINTREE t)               /*线索二叉树中序遍历输出*/
{
    BINTREE ptr;
    ptr=t;                            /*指向根结点*/
    if(ptr! =NULL)
    {
        while(ptr—>ltag==0)
            ptr=ptr—>lchild;          /*找到根结点的最左端结点*/
        do
        {
            printf("% d",ptr—>data);  /*输出结点内容*/
            if(ptr—>rtag==1)          /*右子树结点是否是线索*/
            {
```

```
                    ptr＝ptr－>rchild;              /＊往右子树走＊/
                 }
                 else
                 {
                    ptr＝ptr－>rchild;              /＊先到右子树结点＊/
                    while(ptr－>ltag＝＝0)          /＊当右子树结点有左儿子＊/
                       ptr＝ptr－>lchild;           /＊找到右子树的最左端结点＊/
                 }
          }while(ptr!＝NULL);
     }
}


void freetree(BINTREE t)                           /＊释放二叉树占用的内存＊/
{
     if(t!＝NULL)
     {
        if(t－>ltag＝＝0)freetree(t－>lchild);
        if(t－>rtag＝＝0)freetree(t－>rchild);
        free(t);
     }
}


main()                                             /＊主函数＊/
{
     BINTREE t＝NULL;
     printf("\nplease input nodes of BINTREE:");
     createbintree(&t);                            /＊建立二叉树＊/
     inthread(t);                                  /＊中序线索化二叉树＊/
     printf("the inorder is:");
     inorder(t);                                   /＊线索二叉树中序遍历＊/
     freetree(t);                                  /＊释放占用的内存＊/
}
```

程序运行结果(以图 5.14 二叉树为例):

please input nodes of BINTREE:1 2 4 0 0 5 0 0 3 0 6 0 0(回车)

the inorder is:4 2 5 1 3 6

5.6　二叉排序树和平衡二叉树

　　二叉排序树是利用二叉树的结构特点来实现排序,把给定的一组无序元素按一定的规则构造成一棵二叉树,使其在中序遍历下是有序的。平衡二叉树是不断地调整二叉树的结构,进行"平衡化"处理,使二叉树保持一定的平衡状态,维持较高的查找效率。

5.6.1　二叉排序树

　　所谓排序是指把一组无序的数据元素按指定的关键字值重新组织起来,形成一个有序的线性序列。二叉排序树是一种特殊结构的二叉树,它利用二叉树的结构特点实现排序。

1. 二叉排序树的定义

二叉排序树或是空树,或是具有下述性质的二叉树:若其左子树非空,则其左子树上的所有结点的数据值均小于根结点的数据值;若其右子树非空,则其右子树上所有结点的数据值均大于或等于根结点的数据值。左子树和右子树又各是一棵二叉排序树。如图 5.21 所示就是一棵二叉排序树。

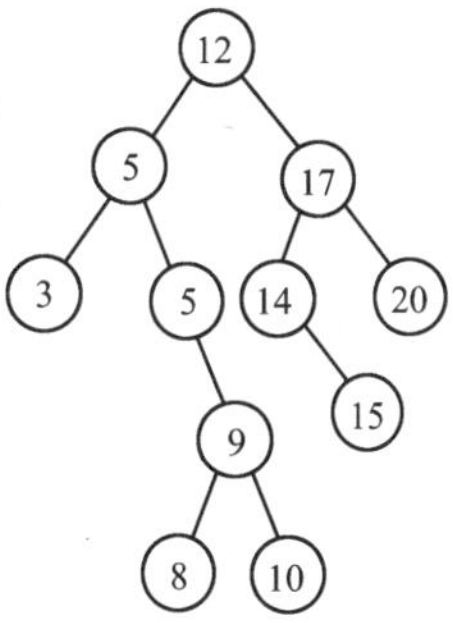

对上图中的二叉排序树进行中序遍历,会发现其中序序列{3,5,5,8,9,10,12,14,15,17,20}是一个递增的有序序列。为使一个任意序列变成一个有序序列,可以通过将这些序列构成一棵二叉排序树来实现。

图 5.21　二叉排序树

2. 二叉排序树的生成

生成二叉排序树的过程是将一系列结点连续插入的过程。对任意一组数据元素序列$\{R_1, R_2, \cdots, R_n\}$,生成一棵二叉排序树的过程为:

(1) 令 R_1 为二叉树的根。

(2) 若 $R_2 < R_1$,令 R_2 为 R_1 左子树的根结点,否则 R_2 为 R_1 右子树的根结点。

(3) $R_3, \cdots, R_n$ 结点的插入方法同上。

算法描述如下:

程序 5-8

```
# include <malloc.h>
# include <stdlib.h>
# include <stdio.h>
typedef struct binode              /* 定义结点数据类型 */
{
    int data;
    struct binode * lchild, * rchild;
}BITNODE, * BITREE;


BITREE insertbst(BITREE s,BITREE t)    /* 在二叉排序树中插入结点 */
{
    if(t==NULL)
        t=s;                       /* 如果二叉排序树为空树,则插入的结点为根结点 */
    else
        if(s->data<t->data)
            t->lchild= insertbst(s,t->lchild); /* 数据小于根结点,插入左子树 */
        else
            t->rchild= insertbst(s,t->rchild); /* 数据大于或等于根结点,插入右子树 */
    return t;
}

BITREE createordbt()                   /* 创建二叉排序树 */
```

```
{
    BITREE s,t;
    int x;
    t=NULL;
    printf("\nInput data please: ");
    scanf("%d",&x);                      /*输入结点数据*/
    while(x!=0)                          /*输入 0 表示结束*/
    {
        s=(BITREE)malloc(sizeof(BITNODE));              /*为结点分配空间*/
        s->data=x;                       /*为生成的结点赋值*/
        s->lchild=NULL;
        s->rchild=NULL;
        t=insertbst(s,t);               /*调用插入结点函数*/
        scanf("%d",&x);
    }
    return t;
}


inorder(BITREE t)                        /*中序遍历二叉排序树*/
{
    if(t!=NULL)
    {
        inorder(t->lchild);
        printf("%d",t->data);           /*输出结点数据*/
        inorder(t->rchild);
    }
}


void freetree(BITREE t)                  /*释放二叉树占用的内存*/
{
    if(t!=NULL)
    {
        freetree(t->lchild);
        freetree(t->rchild);
        free(t);
    }
}


main()                                   /*主程序*/
{
    BITREE root;                         /*定义二叉排序树的根结点*/
    printf("\n");
```

```
    root＝createordbt();              /＊创建二叉排序树＊/
    printf("\nThe inorder is：");
    inorder(root);                    /＊中序遍历二叉排序树＊/
    freetree(root);                   /＊释放占用的内存＊/
}
```

程序运行结果：

Input data please：3 5 6 2 8 5 0(回车)

The inorder is：2 3 5 5 6 8

　　程序运行时，输入数据的次序可以打乱，如 2 8 5 3 5 6 0(回车)，函数 createordbt()会产生不同的二叉排序树，但只要输入数据不变，中序遍历二叉排序树的结果是一样的，总是：2 3 5 5 6 8。

　　如图 5.22 所示，是将序列{12,5,17,3,5,14,20,9,15,8,10}构成一棵二叉排序树的过程。

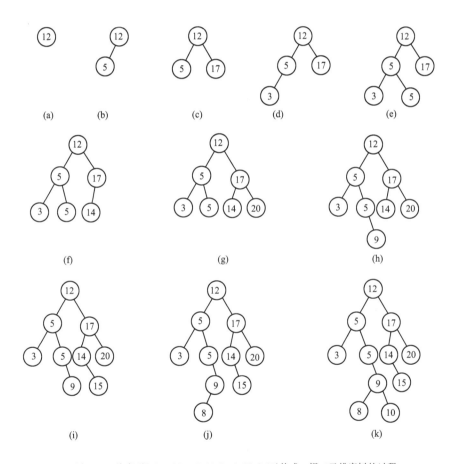

图 5.22　将序列{12,5,17,3,5,14,20,9,15,8,10}构成一棵二叉排序树的过程

　　由以上插入过程可以看出，每次插入的新结点都是二叉排序树的叶子结点，在插入操作中不必移动其他结点。这一特性可以用于需要经常插入和删除的有序表。

3.删除二叉排序树上的结点

从二叉排序树上删除一个结点,要求还能保持二叉排序树的特征,即删除一个结点后的二叉排序树仍是一棵二叉排序树。

算法思想:

根据被删除结点在二叉排序树中的位置,删除操作应按以下四种不同情况分别处理:

(1)被删除结点是叶子结点,只需修改其双亲结点的指针,令其 *lchild* 或 *rchild* 域为NULL。

(2)被删除结点 P 有一个孩子,即只有左子树或右子树时,使其左子树或右子树直接成为其双亲结点 F 的左子树或右子树即可。如图 5.23(a)所示。

(3)若被删除结点 P 的左、右子树均非空,这时要循 P 结点左子树根结点 C 的右子树分支找到结点 S,S 结点的右子树为空。然后使 S 的左子树成为 S 的双亲结点 Q 的右子树,用 S 结点取代被删除的 P 结点。图 5.23(b)所示为删除 P 前的情况,图 5.23(c)所示为删除 P 后的情况。

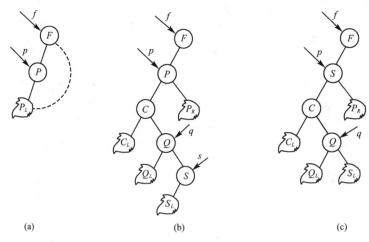

图 5.23   删除二叉排序树结点示意图

(4)若被删除结点为二叉排序树的根结点,则按情况(3)找到的 S 结点成为根结点。

算法描述如下:

程序 5-9

```
# include <malloc.h>
# include <stdio.h>
typedef struct binode                        /*定义结点数据类型*/
{
    int data;
    struct binode * lchild, * rchild;
}BITNODE, * BITREE;


BITREE insertbst(BITREE s,BITREE t)          /*在二叉排序树中插入结点*/
{   if(t==NULL)
        t=s;                                 /*如果二叉排序树为空树,则插入的结点为根结点*/
```

```
        else
        if(s->data<t->data)
            t->lchild=insertbst(s,t->lchild);      /*如果该结点的数据小于根结点的数据则插入
                                                       左子树*/
        else
            t->rchild=insertbst(s,t->rchild);       /*如果该结点的数据大于或等于根结点的数据
                                                       则插入右子树*/
        return t;
}


BITREE createordbt()                                /*创建二叉排序树*/
{
    BITREE s,t;
    int x;
    t=NULL;
    printf("\nInput data please : ");
    scanf("%d",&x);                                 /*输入结点数据*/
    while(x!=0)
    {
        s=(BITREE)malloc(sizeof(BITNODE));
        s->data=x;                                  /*为生成的结点赋值*/
        s->lchild=NULL;
        s->rchild=NULL;
        t=insertbst(s,t);                           /*调用插入函数*/
        scanf("%d",&x);
    }
    return t;
}


BITREE delete(BITREE t,int key)                     /*删除二叉排序树指定结点*/
{
    BITREE p,q,r,s;
    p=t;                                            /*p指向待比较的结点,初始时指向根结点*/
    q=NULL;                                         /*q指向p的前驱结点,初始时为空*/
    while((p!=NULL)&&(p->data!=key))                /*查找被删除的结点*/
    {
        if(key==p->data)
            break;
        else
            if(key<p->data)
            {
                q=p;
                p=p->lchild;
            }
```

```
        else
        {
            q=p;
            p=p->rchild;
        }
    }
    if(p==NULL)                              /*查找失败,没有可删除的结点,停止运行*/
    {
        printf("No find!");
        exit();
    }
    else                                     /*分三种不同情况删除结点 p*/
    {
        if((p->lchild==NULL)&&(p->rchild==NULL))        /*p 的左右儿子都为空*/
        if(p==t)                             /*p 是否为根结点*/
        t=NULL;                              /*p 是根结点,树为空*/
        else
        if(p==q->lchild)                     /*p 是其父亲结点 q 的左儿子*/
        q->lchild=NULL;
        else                                 /*p 是其父亲结点 q 的右儿子*/
        q->rchild=NULL;
        else                                 /*p 有左或右儿子*/
        if((p->lchild==NULL)||(p->rchild==NULL))
        if(p==t)                             /*p 是否为根结点*/
        if(p->lchild==NULL)                  /*p 的左儿子为空*/
        t=p->rchild;                         /*p 的右儿子成为树根结点*/
        else
        t=p->lchild;                         /*否则,p 的左儿子成为树根结点*/
        else
        {                  /*当 p 是非根结点时,分四种情况删除非根的单支结点*/
            if((p==q->lchild)&&(p->lchild!=NULL))    /*p 是 q 的左儿子,p 有左儿子*/
            q->lchild=p->lchild;            /*p 的左儿子成为 p 的父亲结点 q 的左儿子*/
            else
            if((p==q->lchild)&&(p->rchild!=NULL))    /*p 是 q 的左儿子,p 有右儿子*/
            q->lchild=p->rchild;            /*p 的右儿子成为 p 的父亲结点 q 的左儿子*/
            else
            if((p==q->rchild)&&(p->lchild!=NULL))    /*p 是 q 的右儿子,p 有左儿子*/
            q->rchild=p->lchild;            /*p 的左儿子成为 p 的父亲结点 q 的右儿子*/
            else
            if((p==q->rchild)&&(p->rchild!=NULL))    /*p 是 q 的右儿子,p 有右儿子*/
            q->rchild=p->rchild;            /*p 的右儿子成为 p 的父亲结点 q 的右儿子*/
        }
        else
        if((p->lchild!=NULL)&&(p->rchild!=NULL))                /*p 同时有左右儿子*/
```

```
            {
                r=p;
                s=p->lchild;                    /* s 指向 p 的左子树的根结点;r 指向 s 的前驱结点 */
                while(s->rchild! =NULL)         /* 查找 p 的中序前驱结点 */
                {
                    r=s;
                    s=s->rchild;
                }
                p->data=s->data;                /* s 结点的值赋给 p 结点 */
                if(r==p)                        /* 删除单支结点 s,使它的左子树链接到它所在的链接位置 */
                p->lchild=s->lchild;
                else
                r->rchild=s->lchild;
                p=s;                            /* 需删除 s 结点,p 指向 s 结点 */
            }
        }
        free(p);
        return(t);
}


inorder(BITREE t)                              /* 中序遍历二叉排序树 */
{
    if(t! =NULL)
    {
        inorder(t->lchild);
        printf("% d ",t->data);                /* 输出结点数值 */
        inorder(t->rchild);
    }
}


void freetree(BITREE t)                        /* 释放二叉树占用的内存 */
{
    if(t! =NULL)
    {
        freetree(t->lchild);
        freetree(t->rchild);
        free(t);
    }
}


main()                                         /* 主函数 */
{
    BITREE root;
    int x;
```

```
        root=createordbt();                    /*调用创建二叉排序树函数*/
        printf("The inorder is : ");
        inorder(root);                          /*调用中序遍历二叉排序树函数*/
        printf("\nInput a deleted datum to x : ");
        scanf("%d",&x);
        root=delete(root,x);                    /*调用删除值为 x 的结点函数*/
        printf("The inorder is : ");
        inorder(root);                          /*调用中序遍历二叉排序树函数*/
        printf("\n");
        freetree(root);                         /*释放占用的内存*/
}
```

程序运行结果：

Input data please : 6 4 8 3 7 9 0(回车)

The inorder is : 3 4 6 7 8 9

Input a deleted datum to x : 8(回车)

The inorder is : 3 4 6 7 9

*5.6.2 平衡二叉树

对于一棵二叉排序树,其检索效率取决于树的形态,而构造一棵形态匀称的二叉排序树与结点的输入次序是有关的,但往往结点插入的先后次序不依人的意志而定,所以需要找到一种动态平衡的方法,对于任意的关键字输入序列都可构造一棵形态匀称的二叉排序树,从而提高检索效率。

一般来说可将形态匀称的二叉排序树称为平衡二叉树(Balanced Binary Tree),有时又称 AVL 树,是一种附加一定限制条件的二叉树。它的严格定义为:平衡二叉树或者是一棵空树,或者是具有下列性质的二叉树:它的左子树和右子树的高度之差的绝对值不超过 1。通常将某一结点的左子树和右子树的高度之差定义为该结点的平衡因子(Balanced factor)。由这个定义可知,平衡二叉树上所有结点的平衡因子只可能是-1、0 和 1。只要有一个结点的平衡因子的绝对值大于 1,该二叉树就不是平衡二叉树。如图 5.24 所示,(a)图为平衡二叉树,(b)图为非平衡二叉树。

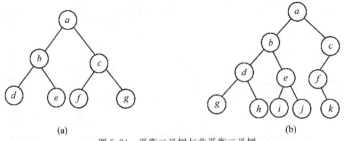

图 5.24 平衡二叉树与非平衡二叉树

如何构造一棵平衡的二叉排序树呢？可以采用一种动态地保持二叉排序树平衡的方法。其基本思想是在构造二叉排序树的过程中,每当插入一个结点时,首先检查是否由于新结点的插入而破坏了树的平衡性。若是,则在保持排序树特性的前提下,通过调整使它满足平衡树的

---

* 本小节可作为选学内容。

特性,达到新的平衡。

设在插入结点的过程中,使二叉树失去平衡的最小子树的根结点为 a 结点(即 a 为离插入结点最近,且平衡因子绝对值超过 1 的根结点),则依据插入结点位置的不同情形来讨论平衡调整规则,一般有四种。

(1)LL 型平衡旋转

在结点 a 的左孩子的左子树上插入新结点,使一棵二叉树上结点 a 的平衡因子由 1 增至 2 而失去平衡。此时须进行一次顺时针旋转操作。如图 5.25 所示,以结点 b 为轴心作顺时针旋转而使得结点 a 作为结点 b 的右孩子。

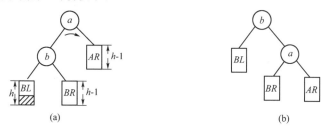

图 5.25　LL 型调整

(2)RR 型平衡旋转

由于在 a 的右孩子的右子树上插入新结点,使 a 的平衡因子由 -1 变成 -2 而失去平衡。此时应以 b 为轴心做逆时针旋转,使结点 a 作为结点 b 的左孩子。如图 5.26 所示。

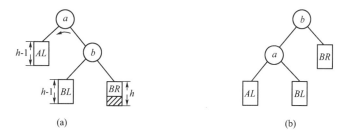

图 5.26　RR 型调整

(3)LR 型平衡旋转

在结点 a 的左孩子的右子树上插入新结点,使 a 的平衡因子由 1 增至 2 而失去平衡。此时需进行两次旋转。首先以结点 c 为轴心做逆时针旋转,使得结点 a 的左孩子变为结点 c;然后再以结点 c 为轴心做顺时针旋转,使得结点 a 变为结点 c 的右孩子。如图 5.27 所示。

(4)RL 型平衡旋转

在 a 的右孩子的左子树中插入新结点,使 a 的平衡因子由 -1 变成 -2 而失去平衡。此时首先以结点 c 为轴心做顺时针旋转,使得结点 a 的右孩子变为结点 c;然后再以结点 c 为轴心做逆时针旋转,使得结点 a 变为结点 c 的左孩子。如图 5.28 所示。

例如,对关键字序列{9,3,6,8,7,10}建立一棵平衡二叉排序树,其过程如图 5.29 所示。

由于平衡二叉树的形态不再为单支树,是比较均匀的二叉排序树,所以在平衡二叉树上进行检索的时间复杂度仍为 $O(\log_2 n)$。但由于要进行动态调整,需要花费不少的时间,因此,如何应用 AVL 树应视具体情况而定。

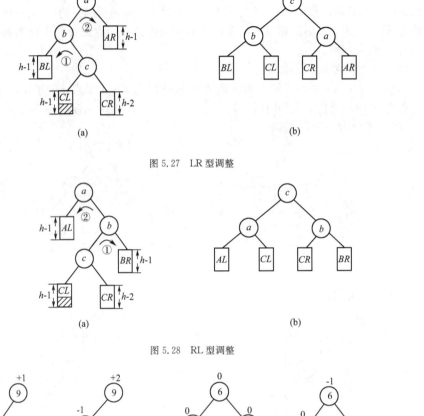

图 5.27 LR 型调整

图 5.28 RL 型调整

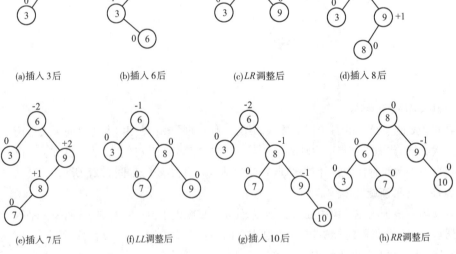

图 5.29 平衡二叉排序树的构造过程

5.7 树、森林与二叉树之间的转换

树、森林与二叉树之间可以相互转换。由于二叉树结构简单,相应的处理算法也比较简

单,所以在处理树或森林时,可以先将其转换成二叉树,用二叉树的处理算法进行处理。必要时,也可以将由树转换成的二叉树还原成原来的树结构。

下面介绍"人工"转换方法。如果将人工转换方法写成计算机程序,需要考虑树的存储结构,本书从略。

1. 一般树转换成二叉树

设 T 是一棵树,将 T 转换成二叉树 B 的转换规则(即步骤)如下:

(1) 使 T 之根作为 B 之根。

(2) 对于所有已经转换过的结点 f 和尚未转换过的结点 s,反复做下面两步:

① 如果结点 s 在 T 中是结点 f 的第一个孩子,那么在 B 中使 s 作为 f 的左孩子。

② 如果结点 s 在 T 中是紧靠结点 f 的下一个兄弟,那么在 B 中使 s 作为 f 的右孩子。

图 5.30 给出了转换示例,其中,(a)是一棵树,(b)是转换后的二叉树。由于根结点没有兄弟,所以将树转换成二叉树后,根结点没有右子树。

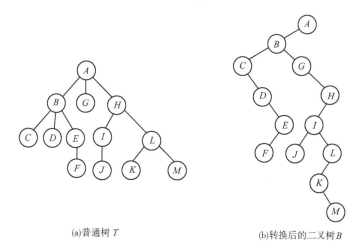

(a)普通树 T (b)转换后的二叉树 B

图 5.30 树转换成二叉树

一般说来,将树转换成二叉树后,二叉树的高度增加了。

2. 森林转换成二叉树

只要给森林增设一个虚拟根结点,使森林中各树的根都作为该虚拟根的孩子,把森林变成一棵树,用上述方法将其转换成二叉树。必要的话,转换后可以删去虚拟根结点。因为树转换成二叉树后根结点没有右子树,所以,删去虚拟根之后仍是一棵二叉树。图 5.31 给出转换示例。

3. 二叉树转换成树

因为树转换成二叉树后根结点没有右子树,故只有根结点没有右子树的二叉树才能转换成一棵树。

只要把树转换成二叉树的转换规则"倒过来",就是将(根结点没有右子树的)二叉树还原成树的转换规则。转换步骤如下:

(1)使二叉树 B 的根作为转换后树 T 的根。

(2)对于所有已经转换过的结点 f 和尚未转换过的结点 s,反复做下面两步:

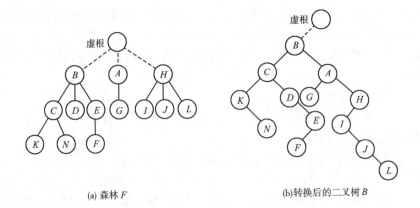

(a) 森林 F　　　　(b)转换后的二叉树 B

图 5.31　森林转换成二叉树

① 如果结点 s 在 B 中是结点 f 的左孩子,在 T 中 s 作为 f 的第一个孩子。

② 如果结点 s 在 B 中是结点 f 的右孩子,在 T 中 s 作为 f 的兄弟,即作为 f 之双亲的另一个孩子,这个孩子紧靠在 f 的右侧。图 5.32 给出由二叉树(根结点没有右子树)转换成一般树的示例。

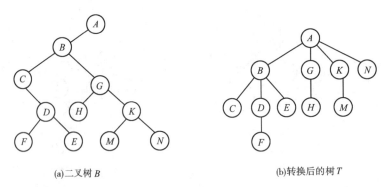

(a)二叉树 B　　　　(b)转换后的树 T

图 5.32　二叉树转换成树

4.二叉树转换成森林

只要给二叉树加一个虚根,使原根作虚根的左孩子,用二叉树转换成普通树的方法将其转换成树,再删除虚根即可。图 5.33 给出二叉树转换成森林的示例。

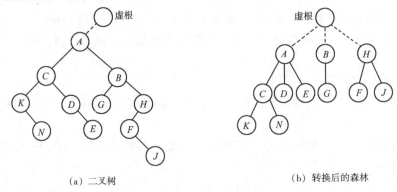

(a) 二叉树　　　　(b) 转换后的森林

图 5.33　二叉树转换成森林

5.8　哈夫曼树

哈夫曼树(Huffman)又称最优二叉树,是一类带权路径长度最短的树,这种树在信息检索中很有用。作为树形结构的应用实例之一,下面将具体介绍它。

5.8.1　哈夫曼树的定义

首先介绍与哈夫曼树有关的一些术语。

结点间的路径长度:树中一个结点到另一个结点之间分支数目称为这对结点之间的路径长度。

树的路径长度:树的根结点到树中每一结点的路径长度之和;如果用 PL 表示路径长度,则图 5.34 所示的(a)、(b)两棵二叉树的路径长度分别为:

对图(a): $PL = 0+1+2+2+3+4+5 = 17$。

对图(b): $PL = 0+1+1+2+2+2+2+3 = 13$。

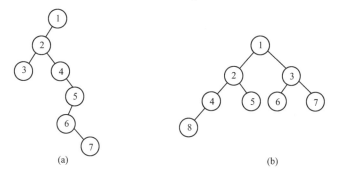

图 5.34　二叉树

在任何二叉树中都存在如下情况:

路径为 0 的结点至多只有 1 个;路径为 1 的结点至多只有 2 个……路径为 h 的结点至多只有 2^h 个。因此 n 个结点二叉树路径长度满足:

$$PL \geqslant \sum_{k=1}^{n} \lfloor \log_2 k \rfloor$$

现在我们进一步考虑带权的情况:

带权路径长度:从根结点到某结点的路径长度与该结点上权的乘积。

树的带权路径长度:树中所有叶子结点的带权路径长度之和,记作:

$$WPL = \sum_{k=1}^{n} W_k L_k$$

其中 n 为二叉树中叶子结点的个数,W_k 为树中叶子结点 k 的权,L_k 为从根结点到 k 结点路径长度。

哈夫曼树(最优二叉树):WPL 为最小的二叉树。

如图 5.35 所示,三棵二叉树都有 4 个叶子结点 a、b、c、d,分别带权 9,5,2,3,它们的带权路径长度分别为:

对图(a):$WPL = 9\times2+5\times2+2\times2+3\times2 = 38$

对图(b)：$WPL = 3 \times 2 + 9 \times 3 + 5 \times 3 + 2 \times 1 = 50$

对图(c)：$WPL = 9 \times 1 + 5 \times 2 + 2 \times 3 + 3 \times 3 = 34$

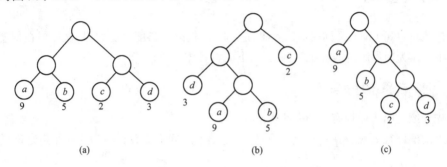

图 5.35 三棵二叉树

其中(c)的 WPL 最小。路径长度最短的二叉树，其带权路径长度不一定最短；结点权值越大离根越近的二叉树是带权路径最短的二叉树。可以验证(c)为哈夫曼树。

5.8.2 构造哈夫曼树——哈夫曼算法

如何由已知的 n 个带权叶子结点构造出哈夫曼树呢？哈夫曼最早给出了一个带有一般规律算法，俗称哈夫曼算法，现介绍如下：

(1)根据给定的 n 个权值 $\{W_1, W_2, \cdots, W_n\}$ 构成 n 棵二叉树的集合 $F = \{T_1, T_2, \cdots, T_n\}$，其中每棵二叉树中只有一个带权为 W_i 的根结点。

(2)在 F 中选择两棵根结点最小的树作为左、右子树构造一棵新的二叉树 T，且置新的二叉树的根结点的权值为其左、右子树上根结点的权值之和。

(3)将新二叉树 T 加入二叉树集合 F 中，从二叉树集合 F 中去除原来两棵根结点权值最小的树。

(4)重复(2)和(3)步直到 F 中只含有一棵树为止，这棵树就是哈夫曼树。

假定采用图 5.35 中的 4 个带权叶子结点来按上述规则构造一棵哈夫曼树，则构造过程如图 5.36 所示。

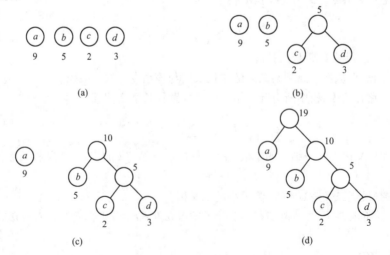

图 5.36 构造哈夫曼树

5.8.3　哈夫曼树的应用

1. 判定问题

在解决某些判定问题时,利用哈夫曼树可以得到最佳判定算法。例如要编制一个将学生百分成绩按分数段分级的程序,其中 90 分以上为'A',80 至 89 分为'B',70 至 79 分为'C',60 至 69 分为'D',0 至 59 分为'E'。假定理想状况为学生各分数段成绩分布均匀,则可用图 5.37 (a)中所示的二叉树来实现。但实际情况中学生各分数段成绩分布是不均匀的,其分布关系见表 5-1。

表 5-1　　　　　　　　　　　学生成绩分段表

分数段	0~59	60~69	70~79	80~89	90~100
比例(%)	5	15	40	30	10

这个问题如果利用哈夫曼树的特征,则可得到如图 5.37(b)所示的判定过程,它使得部分数据经过较少的比较次数就能得到结果。再将每一框中两次比较改为 1 次,则得到如图 5.37 (c)所示的判定树。我们就可按此编制相应的程序。上例中假定有 10000 个输入数据,若按图 5.37(a)进行判定过程,总共要进行 31500 次比较,而按图 5.37(c)所示的过程进行计算,则仅需 22000 次比较。

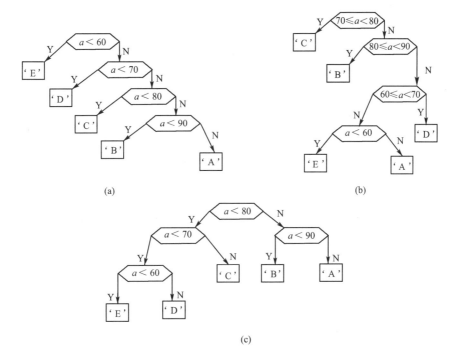

(a)　　　　　　　　　　　　　　　　　　(b)

(c)

图 5.37　判断过程

2. 哈夫曼编码

当前,在主要的远距离通信手段电报通信中,需要将要传送的文字转换成二进制位 0、1 组成的字符串,才能传送出去,这称为编码。接收方收到一系列 0、1 组成的字符串后,再把它还原成文字,即为译码。

例如,需传送的电文为"ACDACAB",其间只用到了四个字符,则只需两个字符的串便足以分辨。令"A、B、C、D"的编码分别为 00、01、10、11,则电文的二进制代码串为:00101100100001,总码长 14 位。接收方按两位一组进行分割,便可译码。

但是,在传送电文时,总希望总码长尽可能地短。如果对每个字符设计长度不等的编码,且让电文中出现次数较多的字符采用尽可能短的编码,则传送电文的总码长便可减少。上例电文中 A 和 C 出现的次数较多,我们可以再设计一套编码方案,即 A、B、C、D 的编码分别为 0、01、1、11,此时电文"ACDACAB"的二进制代码串为:011101001,总码长为 9 位,显然是缩短了。

但是,接收方收到该代码串后无法进行译码。比如代码串中的"01"是代表 B 还是代表 AC 呢? 因此,若要设计长度不等的编码,必须使任一个字符的编码都不是另一个字符的编码的前缀,这种编码称为前缀编码。电话号码就是前缀编码,例如 110 是报警电话的号码,其他的电话号码就不能以 110 开头了。

利用哈夫曼树,不仅能构造出前缀编码,而且还能使电文编码的总长度最短。方法如下:

假定电文中共使用了 n 种字符,每种字符在电文中出现的次数为 $W_i(i=1,\cdots,n)$。以 W_i 作为哈夫曼树叶子结点的权值,用前面所介绍的哈夫曼算法构造出哈夫曼树,然后将每个结点的左分支标上"0",右分支标上"1",则从根结点到代表该字符的叶子结点之间,沿途路径上的分支标号组成的代码串就是该字符的编码。

例如,在电文"ACDACAB"中,A、B、C、D 四个字符出现的次数分别为 3、1、2、1,我们构造一棵以 A、B、C、D 为叶子结点,其权值分别为 3、1、2、1 的哈夫曼树,按上述方法对分支进行标号,如图 5.38 所示,则可得到 A、B、C、D 的前缀编码分别为 0、110、10、111。此时,电文"ACDACAB"的二进制代码串为:0101110100110。

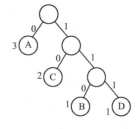

图 5.38　哈夫曼树与分支标号

译码也是根据图 5.38 所示的哈夫曼树实现的。从根结点出发,按代码串中"0"为左子树,"1"为右子树的规则,直到叶子结点。路径扫描到的二进制位串就是叶子结点对应的字符的编码。例如对上述二进制代码串译码:0 为左子树的叶子结点 A,故 0 是 A 的编码;接着 1 为右子树,0 为左子树到叶子结点 C,所以 10 是 C 的编码;接着 1 是右子树,1 继续右子树,1 再右子树到叶子结点 D,所以 111 是 D 的编码……如此继续,即可正确译码。

5.9　B 树

在文件组织中,树形结构通常是作为索引文件的索引表结构,利用它可以很方便地进行插入、删除和检索运算,索引文件的树形索引表结构通常采用 B 树结构。B 树又包含 B_ 树和 B⁺ 树两种。它们都是一种适用于外检索的树,是一种平衡的多叉树。在以下的内容中,我们主要讨论 B_ 树的结构及检索、插入和删除操作。

5.9.1 B_ 树的定义

一棵 m 阶的 B_ 树或者是一棵空树,或者是满足下列特性的 m 叉树:

(1) 树中每个结点至多有 m 棵子树。

(2) 若根结点不是叶子结点,则至少有两棵子树。

(3) 除根之外的所有非终端结点至少有 $\lceil m/2 \rceil$ 棵子树($\lceil\ \ \rceil$ 符号表示上取整)。

(4) 所有的非终端结点中包含下列信息数据

$$(n, A_0, K_1, A_1, K_2, A_2, \cdots, K_n, A_n)$$

其中:$K_i(i=1,\cdots,n)$ 为关键字,且 $K_i < K_{i+1}(i=1,\cdots,n-1)$;$A_i(i=0,\cdots,n)$ 为指向子树根结点的指针,且指针 A_{i-1} 所指子树中所有结点的关键字均小于 $K_i(i=1,\cdots,n)$,A_i 所指子树中所有结点的关键字均大于 K_i,$n(\lceil m/2 \rceil - 1 \leqslant n \leqslant m-1)$ 为关键字的个数(或 $n+1$ 为子树个数)。

(5) 所有的叶子结点都出现在同一层上,并且不带信息(可以看作是外部结点或查找失败的结点,实际上这些结点不存在,指向这些结点的指针为空)。

图 5.39 为一棵由 11 个关键字生成的 3 阶 B_ 树的示意图,其深度为 4。其中最底层为叶子结点。

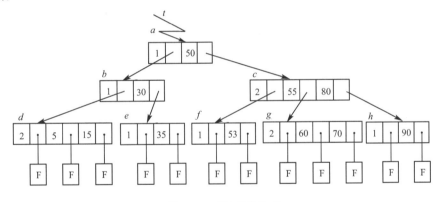

图 5.39 一棵 3 阶的 B_ 树

5.9.2 B_ 树的检索

由 B_ 树的定义可知,B_ 树上的检索过程类似于二叉排序树。如图 5.39 所示,要检索关键字等于 70 的过程为:首先从根结点开始,找到结点 a,由于 a 中只有一个关键字,且给定值 70 > 50,所以由指针 A_1 可找到结点 c,该结点有两个关键字(55 和 80),且 55 < 70 < 80,若待检索关键字 70 存在,则必在 c 结点中指针 A_1 所指的孩子内;由指针 A_1 找到结点 g,在结点 g 中顺序检索,可检索到关键字 70,此时检索成功。查找不成功的过程也类似,如在同一棵树中查找 34,从根开始,类似经结点 a、b 最后到结点 e,因 34 < 35,则顺指针往下找,此时指针所指为叶子结点,说明此棵 B_ 树中不存在关键字 34,查找失败。即在 B_ 树上进行检索时需要在 B_ 树中检索到结点,然后在结点中检索关键字,从而判断检索成功或失败。

显然,由以上检索过程可知,在 B_ 树上进行检索所需比较的结点数最多为 B_ 树的高度 h + 1(这里 h 表示 B- 树中 N 个关键字构成的高度,1 表示 B- 树中的最后一层的叶子结点),B_

树的高度 $h+1$ 与 B_ 树的阶 m 和关键字总数 N 有关。在一棵 B_ 树中,树根结点即第一层至少有 1 个结点;第二层至少有 2 个结点;由于除根之外的每个非终端结点至少有 $\lceil m/2 \rceil$ 棵子树,则第三层至少有 $2(\lceil m/2 \rceil)$ 个结点 …… 以此类推,第 $h+1$ 层至少有 $2(\lceil m/2 \rceil)^{h-1}$ 个结点。而 $h+1$ 层的结点为叶子结点。若 m 阶 B_ 树中具有 N 个关键字,则叶子结点即查找不成功的结点为 $N+1$,由此有

$$N+1 \geqslant 2(\lceil m/2 \rceil)^{h-1}$$

反之

$$h \leqslant \log_{\lceil m/2 \rceil}((N+1)/2)+1$$

这就是说,在含有 N 个关键字的 B_ 树上进行检索时,从根结点到关键字所在结点的路径上涉及的结点数不超过 $\log_{\lceil m/2 \rceil}((N+1)/2)+1$,显然比在二叉排序树上检索所需比较的结点数要少得多。

5.9.3　B_ 树的插入

可以由空树开始,逐个插入关键字而生成一棵 B_ 树。在一棵已经生成的 B_ 树上进行插入,因叶子结点处于第 $h+1$ 层,待插入的关键字总是进入第 h 层的结点。因此,必须先进行从树根结点到第 h 层结点的检索过程,检索出关键字的正确插入位置,然后再进行插入。不过与二叉排序树不同的是,在 B_ 树中不是添加新的叶子结点,而是需先判断该结点是否已有 $m-1$ 个关键字,若不是 $m-1$ 个关键字,则按关键字 K 的大小有序地插入适当的位置;否则由于结点的关键字个数为 m,超过了结点所规定的范围,需要进行结点的"分裂"。对一组关键字(25,80,40,45,56,75,85,20),从 3 阶的空的 B_ 树开始,依次插入关键字,则其整个插入过程如图 5.40 所示。在 3 阶 B_ 树上,每个结点的关键字个数最少为 1 个,最多为 2 个。当插入后的结点的关键字总数为 3 个时,则必须将结点分裂成两个新结点,让原有结点只保留第一个关键字和它前后的两个指针,而让原有结点的第 2 个关键字和指向新结点的指针作为新结点的信息插入原有结点的双亲结点中,若没有双亲结点,就再分配一个新的结点,作为树根结点,使树根结点的 A_0 指针指向被分裂的原有结点,使新结点的信息插入新的树根结点中。在一棵 B_ 树中通过插入关键字可能导致根结点的分裂,而产生新的根结点,从而使 B_ 树的高度得以增长。

具体如图 5.40 所示。

5.9.4　B_ 树的删除

要在 B_ 树上删除一个关键字,则首先应检索到这个关键字所在的结点,然后依据关键字所在结点的情况来进行删除。若该结点为最下层的非终端结点,且其中的关键字数目不少于 $\lceil m/2 \rceil$,则直接删除,否则要进行"合并"结点的操作。假若所删关键字为非终端结点中的 K_i,则可以用指针 A_i 所指子树中的最小关键字 Y 替代 K_i,然后在相应的结点中删去 Y。下面只讨论删除最下层非终端结点中的关键字的情形。有以下三种可能:

(1) 被删关键字所在结点中的关键字数目不小于 $\lceil m/2 \rceil$,则只需从该结点中删去该关键字 K_i 和相应指针 A_i,树的其他部分不变。

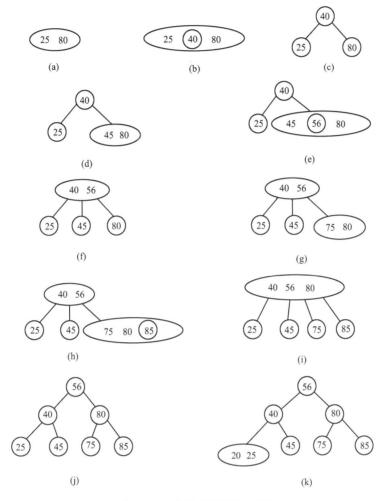

图 5.40 3 阶 B_ 树的插入与生成

（2）被删关键字所在结点中的关键字数目等于⌈$m/2$⌉－1，而与该结点相邻的右兄弟（或左兄弟）结点中的关键字数目大于⌈$m/2$⌉－1，则需将其兄弟结点中的最小（或最大）的关键字上移至双亲结点中，而将双亲结点中小于（或大于）该上移关键字的关键字下移至被删除关键字所在结点中。

（3）若删除后该结点的关键字数目小于⌈$m/2$⌉－1，同时它的左兄弟和右兄弟结点中的关键字个数均等于⌈$m/2$⌉－1，此时就无法从它的左、右兄弟中通过双亲结点调剂关键字来弥补不足，此时就必须进行结点的合并。将该结点中的剩余关键字和指针连同双亲结点中指向该结点指针的左边（或右边）的一个关键字一起合并到左兄弟（或右兄弟）结点中，然后再删除该结点。有时在合并结点的同时，实际上是它们的双亲结点因合并而被下移了一个关键字，相当于双亲结点中被删除了一个关键字。对于这种情形，同叶子结点中删除一个关键字一样，也要按上述三种情况处理。有时也必须进行合并，这样有可能导致从叶子结点开始的合并要一直传递到树根结点，使只包含一个关键字的根结点同它的两个孩子结点合并，形成以一个孩子结点为根结点的 B_ 树，会使得 B_ 树的高度减少一层。

具体例子如图 5.41 所示。

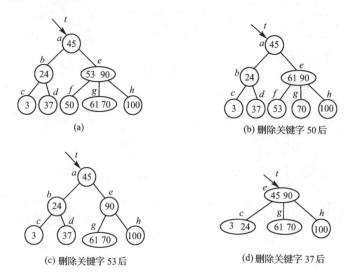

图 5.41　在 B-树上删除结点的过程

本章小结

1.树形结构是一类非常重要的非线性结构,具有十分广泛的用途。树的定义是递归定义,这是树的固有特性。树的存储结构有双亲表示法、多重链表表示法和孩子－兄弟链表表示法。

2.二叉树是计算机科学里使用最广泛的树形结构,二叉树的结点最多拥有 2 个子结点,即度小于或等于 2。二叉树的存储结构有顺序存储和链式存储两种方式。对二叉树的遍历可采用先序遍历、中序遍历和后序遍历。对于任意的一棵树,存在着唯一的一棵二叉树和它对应,因此树、森林和二叉树之间是一一对应的关系,可以相互转换。

3.线索二叉树中的结点如果没有左孩子或右孩子,那么就有相应的线索。对二叉树以某种次序遍历使其变为线索二叉树的过程叫作线索化。

4.二叉排序树是把给定的一组无序元素按一定的规则构造成一棵二叉树,使其在中序遍历下是有序的。它是一种特殊结构的二叉树,利用二叉树的结构特点实现排序。平衡二叉树是不断地调整二叉树的结构,进行"平衡化"处理,使二叉树保持一定的平衡状态,对于任意的关键字输入序列都可构造一棵形态匀称的二叉排序树。平衡二叉树有 LL 型平衡旋转、RR 型平衡旋转、LR 型平衡旋转、RL 型平衡旋转四种调整规则。

5.哈夫曼树又称最优二叉树,是一类带权路径最短的树。哈夫曼编码是哈夫曼树最典型的应用。B 树是一种适用于外检索的树,是一种平衡的多叉树。B 树包含 B-树和 B$^+$树两种。

习题

5.1 已知一棵树边的集合为 $\{<i,m>,<i,n>,<e,i>,<b,e>,<b,d>,$ $<a,b>,<g,j>,<g,k>,<c,g>,<c,f>,<h,l>,<c,h>,<a,c>\}$，请画出这棵树，并回答下列问题：

(1)哪个是根结点？

(2)哪些是叶子结点？

(3)哪个是结点 g 的双亲？

(4)哪些是结点 g 的祖先？

(5)哪些是结点 g 的孩子？

(6)哪些是结点 e 的子孙？

(7)哪些是结点 e 的兄弟？哪些是结点 f 的兄弟？

(8)结点 b 和 n 的层次号分别是什么？

(9)树的深度是多少？

(10)以结点 c 为根的子树深度是多少？

5.2 一棵度为 2 的树与一棵二叉树有何区别？

5.3 试分别画出具有 3 个结点的树和 3 个结点的二叉树的所有不同形态。

5.4 已知一棵度为 k 的树中有 n_1 个度为 1 的结点，n_2 个度为 2 的结点……n_k 个度为 k 的结点，问该树中有多少个叶子结点？

5.5 一棵深度为 H 的满 k 叉树有如下性质：第 H 层上的结点都是叶子结点，其余各层上每个结点都有 k 棵非空子树。如果按层次，自上而下，从左到右顺序从 1 开始对全部结点编号，问：

(1) 各层的结点数目是多少？

(2) 编号为 n 的结点的双亲结点(若存在)的编号是多少？

(3) 编号为 n 的结点的第 i 个孩子结点(若存在)的编号是多少？

(4) 编号为 n 的结点有右兄弟的条件是什么？其右兄弟的编号是多少？

5.6 一棵含有 n 个结点的 k 叉树，可能达到的最大深度和最小深度各为多少？

5.7 对 5.3 题所得各种形态的二叉树，分别写出先序、中序和后序遍历的序列。

5.8 找出所有满足下列条件的二叉树：

(1) 它们在先序遍历和中序遍历时，得到的结点访问序列相同。

(2) 它们在后序遍历和中序遍历时，得到的结点访问序列相同。

(3) 它们在先序遍历和后序遍历时，得到的结点访问序列相同。

5.9 假设一棵二叉树的先序序列为 $EBADCFHGIKJ$，中序序列为 $ABCDEFGHIJK$。请写出该二叉树的后序序列。

5.10 假设一棵二叉树的中序序列为 $DCBGEAHFIK$，后序序列为 $DCEGBFHKIA$。请写出该二叉树先序序列。

5.11 试编写算法判断两棵二叉树是否等价。如果 T_1 和 T_2 都是空的二叉树或者 T_1 和 T_2 的根结点的值相同，并且 T_1 的左子树与 T_2 的左子树是等价的，T_1 的右子树与 T_2 的右子树是等价的,则称二叉树 T_1 和 T_2 是等价的。

5.12 试编写算法交换以二叉链表作存储结构的二叉树中所有结点的左、右子树。

5.13 已知二叉排序树以二叉链表作存储结构,试编写算法按从大到小的顺序输出二叉排序树的各结点。

5.14 画出和下列已知序列对应的树 T:

树的先根次序访问序列为 $GFKDAIEBCHJ$ 。

树的后根次序访问序列为 $DIAEKFCJHBG$ 。

5.15 给出图 5.42 中森林的先根、后根遍历结点序列,然后画出下列森林对应的二叉树。

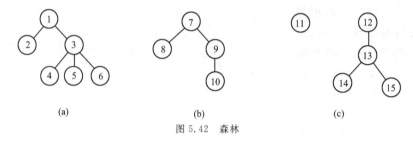

(a)　　　　　　　　(b)　　　　　　　　(c)

图 5.42 森林

5.16 假设用于通信的电文仅由 8 个字母组成,字母在电文中出现的频率分别为 7,19,2,6,32,3,21,10。试为这 8 个字母设计哈夫曼编码。使用 $0\sim7$ 的二进制表示形式是另一种编码方案,对于上述实例,比较两种方案的优缺点。

上机实验

实验 5.1 二叉树复制操作

实验目的要求:

了解树是一种重要的非线性数据结构,熟悉树的各种存储结构和遍历方法,掌握树的各种基本算法,并应用它来解决实际问题。

实验内容:

使用递归方式创建二叉树,然后备份原来的二叉树,最后将原来的二叉树和备份的二叉树都输出。

实验 5.2 树的应用:处理表达式

实验目的要求:

掌握树可以处理各种层数关系的方法,使用表达式二叉树,可以很容易解决表达式转换问题,学会利用二叉树遍历计算表达式的值。

实验内容:

将 $5*6+4*3$ 表达式二叉树存入数组,然后用递归方法创建表达式二叉树,输出表达式二叉树三种遍历的结果,并计算表达式的值。

第 6 章

图

学习目的要求：

本章主要介绍图的定义及基本术语、图在计算机中的存储方法、图的遍历和图的应用。

通过本章学习，要求掌握以下内容：

1. 掌握图的基本概念。

2. 熟练掌握图的存储结构。

3. 熟练掌握图的深度优先遍历和广度优先遍历的方法和算法。

4. 掌握最小生成树的普里姆(Prim)和克鲁斯卡尔(Kruskal)算法。

5. 掌握最短路径的两个经典算法：迪杰斯特拉(Dijkstra)和弗洛伊德(Floyed)算法。

6. 掌握拓扑排序的概念，会求拓扑序列。

7. 了解关键路径。

图(Graph)是一种典型的非线性数据结构，它较线性结构与树形结构更复杂。在线性表中，数据元素满足唯一的线性关系，每个元素(第一个和最后一个除外)有且仅有一个直接前驱和一个直接后继；在树形结构中，数据元素有明显的层次关系，即每个元素只有一个直接前驱，但可有多个直接后继；在图形结构中，数据元素之间的关系是任意的，每个元素既可有多个直接前驱，也可有多个直接后继。

图的最早应用可追溯到 18 世纪，伟大的数学家欧拉(Euler)利用图解决了著名的哥尼斯堡桥问题，这一创举为图在现代科学技术领域中的应用奠定了基础。图的应用十分广泛，已渗透到了诸如电子线路分析、系统工程、人工智能和计算机科学等领域。

6.1 图的基本术语

6.1.1 图的定义

1. 图(Graph)

图是一种数据结构，图中的数据元素通常用顶点来表示，而数据元素间的关系用边来表示，故图可定义为：

图 G 由两个集合 $V(G)$ 和 $E(G)$ 所组成，记作 $G = (V, E)$，其中 $V(G)$ 是图中顶点的非空有限集合，$E(G)$ 是 $V(G)$ 中顶点的偶对(称为边)的有限集合。

根据上述定义可知,顶点集 $V(G)$ 不可为空集,边集 $E(G)$ 可以为空集。若 $E(G)$ 为空集,则图 G 只有顶点而没有边,称为零图。

图的示意图如图 6.1 所示。

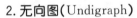

图 6.1　有向图和无向图

在图 6.1 中的 G_1 图可描述为:

$G_1 = (V,E)$

$V(G_1) = \{V_0, V_1, V_2, V_3\}$

$E(G_1) = \{(V_0,V_1),(V_0,V_2),(V_1,V_3),(V_2,V_3)\}$

在图 6.1 中的 G_2 图可描述为:

$G_2 = (V,E)$

$V(G_2) = \{V_0, V_1, V_2\}$

$E(G_2) = \{<V_0,V_1>,<V_0,V_2>,<V_1,V_2>\}$

2. 无向图(Undigraph)

如果图中每条边都是顶点的无序对,即每条边在图示时都没有箭头,则称此图为无向图。无向图中的边称为无向边。无向边用圆括号括起的两个相关顶点来表示。所以在无向图中,(V_1,V_2) 和 (V_2,V_1) 表示同一条边。图 6.1 中的 G_1 图就是一个无向图。

3. 有向图(Digraph)

如果图中每条边都是顶点的有序对,即每条边在图示时都用箭头表示方向,则称此图为有向图。有向图的边也称为弧,弧用尖括号括起的两个相关顶点来表示,如 $<V_1,V_2>$ 即是图 6.1 中 G_2 的一条弧,其中 V_1 称为弧尾,V_2 称为弧头。但应注意:$<V_2,V_1>$ 与 $<V_1,V_2>$ 表示的是不同的弧。图 6.1 中的 G_2 图就是一个有向图。

6.1.2　图的基本术语

1. 完全图(Completed Graph)

由于图区分为无向图和有向图,所以完全图也区分为无向完全图和有向完全图。

无向完全图(Completed Undigraph):若一个无向图有 n 个顶点,且每一个顶点与其他 $n-1$ 个顶点之间都有边,这样的图称为无向完全图。

对于一个具有 n 个顶点的无向完全图,它共有 $n(n-1)/2$ 条边。

有向完全图(Completed Digraph):若一个有向图有 n 个顶点,且每一个顶点与其他 $n-1$ 个顶点之间都有一条以该顶点为弧尾的弧(或者说每一个顶点与其他 $n-1$ 个顶点之间都有一条以该顶点为弧头的弧),这样的图称为有向完全图。

对于一个具有 n 个顶点的有向完全图,它共有 $n(n-1)$ 条弧。

很显然,在图 6.1 中的图都不是完全图,与图 6.1 中的图具有相同顶点的完全图如图 6.2 所示。

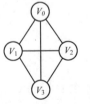

G_1 无向完全图

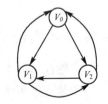

G_2 有向完全图

图 6.2　完全图

2. 子图(Subgraph)

设有两个图 A 和 B 且满足条件:$V(B)$ 是 $V(A)$ 的子集,$E(B)$ 是 $E(A)$ 的子集,则称图 B 是图 A 的子图。在图 6.3 中的 B 图和 C 图都是 A 图的子图。在图 6.4 中的 E 图和 F 图都是 D 图的子图。

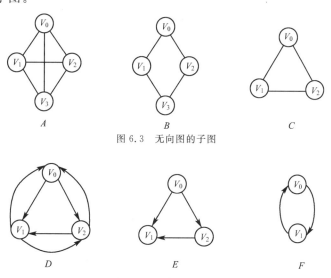

图 6.3　无向图的子图

图 6.4　有向图的子图

3. 路径(Path)

在无向图 G 中,从顶点 V_p 到 V_q 的一条路径是顶点序列$(V_p,V_{i1},V_{i2},\cdots,V_{in},V_q)$ 且 $(V_p,V_{i1}),(V_{i1},V_{i2}),\cdots,(V_{in},V_q)$ 是 $E(G)$ 中的边。路径上边的数目称为路径长度。例如图 6.5 中的 G_1 图,(V_0,V_1,V_3,V_2) 是无向图 G_1 的一条路径,其路径长度为 3。但(V_0,V_1,V_2,V_3) 则不是图 G_1 的一条路径,因为(V_1,V_2) 不是图 G_1 的一条边。

对于有向图,其路径也是有向的,路径由弧组成。例如图 6.5 中的 G_2 图,(V_0,V_2,V_1) 是有向图 G_2 的一条路径,其路径长度为 2。而

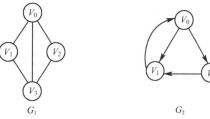

图 6.5　路径

(V_0,V_1,V_2) 不是图 G_2 的一条路径,因为$<V_1,V_2>$ 不是图 G_2 的一条弧。

4. 简单路径

如果一条路径上所有顶点(起始点和终止点除外)彼此都是不同的,则称该路径是简单路径。

对于图 6.5 中的 G_1 图,(V_0,V_1,V_3,V_2) 和(V_0,V_1,V_3,V_2,V_0) 都是简单路径,而(V_0,V_1,V_3,V_0,V_2) 则不是一条简单路径。对于图 6.5 中的 G_2 图,(V_0,V_2,V_1) 和(V_0,V_2,V_1,V_0) 也都是简单路径。

5. 回路(Cycle)和简单回路

在一条路径中,如果其起始点和终止点是同一顶点,则称其为回路。简单路径相应的

回路称为简单回路。

对于图 6.5 中的 G_1 图，(V_0,V_1,V_3,V_2,V_0) 就是回路并且是简单回路，而 $(V_2,V_0,$ $V_1,V_3,V_0,V_2)$ 则是回路但不是简单回路。对于 G_2 图，(V_0,V_2,V_1,V_0) 是回路并且是简单回路，而 $(V_2,V_1,V_0,V_1,V_0,V_2)$ 是回路但不是简单回路。

6. 连通图(Connected Graph)和强连通图

在无向图 G 中，若从 V_i 到 V_j 有路径，则称 V_i 和 V_j 是连通的。若 G 中任意两顶点都是连通的，则称 G 是连通图。对于有向图而言，若有向图 G 中每一对不同顶点 V_i 和 V_j 之间有从 V_i 到 V_j 和从 V_j 到 V_i 的路径，则称 G 为强连通图。

在图 6.5 中的 G_1 图是连通图，G_2 图是强连通图。而图 6.6 则不是连通图，图 6.7 也不是强连通图。

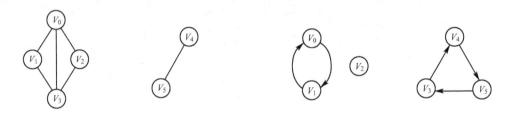

图 6.6　非连通图　　　　　　　　　　　　图 6.7　非强连通图

7. 连通分量和强连通分量

连通分量指的是无向图 G 中的极大连通子图。在图 6.6 中有两个连通分量。

强连通分量指的是有向图 G 中的极大强连通子图。在图 6.7 中则有三个强连通分量。

注意：这里是极大而不是最大。

8. 邻接点(Adjacent)和相关边

对于无向图 $G=(V,E)$，若 (V_i,V_j) 是 $E(G)$ 中的一条边，则称顶点 V_i 和 V_j 互为邻接点，即 V_i 和 V_j 相邻接，而边 (V_i,V_j) 则是与顶点 V_i 和 V_j 相关联的边，或称边 (V_i,V_j) 依附于顶点 V_i 和 V_j。

在图 6.6 中，V_0 与 V_2 互为邻接点，边 (V_0,V_2) 是与顶点 V_0 和 V_2 相关联的边，或称边 (V_0,V_2) 依附于顶点 V_0 和 V_2。

对于有向图 $G=(V,E)$，若 $<V_i,V_j>$ 是 $E(G)$ 中的一条边，则称顶点 V_i 邻接到顶点 V_j，顶点 V_j 邻接于顶点 V_i，而边 $<V_i,V_j>$ 则是与顶点 V_i 和 V_j 相关联的边，或称边 $<V_i,V_j>$ 依附于顶点 V_i 和 V_j。

在图 6.7 中，边 $<V_0,V_1>$ 是与顶点 V_0 和 V_1 相关联的边，顶点 V_1 邻接于 V_0，顶点 V_0 邻接到 V_1。

9. 度(Degree)、入度(Indegree)和出度(Outdegree)

所谓顶点的度，就是指和该顶点相关联的边数。例如图 6.8 中顶点 V_0 的度为 3，顶点 V_1 的度为 2。

在有向图中，以某顶点为弧头，即终止于该顶点的弧的数目称为该顶点的入度；以某顶点为弧尾，即起始于该顶点的弧的数目称为该顶点的出度；某顶点的入度和出度之和称为该顶点的度。例如图6.9中顶点V_0的入度为1,出度为2,度为3;顶点V_1的入度为2,出度为1,度为3;顶点V_2的入度为1,出度为1,度为2。

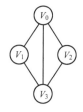
图6.8　无向图的度

图6.9　有向图的度

10.权和网(Net)

在一个图中,每条边都可以标上具有某种含义的数值,该数值称为该边的权。边上带权的图称为带权图,也称为网。如图6.10为有向带权图,图6.11为无向带权图。

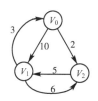
图6.10　有向带权图

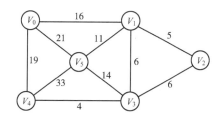
图6.11　无向带权图

6.2　图的存储结构

图的存储结构有多种。图的存储结构的选择取决于具体的应用和需要进行的运算。下面给出常用的三种存储结构:邻接矩阵、邻接表和边集数组。

6.2.1　邻接矩阵

邻接矩阵是表示顶点之间相邻关系的矩阵,可以用一个二维数组来表示。设 $G = (V,E)$ 是具有 n 个顶点的图,顶点序号依次为 $0,1,2,\cdots,n-1$,则 G 的邻接矩阵是具有如下定义的 n 阶方阵:

$$A[i][j] = \begin{cases} 1 & \text{对于无向图,}(V_i,V_j) \in E(G)\text{;对于有向图}<V_i,V_j>\in E(G) \\ 0 & \text{其他} \end{cases}$$

例如,图6.12中的 G_1 图和 G_2 图的邻接矩阵分别表示为矩阵 A_1 和 A_2。

$$A_1 = \begin{bmatrix} 0 & 1 & 1 & 0 \\ 1 & 0 & 0 & 1 \\ 1 & 0 & 0 & 1 \\ 0 & 1 & 1 & 0 \end{bmatrix} \quad A_2 = \begin{bmatrix} 0 & 1 & 1 \\ 0 & 0 & 0 \\ 0 & 1 & 0 \end{bmatrix}$$

对于带权图(网)的邻接矩阵可以定义为:

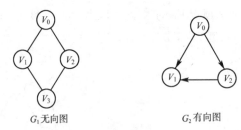

G_1无向图 $\qquad\qquad$ G_2有向图

图 6.12　图

$$A[i][j] = \begin{cases} W_i & \text{对于无向图},(V_i, V_j) \in E(G); \\ & \text{对于有向图}, <V_i, V_j> \in E(G); W_i \text{ 为权} \\ \infty & \text{其他} \end{cases}$$

图 6.13 给出了有向带权图及其邻接矩阵 $\boldsymbol{A}_3$ 的表示：

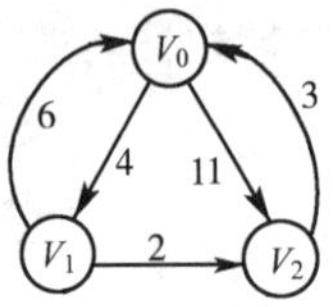

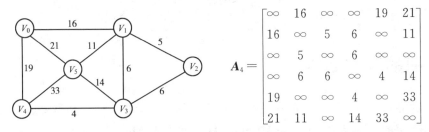

$$\boldsymbol{A}_3 = \begin{bmatrix} \infty & 4 & 11 \\ 6 & \infty & 2 \\ 3 & \infty & \infty \end{bmatrix}$$

图 6.13　有向带权图及其邻接矩阵

图 6.14 给出了无向带权图及其邻接矩阵 $\boldsymbol{A}_4$ 的表示：

$$\boldsymbol{A}_4 = \begin{bmatrix} \infty & 16 & \infty & \infty & 19 & 21 \\ 16 & \infty & 5 & 6 & \infty & 11 \\ \infty & 5 & \infty & 6 & \infty & \infty \\ \infty & 6 & 6 & \infty & 4 & 14 \\ 19 & \infty & \infty & 4 & \infty & 33 \\ 21 & 11 & \infty & 14 & 33 & \infty \end{bmatrix}$$

图 6.14　无向带权图及其邻接矩阵

在图的邻接矩阵中,无向图的邻接矩阵是对称的,而有向图的邻接矩阵不一定对称。并且从邻接矩阵很容易判定任意两个顶点之间是否有边存在,并易于求得各个顶点的度。

对于无向图,顶点 V_i 的度是邻接矩阵中第 i 行(或第 i 列)的非零元素的个数。

对于有向图,顶点 V_i 的度是邻接矩阵中第 i 行和第 i 列的非零元素的个数之和;顶点 V_i 的出度是邻接矩阵中第 i 行的非零元素的个数;顶点 V_i 的入度是邻接矩阵中第 i 列的非零元素的个数。

在 C 语言中,图的邻接矩阵存储表示如下：

```
# define MAX _ VEX 50
int cost[MAX _ VEX][MAX _ VEX];
```

根据邻接矩阵的定义,可以得出建立图的邻接矩阵的算法如程序 6-1。

程序 6-1

```
# include <malloc.h>
# include <stdio.h>
# define MAX _ VEX 50
```

```
int createcost(cost)
int cost[] [MAX _ VEX];                    / * cost 这个二维数组用于表示图的邻接矩阵 * /
{
    int vexnum,arcnum,i,j,k,v1,v2;
    printf("input vexnum,arcnum:\n");      / * 输入图的顶点数和弧数或边数 * /
    scanf("% d, % d",&vexnum,&arcnum);
    for(i=0;i<vexnum;i++)                  / * 建立邻接矩阵,元素均为 0 * /
        for(j=0;j<vexnum;j++)
            cost[i][j]=0;
    for(k=0;k<arcnum;k++)
    {
        printf("v1,v2=");
        scanf("% d, % d",&v1,&v2);          / * 输入所有边或所有弧的一对顶点 V_1,V_2 * /
        cost[v1][v2]=1;
        / * cost[v2][v1]=1; * /             / * 若为无向图则应加上此语句 * /
    }
    return(vexnum);                        / * 返回顶点数目 * /
}


main()
{
    int i,j,vexnum;
    int cost[MAX _ VEX] [MAX _ VEX] ;
    vexnum=createcost(cost);               / * 建立图的邻接矩阵 * /
    printf("Output AdjMatrix of graph:\n"); / * 输出邻接矩阵 * /
    for(i=0;i<vexnum;i++)
    {
        for(j=0;j<vexnum;j++)
            printf("% 3d",cost[i][j]);
        printf("\n");
    }
}
```

程序运行结果(以图 6.12 中的 G_2 图为例):

input vexnum, arcnum:

3,3(回车)

$V_1,V_2=0,1$(回车)

$V_1,V_2=0,2$(回车)

$V_1,V_2=2,1$(回车)

Output AdjMatrix of graph:

0 1 1

0 0 0

0 1 0

  说明:对于带权图(网)的邻接矩阵的建立算法,读者可在本算法的基础上进行改进,在此不再赘述。

6.2.2 邻接表

邻接表是图的一种顺序和链式分配相结合的存储结构。它包括两个部分：一部分是向量，另一部分是链表。

在邻接表中，为图中每个顶点建立一个单链表，第 i 个单链表中的结点表示依附于顶点 V_i 的边（对有向图是以顶点 V_i 为尾的弧）。

单链表中每个结点由两个域：顶点域（$vertex$）和链域（$next$）组成，其结点结构如图 6.15 所示。

图 6.15 单链表结点结构图

顶点域（$vertex$）指示了与 V_i 相邻接的顶点的序号，所以一个表结点实际代表了一条依附于 V_i 的边；链域（$next$）指示了依附于 V_i 的另一条边的表结点。因此，第 i 个链表就表示了依附于 V_i 的所有边。对有向图来讲，第 i 个链表就表示了从 V_i 发出的所有弧。

在每个链表前附设一个表头结点，在表头结点中设有指向链表中第一个结点的链域（$firstarc$）和第 i 个顶点 V_i 是否被访问过的信息域（$data$，其值为 0，表示未访问过，其值为 1，表示已访问过）。所有的表头结点构成一个向量。表头结点结构如图 6.16 所示。

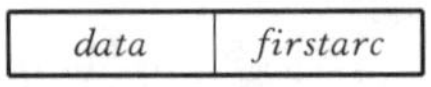

data	firstarc

图 6.16 表头结点结构图

对于图 6.12 中的无向图 G_1，其邻接表表示如图 6.17 所示。
对于图 6.12 中的有向图 G_2，其邻接表表示如图 6.18 所示。

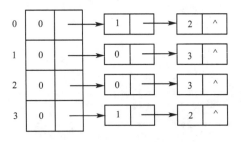

图 6.17 无向图 G_1 的邻接表

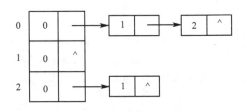

图 6.18 有向图 G_2 的邻接表

值得注意的是，一个图的邻接矩阵表示是唯一的，但其邻接表表示是不唯一的。这是因为邻接表表示中，各个表结点的链接次序取决于建立邻接表的算法以及输入次序。也就是说，在邻接表的每个线性链表中，各结点的顺序是任意的。

在 C 语言中，图的邻接表存储表示如下：

```
#define MAX _ VEX 50
typedef struct arcnode                /*定义表结点*/
{
    int vextex;
    struct arcnode * next;
} ARCNODE;
```

```
typedef struct vexnode                    /* 定义头结点 */
{
    int data;
    ARCNODE * firstarc;
} VEXNODE;
VEXNODE adjlist[MAX_VEX];                  /* 定义表头向量 adjlist */
```

由此可以得出建立无向图邻接表的完整程序 6-2。

程序 6-2

```
# include <malloc.h>
# include <stdio.h>
# define MAX_VEX 50
typedef struct arcnode                     /* 定义表结点 */
{
    int vextex;
    struct arcnode * next;
} ARCNODE;
typedef struct vexnode                     /* 定义头结点 */
{
    int data;
    ARCNODE * firstarc;
} VEXNODE;
VEXNODE adjlist[MAX_VEX];                   /* 定义表头向量 adjlist */
int createadjlist()                        /* 建立邻接表 */
{
    ARCNODE * ptr;
    int arcnum,vexnum,k,v1,v2;
    printf("input vexnum,arcnum:\n");
    scanf("%d,%d",&vexnum,&arcnum); /* 输入图的顶点数和边数(弧数) */
    for(k=0;k<vexnum;k++)
        adjlist[k].firstarc=NULL;          /* 为邻接表的 adjlist 数组各元素的链域赋初值 */
    for(k=0;k<arcnum;k++)                   /* 为 adjlist 数组的各元素分别建立各自的链表 */
    {
        printf("v1,v2=");
        scanf("%d,%d",&v1,&v2);
        ptr=(ARCNODE *) malloc(sizeof(ARCNODE));
                                            /* 给顶点 $V_1$ 的相邻顶点 $V_2$ 分配内存空间 */
        ptr->vextex=v2;
        ptr->next=adjlist[v1].firstarc;
        adjlist[v1].firstarc=ptr;           /* 将相邻顶点 $V_2$ 插入表头结点 $V_1$ 之后 */
        ptr=(ARCNODE *) malloc(sizeof(ARCNODE));
                                            /* 对于有向图此后的四行语句要删除 */
        ptr->vextex=v1;                     /* 给顶点 $V_2$ 的相邻顶点 $V_1$ 分配内存空间 */
        ptr->next=adjlist[v2].firstarc;
        adjlist[v2].firstarc=ptr;           /* 将相邻顶点 $V_1$ 插入表头结点 $V_2$ 之后 */
    }
```

```
        return(vexnum);                    /* 返回顶点数目 */
    }


    void freeadjlist(int n)                /* 释放邻接表占用的内存 */
    {
        int i;
        for(i=0;i<n;i++)
        {
            ARCNODE * p=adjlist[i].firstarc;
            while(p! =NULL)
            {
                ARCNODE * q=p;
                p=p->next;
                free(q);
            }
        }
    }


    main()                                 /* 主程序 */
    {
        int i,n;
        ARCNODE * p;
        n=createadjlist();                 /* 建立邻接表并返回顶点的个数 */
        printf("Output AdjList of graph:\n");
        for(i=0;i<n;i++)                    /* 输出邻接表中各个链表的信息 */
        {
            printf(" % d==>",i);
            p=adjlist[i].firstarc;
            while(p! =NULL)
            {
                printf(" ———> % d",p->vextex);
                p=p->next;
            }
            printf("\n");
            freeadjlist(n);                /* 释放占用的内存 */
        }
    }
```

程序运行结果(以图 6.12 中的 G_1 图为例):

input vexnum,arcnum:

4,4(回车)

v1,v2=0,1(回车)

v1,v2=0,2(回车)

v1,v2=1,3(回车)

v1,v2=2,3(回车)

Output AdjList of graph:

0==> ———>2 ———>1

```
1==> ---->3 ---->0
2==> ---->3 ---->0
3==> ---->2 ---->1
```

对于带权图的邻接表的建立算法,读者可在本算法的基础上进行改进,在此不再赘述。

6.2.3　边集数组

带权图(网)的另一种存储结构是边集数组,它适用于一些以边为主的操作。用边集数组表示带权图时,列出每条边所依附的两个顶点及边上的权,即每个数组元素代表一条边的信息,结构如图6.19所示。

beginvertex	*endvertex*	*weight*

图6.19　边集数组结构图

其中:*beginvertex* 表示一条边的起始顶点,*endvertex* 表示终止顶点,*weight* 表示边上的权。

示例如图6.20、表6-1所示:

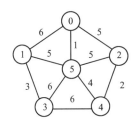

图6.20　带权图

表6-1　图6.20的带权图边集数组存储表

beginvertex	*endvertex*	*weight*
0	1	6
0	2	5
0	5	1
1	3	3
1	5	5
2	5	5
2	4	2
3	5	6
3	4	6
4	5	4

在C语言中,图的边集数组存储表示如下:

```
#define MAX_ARC 50
typedef struct edges
{
    int bv,ev,w;
} EDGES;
EDGES edgeset[MAX_ARC];
```

由此可以得出建立带权图的边集数组的完整程序如下:

程序6-3

```
# include <malloc.h>
# include <stdio.h>
# define MAX_ARC 50
typedef struct edges
{
    int bv,ev,w;
} EDGES;
EDGES edgeset[MAX_ARC];
int createdgeset()                    /*建立带权图的边集数组*/
{
    int arcnum,i;
```

```
        printf("input arcnum:\n");              /* 提示输入边数 */
        scanf("%d",&arcnum);                     /* 输入边数 */
        for(i=0;i<arcnum;i++)
        {
            printf("bv,ev,w=");
            scanf("%d,%d,%d",&edgeset[i].bv,&edgeset[i].ev,&edgeset[i].w);
                                    /* 输入每条边的起、止顶点及边的权值 */
        }
        return(arcnum);                          /* 返回边数目 */
    }


    main()                                       /* 主程序 */
    {
        int i,arcnum;
        arcnum=createdgeset();              /* 建立带权图的边集数组并返回其边数 */
        printf("bv  ev  w\n");
        for(i=0;i<arcnum;i++)               /* 输出边集数组中每一条边的信息 */
            printf(" %d  %d  %d\n",edgeset[i].bv,edgeset[i].ev,edgeset[i].w);
    }
```

程序运行结果(以图 6.20 为例)：

input arcnum:

10(回车)

bv,ev,w=0,1,6(回车)

bv,ev,w=0,2,5(回车)

bv,ev,w=0,5,1(回车)

bv,ev,w=1,3,3(回车)

bv,ev,w=1,5,5(回车)

bv,ev,w=2,5,5(回车)

bv,ev,w=2,4,2(回车)

bv,ev,w=3,5,6(回车)

bv,ev,w=3,4,6(回车)

bv,ev,w=4,5,4(回车)

bv	ev	w
0	1	6
0	2	5
0	5	1
1	3	3
1	5	5
2	5	5
2	4	2
3	5	6
3	4	6
4	5	4

6.3 图的遍历

从图的任一顶点出发访问图中的各个顶点,并且使每个顶点仅被访问一次。这一过程叫作图的遍历。

因为图中的任一顶点都可能和其余的顶点相邻接。所以在访问某个顶点后,可能沿着某条路径搜索之后,又回到该顶点,例如图 6.21 中的 A 图,在访问了顶点 V_0、V_1、V_2 后沿着边 (V_2,V_0) 又可访问到 V_0。为了避免同一顶点被访问多次,在遍历图的过程中,必须记下每个已访问过的顶点。为此,我们在图的邻接表表示法中,利用表头向量 $adjlist$,让其 $data$ 域作为标志域,即

$adjlist[V_i].data = 1$ 已访问过

$adjlist[V_i].data = 0$ 未访问过

对图的遍历通常采用两种遍历次序,即深度优先搜索(DFS)和广度优先搜索(BFS)。它们对无向图和有向图都适用。

6.3.1 深度优先搜索(DFS)

深度优先搜索的基本思想是:从图 G 的某个顶点 V_0 出发,访问 V_0,然后选择一个与 V_0 相邻且未被访问的顶点 V_i 访问,再从 V_i 出发选择一个与 V_i 相邻且未被访问的顶点 V_j 进行访问,依次继续。如果当前被访问的顶点的所有相邻顶点都已被访问,则退回到已被访问顶点序列中最后一个拥有未被访问的相邻顶点 W,从 W 出发按同样方法向前遍历。直到图中所有顶点都被访问到为止。这个过程是一个递归过程,其特点是尽可能向纵深方向进行搜索,这种搜索方式类似于树的先序遍历,是树的先序遍历的推广。

深度优先搜索序列(DFS 序列):对图进行深度优先搜索时,按访问顶点的先后次序得到的顶点序列称为图的深度优先搜索序列,简称 DFS 序列。一个图的 DFS 序列可能不唯一,它与算法的存储结构密切相关,下面以图的邻接表存储结构为例进行说明。

对于图 6.21 中的 A 图,其邻接表如图 6.22 所示,假设从顶点 V_0 出发,则先访问顶点 V_0。由于顶点 V_0 的相邻顶点分别为 V_2 和 V_1,所以沿着它的一个相邻顶点往下走访问顶点 V_2。而顶点 V_2 有三个相邻顶点 V_3、V_1、V_0,沿着它的相邻顶点往下走访问顶点 V_3。而顶点 V_3 有两个相邻顶点 V_2 和 V_1,如 V_2 已被访问过则访问 V_1,当走到 V_1 时,V_1 有三个相邻顶点 V_3、V_2、V_0,因 V_3、V_2、V_0 已被访问过,原路返回顶点 V_3,此时与顶点 V_3 相邻的顶点都已经被访问过,返回到顶点 V_2,与顶点 V_2 相邻的顶点都已经被访问过,再返回上层 V_0,与顶点 V_0 相邻的顶点都已经被访问过,遍历过程结束。

按照操作过程得到的图 6.21 中 A 图的深度优先搜索序列为:$V_0V_2V_3V_1$。

对于不同的邻接表存储结构还可能得到 $V_0V_1V_3V_2$、$V_0V_2V_1V_3$、$V_0V_1V_2V_3$ 之一的 DFS 序列。

深度优先生成树(DFS 生成树):由图中的全部顶点和深度优先搜索过程所经过的边集,即构成了图的深度优先生成树。

例如图 6.21 中的 B 图就是按照上述步骤遍历 A 图时产生的 DFS 生成树。

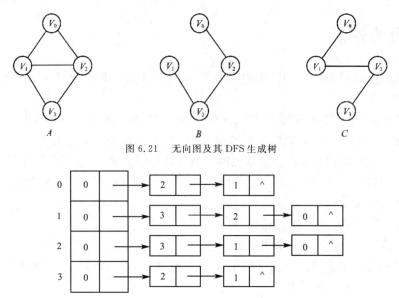

图 6.21　无向图及其 DFS 生成树

图 6.22　图 6.21 中 A 图的邻接表

对于不同的邻接表存储结构还可能得到如图 6.21 中的 C 图所示的生成树。即一个图的存储结构不同,其 DFS 序列可以不唯一,DFS 生成树也可以不唯一。

实现以邻接表为存储结构的深度优先搜索的算法如下:

程序 6-4

```
# include <malloc.h>
# include <stdio.h>
# define MAX _ VEX 50
typedef struct arcnode              /* 定义表结点 */
{
    int vextex;
    struct arcnode * next;
}ARCNODE;
typedef struct vexnode              /* 定义头结点 */
{
    int data;
    ARCNODE * firstarc;
}VEXNODE;
VEXNODE adjlist[MAX _ VEX];         /* 定义表头向量 adjlist */

int createadjlist()                 /* 建立邻接表 */
{
    ARCNODE * ptr;
    int arcnum,vexnum,k,v1,v2;
    printf("input vexnum,arcnum:\n");
    scanf("% d,% d",&vexnum,&arcnum);   /* 输入图的顶点数和边数(弧数) */
    for(k=0;k<vexnum;k++)
```

```
        adjlist[k].firstarc=NULL;      /* 为邻接链表的 adjlist 数组各元素的链域赋初值 */
    for(k=0;k<arcnum;k++)              /* 为 adjlist 数组的各元素分别建立各自的链表 */
    {
        printf("v1,v2=");
        scanf("%d,%d",&v1,&v2);
        ptr=(ARCNODE *)malloc(sizeof(ARCNODE));
                                       /* 给顶点 V₁ 的相邻顶点 V₂ 分配内存空间 */
        ptr->vextex=v2;
        ptr->next=adjlist[v1].firstarc;
        adjlist[v1].firstarc=ptr;      /* 将相邻顶点 V₂ 插入表头结点 V₁ 之后 */
        ptr=(ARCNODE *)malloc(sizeof(ARCNODE));
                                            /* 对于有向图此后的四行语句要删除 */
        ptr->vextex=v1;                /* 给顶点 V₂ 的相邻顶点 V₁ 分配内存空间 */
        ptr->next=adjlist[v2].firstarc;
        adjlist[v2].firstarc=ptr;      /* 将相邻顶点 V₁ 插入表头结点 V₂ 之后 */
    }
    return(vexnum);
}
void dfs(v)                            /* 从某顶点 V 出发按深度优先搜索进行图的遍历 */
int v;
{
    int w;
    ARCNODE *p;
    p=adjlist[v].firstarc;
    printf("%d ",v);                   /* 输出访问的顶点 */
    adjlist[v].data=1;                 /* 顶点标志域置 1,表明已访问过 */
    while(p!=NULL)
    {
        w=p->vextex;                   /* 取出顶点 V 的某相邻顶点的序号 */
        if(adjlist[w].data==0)
        dfs(w);
        /* 如果该顶点未被访问过则递归调用,从该顶点出发,沿着它的各相邻顶点向下搜索 */
        p=p->next;
    }
}


void freeadjlist(int n)                /* 释放邻接表占用的内存 */
{
    int i;
    for(i=0;i<n;i++)
    {
        ARCNODE *p=adjlist[i].firstarc;
        while(p!=NULL)
        {
```

```
            ARCNODE  * q=p;
            p=p->next;
            free(q);
        }
    }
}


main()
{
    int n;
    n=createadjlist(adjlist);          /* 建立邻接表并返回顶点的个数 */
    printf("dfs output:");
    dfs(0);                            /* 从顶点 0 出发,按深度优先搜索进行图的遍历 */
    freeadjlist(n);                    /* 释放占用的内存 */
}
```

程序运行结果(以图 6.21 中 A 图为例):

input vexnum,arcnum:

4,5(回车)

v1,v2=0,1(回车)

v1,v2=0,2(回车)

v1,v2=1,2(回车)

v1,v2=1,3(回车)

v1,v2=2,3(回车)

dfs output:0 2 3 1

现就程序 6-4 运行的结果来做一个分析。算法中用函数 createadjlist()为图建立邻接表时,如果对同一个图输入图中各条边(或弧)的次序不同,建立的邻接表是不同的。这样,依据此邻接表进行 DFS 搜索,得到的 DFS 序列也就不一样了。能否任意次序输入图的各条边(或弧),而得到唯一的 DFS 序列呢?我们可以对函数 createadjlist()稍做修改,在建立邻接表时,要为图中每一个顶点建立一个单链表,在建立某顶点相关的单链表时,与此顶点相邻接的全部顶点按序号大小排列就可以了。以下是经过修改的createadjlist()函数。

```
int createadjlist()                    /* 建立邻接表 */
{
    ARCNODE * ptr, * q, * s;
    int arcnum,vexnum,k,v1,v2;
    printf("input vexnum,arcnum:\n");
    scanf(" % d, % d",&vexnum,&arcnum);          /* 输入图的顶点数和边(弧数) */
    for(k=0;k<vexnum;k++)
        adjlist[k].firstarc=NULL;      /* 为邻接链表的 adjlist 数组各元素的链域赋初值 */
    for(k=0;k<arcnum;k++)              /* 为 adjlist 数组的各元素分别建立各自的链表 */
    {
        printf("v1,v2=");
```

```
        scanf("%d,%d",&v1,&v2);
        ptr=(ARCNODE * )malloc(sizeof(ARCNODE));
                                        /*给顶点 V₁的相邻顶点 V₂分配内存空间*/
        ptr->vextex=v2;         /*将顶点 V₂插入链表中,使得结点插入后单链表仍然有序*/
        if((adjlist[v1].firstarc==NULL)||(adjlist[v1].firstarc->vextex>v2))
        {
            ptr->next=adjlist[v1].firstarc;
            adjlist[v1].firstarc=ptr;           /*将相邻顶点 V₂插入表头结点 V₁之后*/
        }
        else
        {
            q=adjlist[v1].firstarc;
            while((q! =NULL)&&(q->vextex<v2))
            {
                s=q;
                q=q->next;
            }
            ptr->next=q;
            s->next=ptr;
        }                       /*对于有向图此后的若干行语句要删除*/
        ptr=(ARCNODE * )malloc(sizeof(ARCNODE));
                                        /*给顶点 V₂的相邻顶点 V₁分配内存空间*/
        ptr->vextex=v1;         /*将顶点 V₁插入链表中,使得结点插入后单链表仍然有序*/
        if((adjlist[v2].firstarc==NULL)||(adjlist[v2].firstarc->vextex>v1))
        {
            ptr->next=adjlist[v2].firstarc;
            adjlist[v2].firstarc=ptr;           /*将相邻顶点 V₁插入表头结点 V₂之后*/
        }
        else
        {
            q=adjlist[v2].firstarc;
            while((q! =NULL)&&(q->vextex<v1))
            {
                s=q;
                q=q->next;
            }
            ptr->next=q;
            s->next=ptr;
        }                       /*对于有向图到此为止的若干行语句要删除*/
    }
    return(vexnum);
}
```

深度优先搜索也可以写成非递归算法，此时除了需设一个栈(stack)外，尚需设一数组 node 记录打印顶点的次序，DFS算法改写如下：

```
void dfs(v,n)                     /* 深度优先搜索的非递归算法,V 为起始顶点,n 为图中顶点的个数 */
int v,n;
{
    int i,w,top;                  /* i 为 node 数组的下标,top 为栈顶指针 */
    int stack[MAX _ VEX],node[MAX _ VEX];  /* stack 为堆栈,node 数组记录打印顶点的次序 */
    ARCNODE * p;
    i=0;
    top=0;
    adjlist[v].data=1;            /* 访问从顶点 V 开始 */
    node[i]=v;                    /* 已访问的顶点 V 存于 node 数组中 */
    p=adjlist[v].firstarc;        /* p 指向顶点 V 的链表中第一个结点 */
    while(p! =NULL || top!=0)
    {
        while(p! =NULL)
        {
            w=p->vextex;
            if(adjlist[w].data==0)
            {
                top++;
                stack[top]=v;
                i++;
                v=w;
                node[i]=v;
                adjlist[v].data=1;
                p=adjlist[v].firstarc;
            }
            else
                p=p->next;
        }
        if(top!=0)
        {
            v=stack[top];
            top=top-1;
            p=adjlist[v].firstarc;
        }
    }
    for(i=0;i<n;i++)
    printf("% d  ",node[i]);
}
```

注意：在主函数中调用 DFS 函数时，要增加一个表示图的顶点个数的参数。数据输入及输出结果与程序 6-4 相同。

6.3.2 广度优先搜索(BFS)

广度优先搜索的基本思想是:首先访问初始点 V_i,并将其标记为已访问过,接着访问 V_i 的所有未被访问过的邻接点 V_{i1}, V_{i2}, $\cdots$, V_{it}, 并均标记为已访问过,然后再按照 V_{i1}, V_{i2}, $\cdots$, V_{it} 的次序,访问每一个顶点的所有未被访问过的邻接点,并均标记为已访问过,以此类推,直到图中所有和初始点 V_i 有路径相通的顶点都被访问过为止。这种搜索方式类似于树的按层次遍历的过程。

在上述搜索过程中,若 V_{i1} 在 V_{i2} 之前访问,则 V_{i1} 的邻接点也将在 V_{i2} 的邻接点之前访问。因此,对于广度优先搜索算法,要记录与一个顶点相邻接的全部顶点,由于访问过这些顶点之后,还将按照先被访问的顶点就先访问它的邻接点的方式进行广度优先搜索。为此,我们用一个先进先出的队列来记录这些顶点。

以图 6.23 中的 A 图及图 6.22 所示的邻接表为例。假设从顶点 V_0 出发,先访问顶点 V_0,并将 V_0 入队。然后 V_0 出队,由于顶点 V_0 的相邻顶点分别为 V_2 和 V_1,并且 V_2、V_1 未被访问过,则访问 V_2、V_1,并将 V_2、V_1 入队,V_0 的邻接点访问完毕。V_2 出队,由于与顶点 V_2 相邻的顶点有 V_3、V_1、V_0,则访问其中未被访问过的顶点 V_3,并将 V_3 入队,至此 V_2 的邻接点访问完毕。V_1 出队,由于与 V_1 相邻的顶点均已被访问过,V_3 出队,而与 V_3 相邻的顶点也已访问过,至此所有顶点均已被访问过,这时队列为空,遍历过程结束。

广度优先搜索序列(BFS 序列):对图进行广度优先搜索时,按访问顶点的先后次序得到的顶点序列称为图的广度优先搜索序列,简称 BFS 序列。一个图的 BFS 序列可能不唯一,它与算法的存储结构密切相关,下面以图的邻接表存储结构为例进行说明。

按照操作过程得到的图 6.23 中的 A 图的广度优先搜索序列为:$V_0 V_2 V_1 V_3$。

对于不同的邻接表存储结构还可能得到 $V_0 V_1 V_2 V_3$ 的 BFS 序列。

广度优先生成树(BFS 生成树):由图中的全部顶点和广度优先搜索过程所经过的边集,即构成了图的广度优先生成树。

例如对于图 6.22 所示的图的邻接表,经过上述遍历过程可得到图 6.23 中的 B 图所示的 BFS 生成树。

对于不同的邻接表存储结构还可能得到如图 6.23 中的 C 图所示的 BFS 生成树。也就是说一个图的存储结构不同,其 BFS 序列可以不唯一,BFS 生成树也可以不唯一。

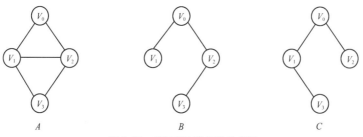

图 6.23 无向图及其 BFS 生成树

实现以邻接表为存储结构的广度优先搜索的完整程序如下:

程序 6-5

```
# include <malloc.h>
# include <stdio.h>
# define MAX _ VEX 50
typedef struct arcnode                      /* 定义表结点 */
{
    int vextex;
    struct arcnode * next;
}ARCNODE;
typedef struct vexnode                      /* 定义头结点 */
{
    int data;
    ARCNODE * firstarc;
}VEXNODE;
VEXNODE adjlist[MAX _ VEX];                  /* 定义表头向量 adjlist */
int createadjlist()                         /* 建立邻接表 */
{
    ARCNODE * ptr;
    int arcnum,vexnum,k,v1,v2;
    printf("\n input vexnum,arcnum:");
    scanf(" % d, % d",&vexnum,&arcnum);      /* 输入图的顶点数和边数(弧数) */
    for(k=0;k<vexnum;k++)
        adjlist[k].firstarc=NULL;            /* 为邻接链表的 adjlist 数组各元素的链域赋初值 */
    for(k=0;k<arcnum;k++)                     /* 为 adjlist 数组的各元素分别建立各自的链表 */
    {
        printf("v1,v2=");
        scanf(" % d, % d",&v1,&v2);
        ptr=(ARCNODE * ) malloc(sizeof(ARCNODE));
                                     /* 给顶点 V₁ 的相邻顶点 V₂ 分配内存空间 */
        ptr->vextex=v2;
        ptr->next=adjlist[v1].firstarc;
        adjlist[v1].firstarc=ptr;            /* 将相邻顶点 V₂ 插入表头结点 V₁ 之后 */
        ptr=(ARCNODE * ) malloc(sizeof(ARCNODE));
                                             /* 对于有向图此后的四行语句要删除 */
        ptr->vextex=v1;                      /* 给顶点 V₂ 的相邻顶点 V₁ 分配内存空间 */
        ptr->next=adjlist[v2].firstarc;
        adjlist[v2].firstarc=ptr;            /* 将相邻顶点 V₁ 插入表头结点 V₂ 之后 */
    }
    return(vexnum);
}

void bfs(v)                                  /* 从某顶点 V 出发按广度优先搜索进行图的遍历 */
int v;
{
    int queue[MAX _ VEX];
```

```
        int front=0,rear=1;
        int w;
        ARCNODE * p;
        printf("bfs output:");
        p=adjlist[v].firstarc;
        printf("%d  ",v);                    /* 访问初始顶点 */
        adjlist[v].data=1;
        queue[rear]=v;                       /* 初始顶点入队列 */
        while(front! =rear)                  /* 队列不为空时循环 */
        {
            front=(front+1) % MAX_VEX;
            v=queue[front];                  /* 按访问次序依次出队列 */
            p=adjlist[v].firstarc;           /* 查找 V 的邻接点 */
            while(p! =NULL)
            {
                if(adjlist[p->vextex].data==0)
                {
                    adjlist[p->vextex].data=1;
                    printf("%d  ",p->vextex);   /* 访问该点并使之入队列 */
                    rear=(rear+1) % MAX_VEX;
                    queue[rear]=p->vextex;
                }
                p=p->next;                   /* 查找 V 的下一个邻接点 */
            }
        }
}


void freeadjlist(int n)                      /* 释放邻接表占用的内存 */
{
    int i;
    for(i=0;i<n;i++)
    {
        ARCNODE * p=adjlist[i].firstarc;
        while(p! =NULL)
        {
            ARCNODE * q=p;
            p=p->next;
            free(q);
        }
    }
}


main()
{
    int n;
    n=createadjlist();                       /* 建立邻接表并返回顶点的个数 */
```

```
        bfs(0);                          /* 从顶点 0 出发,按广度优先搜索进行图的遍历 */
        freeadjlist(n);                  /* 释放占用的内存 */
    }
```
程序运行结果(以图 6.23 中的 A 图为例):
input vexnum,arcnum:4,5(回车)
v1,v2=0,1(回车)
v1,v2=0,2(回车)
v1,v2=1,2(回车)
v1,v2=1,3(回车)
v1,v2=2,3(回车)
bfs output:0 2 1 3

从程序 6-5 运行的结果来看,类似于程序 6-4 情况,即输入图的各条边(或弧)的次序不同,建立的邻接表也不同,从而程序结果 BFS 序列也不同。希望能按任意次序输入图的各条边(或弧),得到唯一的 BFS 序列,只要采用 6.3.1 深度优先搜索一节中修改的 createadjlist()函数即可。

6.4 最小生成树

对于图的生成树而言,在实际应用中,我们经常遇到的是求一个网的最小生成树问题。

例如,要在 n 个城市之间建立通信联络网,而任意两个城市之间都可以建立一条线路,相应地要付出一定的经济代价。n 个城市之间最多可建立 $n(n-1)/2$ 条线路,但连通 n 个城市只要 $n-1$ 条线路。那么,如何在这些可能的线路中选择 $n-1$ 条,以使总的代价最低呢?

可以用连通网来表示 n 个城市以及 n 个城市之间可能设立的通信线路。其中网的顶点表示城市,边表示两城市之间的线路,边上的权值表示相应的代价。对于 n 个顶点的连通网可以建立多个不同的生成树,每一个生成树都可以是一个通信网。现在,我们要选择这样一棵生成树,使所花费的总代价最小,这就是构造连通网的最小生成树问题,即在连通网中,构造边上的代价总和最小的生成树。

求解最小生成树问题的算法有两个:即普里姆算法(Prim)和克鲁斯卡尔算法(Kruskal)。

6.4.1 普里姆算法(Prim)

普里姆(Prim)于 1957 年提出了构造最小生成树的一种算法,该算法的要点是:按照将顶点逐个连通的步骤,把已连通的顶点加入集合 U 中,这个集合 U 开始时为空集。首先任选一个顶点加入 U,然后从依附于该顶点的边中选取权值最小的边作为生成树的一条边,并将依附于该边且在集合 U 外的另一顶点加入 U,表示这两个顶点已通过权值最小的边连通了。以后,每次从一个顶点在集合 U 中而另一个顶点在 U 外的各条边中选取权值最小的一条,作为生成树的一条边,并把依附于该边且在集合 U 外的顶点并入 U,以此类推,直到全部顶点都已连通(全部顶点加入 U),即构成所要求的最小生成树。其构造过程如图 6.24 所示(设首次加入 U 中的顶点为 V_0)。

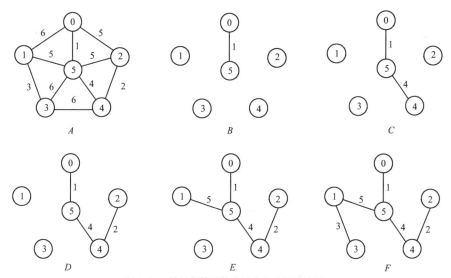

图 6.24　普里姆算法构造最小生成树的过程

普里姆算法分析：

下面分几步来讨论普里姆(Prim)算法构造最小生成树的实现过程：

算法要解决的第一个问题是图的存储结构，这里采用邻接矩阵 cost[][] 表示图 6.24 A 图，如图 6.25 所示。cost[i][j] 是边(i,j)的权。如果不存在边(i,j)，则 cost[i][j] 的值为一个大于任何权而小于无限大的常数(算法中用 32767 表示)。

$$
cost[][] = \begin{bmatrix}
\infty & 6 & 5 & \infty & \infty & 1 \\
6 & \infty & \infty & 3 & \infty & 5 \\
5 & \infty & \infty & \infty & \infty & 2 \\
\infty & 3 & \infty & \infty & 6 & 6 \\
\infty & \infty & 2 & 6 & \infty & 4 \\
1 & 5 & 5 & 6 & 4 & \infty
\end{bmatrix}
$$

图 6.25　图 6.24 中 A 图的邻接矩阵

算法要解决的第二个问题是如何在集合 U 和 U 外的顶点之间选择权最小的边，建立两个数组 closest[] 和 lowcost[]，closest[i] 表示 U 中的某顶点，该顶点与 U 外某顶点之间构成的边上的权值为最小；lowcost[i] 表示边(i,closest[i])的权。开始时，由于 U 的初值为{0}，所以，closest[i] 的值为 0，i=0,1,…,n−1 (n 为顶点数)；而 lowcost[i] 为边(0,i)的权，i=0,1,…,n−1 (n 为顶点数)，即邻接矩阵 cost[][] 第一行的值。具体如图 6.26 所示。

数组 closest[]

下标：	0	1	2	3	4	5
U 中顶点：	0	0	0	0	0	0

表示边(0,1)的权为6

数组 lowcost[]

下标：	0	1	2	3	4	5
权值：	∞	6	5	∞	∞	1

图 6.26　数组 closest[] 和 lowcost[] 初始化

算法要解决的第三个问题是如何避免顶点被重复选中和选入某顶点后如何修改数组 closest[] 和 lowcost[]。在算法进行过程中,当顶点 V_i 被加入集合 U 后,将 closest[i] 置 -1,避免被重复选中。算法首先令 closest[0]$=-1$,标记顶点 V_0 已经加入 U。然后扫描数组 lowcost[] $n-1$ 次,每一次扫描数组 lowcost[],在不属于 U 的顶点中找出离 U 最近的顶点,令其为 k,并打印边(closest[k],k)。然后修改数组 lowcost[] 和 closest[];并将 closest[k] 置 -1,标记 k 已经加入 U。修改数组 lowcost[] 和 closest[] 是这样进行的,当顶点 k 被选入后,扫描邻接矩阵的第 k 行,对于 $j=1,2,\cdots,n-1$,如果顶点 V_j 未选入 U 并且 cost[k][j]$<$lowcost[j],则 lowcost[j]$=$cost[k][j],closest[j]$=$k。

在图 6.24 中,A 首先任选顶点 V_0,算法进行后将 V_5 选入,根据 k$=$5,修改数组 lowcost[] 和 closest[],如图 6.27 所示。

数组 closest[]

下标:	0	1	2	3	4	5
U 中顶点:	-1	5	0	5	5	-1

数组 lowcost[]

下标:	0	1	2	3	4	5
权值:	∞	5	5	6	4	1

图 6.27　数组 closest[] 和 lowcost[] 在加入 V_5 后的情况

利用普里姆算法构造最小生成树的完整程序如下:

程序 6-6

```
# include <malloc.h>
# include <stdio.h>
# define MAX_VEX 50
int createcost(cost)
int cost[][MAX_VEX];                    /* cost 数组表示带权图的邻接矩阵 */
{
    int vexnum,arcnum,i,j,k,v1,v2,w;    /* 输入图的顶点数和边数(或弧数) */
    printf("\nInput vexnum,arcnum: ");
    scanf("% d,% d",&vexnum,&arcnum);
    for(i=0;i<vexnum;i++)               /* 初始化带权图的邻接矩阵 */
      for(j=0;j<vexnum;j++)
        cost[i][j]=32767;               /* 32767 表示无穷大 */
    for(k=0;k<arcnum;k++)
    {
      printf("v1,v2,w = ");
      scanf("% d,% d,% d",&v1,&v2,&w);   /* 输入所有边(或弧)的一对顶点 V1,V2 和权值 */
      cost[v1][v2]=w;
      cost[v2][v1]=w;
    }
    return(vexnum);
}
```

```
void prim(cost,vexnum)                         /* Prim 算法产生从顶点 V₀开始的最小生成树 */
int cost[][MAX_VEX],vexnum;
{
    int lowcost[MAX_VEX],closest[MAX_VEX],i,j,k,min;
    for(i=0;i<vexnum;i++)
    {
        lowcost[i]=cost[0][i];              /* 初始化 */
        closest[i]=0;                       /* 初始化 */
    }
    closest[0]=-1;                          /* V₀ 选入 U */
    for(i=1;i<vexnum;i++)                    /* 从 U 之外求离 U 中某一顶点最近的顶点 */
    {
        min=32767;
        k=0;
        for(j=0;j<vexnum;j++)
            if(closest[j]!=-1&&lowcost[j]<min)
            {
                min=lowcost[j];
                k=j;
            }
        if(k)
        {                                    /* 输出边及其权值 */
            printf("(%d,%d)%2d\n",closest[k],k,lowcost[k]);
            closest[k]=-1;                  /* k 选入 U */
            for(j=1;j<vexnum;j++)
                if(closest[j]!=-1&&cost[k][j]<lowcost[j])
                {
                    lowcost[j]=cost[k][j];  /* 因 k 的加入,修改 lowcost 数组 */
                    closest[j]=k;           /* k 加入 U 中 */
                }
        }
    }
}


main()                                      /* 主程序 */
{
    int vexnum;
    int cost[MAX_VEX][MAX_VEX];
    vexnum=createcost(cost);                /* 建立图的邻接矩阵 */
    printf("Output edge(arc) and cost of MCSTree: \n");
    prim(cost,vexnum);
}
```

程序运行结果(以图 6.24 中的 A 图为例):
Input vexnum,arcnum: 6,10(回车)
v1,v2,w = 0,1,6(回车)
v1,v2,w = 0,2,5(回车)
v1,v2,w = 0,5,1(回车)
v1,v2,w = 1,5,5(回车)

v1,v2,w = 1,3,3(回车)
v1,v2,w = 2,5,5(回车)
v1,v2,w = 2,4,2(回车)
v1,v2,w = 3,5,6(回车)
v1,v2,w = 3,4,6(回车)
v1,v2,w = 4,5,4(回车)
Output edge(arc) and cost of MCSTree:
(0,5) 1
(5,4) 4
(4,2) 2
(5,1) 5
(1,3) 3

6.4.2 克鲁斯卡尔算法(Kruskal)

此算法于 1956 年由克鲁斯卡尔(Kruskal)提出,它从另一途径求网的最小生成树。假设连通网 $N = (V,E)$,则令最小生成树的初始状态为只有 n 个顶点而无边的非连通图 $T = (V,E1)$,其中 $E1$ 为空集,即 T 中的每个顶点自成一个连通分量。在 E 中选择权最小的边,若该边依附的顶点落在 T 中不同的分量上,则将此边加入 T 中,否则舍去此边选择下一条权最小的边。依次类推,直到 T 中所有顶点都在同一连通分量上。

现以图 6.28 中的 A 图为例进行说明。

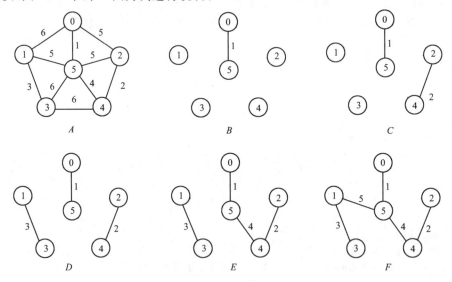

图 6.28　克鲁斯卡尔算法构造最小生成树的过程

设此图用边集数组表示,且数组中各边的权值按由小到大次序排列,如表 6-2 所示。这时可按数组下标顺序选取边,在选择(0,5)、(2,4)、(1,3)、(4,5)时均无问题,保留作为树 T 的边,当选择(0,2)边时,将与树 T 的已有边构成回路,将其舍去。下一条边是(2,5),也与树 T 中的已有边构成回路,也将其舍去,再下一条边(1,5)被选入树 T 的边,此时,树 T 中已有五条边,使 N 网中的所有顶点都在同一连通分量上,即构成了 N 网的最小生成树。

表 6-2　　　　　图 6.28 中 A 图的边集数组

$beginvertex$	$endvertex$	$weight$
0	5	1
2	4	2
1	3	3
4	5	4
0	2	5
2	5	5
1	5	5
0	1	6
3	5	6
3	4	6

克鲁斯卡尔算法分析：

在以上算法描述中，有这样一句话：若该边依附的顶点落在 T 中不同的连通分量上，则将此边加入 T 中。那么，算法中如何判断某条边依附的两个顶点落在 T 中不同的连通分量上呢？下面通过一个例子来说明这一点。

假定现有 6 个顶点的图如图 6.29 所示，图中有两个连通分量，欲加入边 (V_1,V_5)，问能否加入？算法是这样的，可以设置一个数组 set$[i]$，$i=0,1,\cdots,5$。set$[i]$ 的值表示顶点 V_i 的父亲(或根)结点序号。两个连通分量中各顶点之间的辈分关系如图 6.30 所示。由图可知左边的那个连通分量 V_1 的父亲结点是 V_3，V_3 是该连通分量的根结点；右面的那个连通分量 V_2 的父亲结点是 V_4，V_4 的父亲结点是 V_5，V_0 的父亲结点也是 V_5，V_5 是该连通分量的根结点。

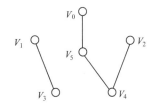

图 6.29　6 个顶点的图

数组 set[]

下标：	0	1	2	3	4	5
父亲结点序号：	5	3	4	0	5	0
顶点：	V_0	V_1	V_2	V_3	V_4	V_5

图 6.30　顶点之间的辈分关系

因此，欲加入边 (V_1,V_5) 到 T 中，只要判断这两个顶点 V_1,V_5 是否拥有同一个根结点，若是同一个根结点，则边 (V_1,V_5) 不能加入 T 中，否则，可以加入。要判断这两个顶点 V_1,V_5 是否拥有同一个根结点，只要在数组 set[] 中分别找到 V_1,V_5 的根结点，再判断它们的根结点是否相同。在对数组 set[] 的操作中，V_1,V_5 所在连通分量的根结点分别是 V_3,V_5，所以边 (V_1,V_5) 可以加到 T 中。边 (V_1,V_5) 加入 T 后如图 6.31 所示，并需修改数组 set[] 如图 6.32 所示。

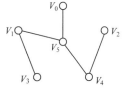

图 6.31　边 (V_1,V_5) 加入 T 后

数组 set[]

下标：	0	1	2	3	4	5
父亲结点序号：	5	3	4	5	5	0
顶点：	V_0	V_1	V_2	V_3	V_4	V_5

图 6.32　加入边 (V_1,V_5) 后所做的修改

接下来请读者分析能否将边(V_3,V_4)加入 T 中。

在图的遍历一节中我们知道,图的生成树可以不唯一,那么图的最小生成树是否也可以不唯一呢? 答案是肯定的。请读者根据图 6.11 自行验证。

利用克鲁斯卡尔算法构造最小生成树的完整程序如下:

程序 6-7

```c
# include <malloc.h>
# include <stdio.h>
# define MAX_VEX 50
typedef struct edges                    /* 定义边集数组元素结构 */
{
    int bv,ev,w;
}EDGES;
EDGES edgeset[MAX_VEX];                  /* 定义边集数组,用于存储图的各条边 */

int createdgeset()                      /* 建立边集数组函数 */
{
    int arcnum,i;
    printf("\nInput arcnum: ");
    scanf("%d",&arcnum);                /* 输入图中的边数 */
    for(i=0;i<arcnum;i++)
    {
        printf("bv,ev,w = ");          /* 输入每条边的起、终点及边上的权值 */
        scanf("%d,%d,%d",&edgeset[i].bv,&edgeset[i].ev,&edgeset[i].w);
    }
    return(arcnum);                     /* 返回图中的边数 */
}


sort(int n)            /* 对边集数组按权值升序排序,其中 n 为数组元素的个数,即图的边数 */
{
    int i,j;
    EDGES t;
    for(i=0;i<n-1;i++)
      for(j=i+1;j<n;j++)
        if(edgeset[i].w>edgeset[j].w)
        {
            t=edgeset[i];
            edgeset[i]=edgeset[j];
            edgeset[j]=t;
        }
}


int seeks(int set[],int v)                          /* 确定顶点 V 所在的连通分量的根结点 */
{
    int i=v;
    while(set[i]>0)
```

```
        i＝set[i];
    return(i);
}


kruskal(int e)                        /＊Kruskal 算法求最小生成树,参数 e 为边集数组中的边数 ＊/
{
    int set[MAX_VEX],v1,v2,i;
    printf("Output of Kruskal: \n");
    for(i=0;i<MAX_VEX;i++)
        set[i]=0;                     /＊set 数组的初值为 0,表示每一个顶点自成一个分量 ＊/
    i=0;                              /＊i 表示待获取的生成树中的边在边集数组中的下标 ＊/
    while(i<e)
    {
        v1=seeks(set,edgeset[i].bv);          /＊确定边的起始顶点所在的连通分量的根结点 ＊/
        v2=seeks(set,edgeset[i].ev);          /＊确定边的终止顶点所在的连通分量的根结点 ＊/
        if(v1!=v2)        /＊当边所依附的两个顶点不在同一连通分量时,将该边加入生成树 ＊/
        {
            printf("(%d,%d) %d\n",edgeset[i].bv,edgeset[i].ev,edgeset[i].w);
            set[v1]=v2;                /＊将 V₁,V₂ 设为在同一连通分量中 ＊/
        }
        i++;
    }
}


main()                                /＊主程序 ＊/
{
    int i,arcnum;
    arcnum=createdgeset();            /＊建立图的边集数组,并返回其中的边数 ＊/
    sort(arcnum);                     /＊对边集数组按权值升序排序 ＊/
    printf("Output edgeset according to ascending cost: ");
    printf("\nbv ev w \n");
    for(i=0;i<arcnum;i++)             /＊输出排序后的边集数组 ＊/
        printf("%d %d %d\n",edgeset[i].bv,edgeset[i].ev,edgeset[i].w);
    kruskal(arcnum);                               /＊利用克鲁斯卡尔算法求图的最小生成树 ＊/
}
```

程序运行结果(以图 6.28 中的 A 图为例):
Input arcnum: 10(回车)
bv,ev,w = 0,2,5(回车)
bv,ev,w = 0,1,6(回车)
bv,ev,w = 0,5,1(回车)
bv,ev,w = 1,3,3(回车)
bv,ev,w = 1,5,5(回车)
bv,ev,w = 2,4,2(回车)
bv,ev,w = 2,5,5(回车)
bv,ev,w = 3,4,6(回车)
bv,ev,w = 3,5,6(回车)

```
bv,ev,w = 4,5,4(回车)
Output edgeset according to ascending cost:
bv              ev              w
0               5               1
2               4               2
1               3               3
4               5               4
0               2               5
2               5               5
1               5               5
3               4               6
3               5               6
0               1               6
Output of Kruskal:
(0,5) 1
(2,4) 2
(1,3) 3
(4,5) 4
(1,5) 5
```

6.5 最短路径

图的最常见的应用之一是在交通运输和通信网络中寻求两个结点之间的最短路径。例如,我们用顶点表示城市,用边表示城市之间的公路,则由这些顶点和边组成的图可以表示沟通各城市的公路网。把两个城市之间的距离作为权值,赋给图中的边,就构成了带权图。

对于一个汽车司机或乘客来说,一般关心两个问题:

① 从甲地到乙地是否有公路?

② 从甲地到乙地可能有多条公路,那么,哪条公路路径最短或花费代价最小?

这就是我们要讨论的最短路径问题。所谓的最短路径是指所经过的边上的权值之和为最小的路径,而不是经过的边的数目为最少。根据实际问题的需要,下面结合有向带权图来进行讨论。

首先,我们来明确两个概念:源点即路径的开始顶点;终点即路径的最后一个顶点。之后给出两个算法:一个是求从某个源点到其他各顶点的最短路径的迪杰斯特拉(Dijkstra)算法,另一个是求每一对顶点之间的最短路径的弗洛伊德(Floyed)算法。

6.5.1 从某个源点到其他各顶点的最短路径

对于如图 6.33 所示的有向带权图及其邻接矩阵,如何求从顶点 V_0 出发到其他各顶点的最短路径呢?迪杰斯特拉(Dijkstra)提出了按路径长度递增的次序产生最短路径的算法。该算法把网(带权图)中所有顶点分成两个集合。凡以 V_0 为源点已确定了最短路径的终点并入 S 集合,S 集合的初始状态只包含 V_0;另一个集合 $V-S$ 为尚未确定最短路径的顶点的集合。按各顶点与 V_0 间的最短路径长度递增的次序,逐个将 $V\text{-}S$ 集合中的顶点加入 S 集合中去,使得从 V_0 到 S 集合中各顶点的路径长度始终不大于从 V_0 到 $V\text{-}S$ 集合中各顶点的路径长度。为了方便地求出从 V_0 到 $V\text{-}S$ 集合中最短路径的递增次序,算法中引入一个辅助向量 $dist[\ ]$。它的某一分量 $dist[i]$,表示当前求出的从 V_0 到 V_i 的最短路径长度。这个路径长度不一定是真正的最短路径长度。向量 $dist$ 的初始值为邻接矩阵 $cost[\ ][\ ]$ 中 V_0 行的值,这样,从 V_0 到各顶点的最短路径中最短的一条路径长度应为

$$dist[w] = min\{dist[i],其中 i 取 1,\cdots,n-1,n 为顶点的个数\}$$

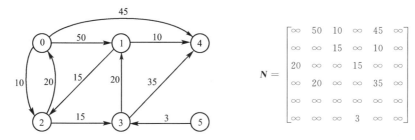

图 6.33　有向带权图及其邻接矩阵

设第一次求得的一条最短路径为 $<V_0,W>$,这时顶点 W 应该从 $V\text{-}S$ 中删除而并入 S 集合中。之后修改 $V\text{-}S$ 集合中各顶点的最短路径长度即向量 $dist$ 的值。对于 $V\text{-}S$ 集合中的某一顶点 V_i 来说,其当前的最短路径或者是 $<V_0,V_i>$ 或者是 $<V_0,W,V_i>$,不可能是其他选择。也就是说:

如果 $dist[w] + cost[w][V_i] < dist[i]$　　则 $dist[i] = dist[w] + cost[w][V_i]$

当 $V\text{-}S$ 集合中各顶点的 $dist$ 修改后,再从中挑选一个路径长度最小的顶点,从 $V\text{-}S$ 中删除,并入 S 中,重复上述过程,直到求出所有顶点的最短路径长度。

以图 6.33 为例,迪杰斯特拉算法运算过程如表 6-3 所示。

表 6-3　　　　　　用迪杰斯特拉算法求从 V_0 到其余各顶点的

最短路径运算过程中 $dist$ 数组的变化情况

终点		从 V_0 到各终点的 $dist[\ ]$ 值和最短路径			
V_0	$dist[0]$	∞	∞	∞	∞
V_1	$dist[1]$	50 $<V_0,V_1>$	50 $<V_0,V_1>$	45 $<V_0,V_2,V_3,V_1>$	
V_2	$dist[2]$	10 $<V_0,V_2>$			
V_3	$dist[3]$	∞	25 $<V_0,V_2,V_3>$		
V_4	$dist[4]$	45 $<V_0,V_4>$	45 $<V_0,V_4>$	45 $<V_0,V_4>$	45 $<V_0,V_4>$
V_5	$dist[5]$	∞	∞	∞	∞
W		$W=V_2$	$W=V_3$	$W=V_1$	$W=V_4$

用迪杰斯特拉算法,求从某个源点到其他各顶点的最短路径的完整程序如下:

程序 6-8

```
# include <malloc.h>
# include <stdio.h>
# define MAX_VEX 50
int createcost(cost)                    /* 建立图的邻接矩阵 */
int cost[][MAX_VEX];                     /* cost 数组表示图的邻接矩阵 */
{
    int vexnum,arcnum,i,j,k,v1,v2,w;     /* 输入图的顶点数和弧数(或边数) */
    printf("\nInput vexnum,arcnum: ");
    scanf("% d, % d",&vexnum,&arcnum);
    for(i=0;i<vexnum;i++)
      for(j=0;j<vexnum;j++)
        cost[i][j]=9999;                 /* 设 9999 代表无限大 */
    for(k=0;k<arcnum;k++)
    {
      printf("v1,v2,w = ");
      scanf("% d, % d, % d",&v1,&v2,&w); /* 输入所有边或所有弧的一对顶点 V1,V2 */
      cost[v1][v2]=w;
    }
    return(vexnum);
}


void dijkstra(cost,vexnum)               /* Dijkstra 算法求从源点出发的最短路径 */
int cost[][MAX_VEX],vexnum;
{
    int path[MAX_VEX],s[MAX_VEX],dist[MAX_VEX],i,j,w,v,min,v0;
    /* S 数组用于记录顶点 V 是否已经确定了最短路径,S[V]=1,顶点 V 已经确定了最短路径,
    S[V]=0,顶点 V 尚未确定最短路径。dist 数组表示当前求出的从 V0 到 Vi 的最短路径。path 是
    路径数组,其中 path[i]表示从源点到顶点 Vi 之间的最短路径上 Vi 的前驱顶点,如有路径
    (V0,V2,V4),则 path[4]=2。 */
    printf("Input v0: ");
    scanf("% d",&v0);                    /* 输入源点 V0 */
    for(i=0;i<vexnum;i++)
    {
      dist[i]=cost[v0][i];               /* 初始时,从源点 V0 到各顶点的最短路径为相应弧上的权 */
      s[i]=0;                            /* 初始化 */
      if(cost[v0][i]<9999)
        path[i]=v0;                      /* 初始化,path 记录当前最短路径,即顶点的直接前驱 */
    }
    s[v0]=1;                             /* 将源点加入 S 集合中 */
    for(i=0;i<vexnum;i++)
    {
      min=9999;                          /* 本例设各边上的权值均小于 9999 */
      for(j=0;j<vexnum;j++)              /* 从 S 集合外找出距离源点最近的顶点 w */
```

```
          if((s[j]==0)&&(dist[j]<min))
          {
            min=dist[j];
            w=j;
          }
      s[w]=1;                          /* 将 w 加入 S 集合,即 w 已是求出最短路径的顶点 */
      for(v=0;v<vexnum;v++)            /* 根据 w 修改 dist[] */
        if(s[v]==0)                    /* 修改未加入的顶点的路径长度 */
          if(dist[w]+cost[w][v]<dist[v])
          {
            dist[v]=dist[w]+cost[w][v];     /* 修改 V-S 集合中各顶点的最短路径长度 */
            path[v]=w;                      /* 修改 V-S 集合中各顶点的最短路径 */
          }
    }
  printf("The shortest path from %d to each vertex:\n",v0);
  for(i=1;i<vexnum;i++)              /* 输出从某源点到其他各顶点的最短路径 */
    if(s[i]==1)
    {
      w=i;
      while(w!=v0)
      {
        printf("%d<--",w);
        w=path[w];                     /* 通过找到前驱顶点,反向输出最短路径 */
      }
      printf("%d",w);
      printf(" %d\n",dist[i]);
    }
    else
    {
      printf("%d<-- %d",i,v0);
      printf(" 9999\n");               /* 不存在路径时,路径长度设为 9999 */
    }
}


main()                                 /* 主程序 */
{
  int vexnum;
  int cost[MAX_VEX][MAX_VEX];
  vexnum=createcost(cost);             /* 建立图的邻接矩阵 */
  dijkstra(cost,vexnum);
}
```

程序运行结果(以图 6.33 中的图为例):
Input vexnum,arcnum: 6,10(回车)
v1,v2,w = 0,1,50(回车)

```
v1,v2,w = 0,2,10(回车)
v1,v2,w = 0,4,45(回车)
v1,v2,w = 1,2,15(回车)
v1,v2,w = 1,4,10(回车)
v1,v2,w = 2,0,20(回车)
v1,v2,w = 2,3,15(回车)
v1,v2,w = 3,1,20(回车)
v1,v2,w = 3,4,35(回车)
v1,v2,w = 5,3,3 (回车)
Input v0：0(回车)
The shortest path from 0 to each vertex：
1<——3<——2<——0 45
2<——0 10
3<——2<——0 25
4<——0 45
5<——0 9999
```

对于上述程序,读者可在输入 V_0 值时给出任意一个顶点,从而求出从任一源点出发到其他各顶点的最短路径。

以图 6.33 中的图为例,表 6-4 所示为按迪杰斯特拉算法求从顶点 V_0 出发到其他各顶点的最短路径的过程中,各辅助数组中值的变化过程。

表 6-4   迪杰斯特拉算法执行过程中,各辅助数组中值的变化

S	dist						path					
	0	1	2	3	4	5	0	1	2	3	4	5
{0}	∞	50	10	∞	45	∞		0	0		0	
{0,2}	∞	50	10	25	45	∞		0	0	2	0	
{0,2,3}	∞	45	10	25	45	∞		3	0	2	0	
{0,2,3,1}	∞	45	10	25	45	∞		3	0	2	0	
{0,2,3,1,4}	∞	45	10	25	45	∞		3	0	2	0	

6.5.2 求每一对顶点之间的最短路径

要求得每一对顶点之间的最短路径,可以这样进行:每次以一个顶点为源点,重复执行迪杰斯特拉算法 n 次。此外还可采用专为解决此问题而设计的算法——弗洛伊德(Floyed)算法,这是弗洛伊德 1962 年提出的,此算法比较简单,易于理解和编程。

弗洛伊德(Floyed)算法仍从图的带权邻接矩阵 cost 出发,其基本思想是:

设立两个矩阵分别记录各顶点间的路径和相应的路径长度。矩阵 P 表示路径,矩阵 A 表示路径长度。

那么,如何求得各顶点间的最短路径长度呢?初始时,复制网的邻接矩阵 cost 为矩阵 A,即顶点 V_i 到顶点 V_j 的最短路径长度 $A[i][j]$ 就是弧 $<V_i,V_j>$ 所对应的权值,我们将它记为 $A^{(-1)}$,其数组元素 $A[i][j]$ 不一定是从 V_i 到 V_j 的最短路径长度。要想求得最短路径长度,要进行 n 次试探。

对于从顶点 V_i 到顶点 V_j 的最短路径长度,首先考虑让路径经过顶点 V_0,比较路径

(V_i, V_j) 和 (V_i, V_0, V_j) 的长度,取其短者为当前求得的最短路径。对每一对顶点都作这样的试探,可求得 $A^{(0)}$。然后,再考虑在 $A^{(0)}$ 的基础上让路径经过顶点 V_1,于是求得 $A^{(1)}$。以此类推,一般地,如果从顶点 V_i 到顶点 V_j 的路径经过新顶点 V_k 使得路径缩短,则修改 $A^{(k)}[i][j] = A^{(k-1)}[i][k] + A^{(k-1)}[k][j]$,所以,$A^{(k)}[i][j]$ 就是当前求得的从顶点 V_i 到顶点 V_j 的最短路径长度,且其路径上的顶点(除源点和终点外)序号均不大于 k。这样经过 n 次试探,就把几个顶点都考虑到相应的路径中去了。最后求得的 $A^{(n-1)}$ 就一定是各顶点间的最短路径长度。

综上所述,弗洛伊德算法的基本思想是递推地产生两个 n 阶的矩阵序列。其中,表示最短路径长度的矩阵序列是 $A^{(-1)}, A^{(0)}, A^{(1)}, A^{(2)}, \cdots, A^{(k)}, \cdots, A^{(n-1)}$,其递推关系为

$$A^{(-1)}[i][j] = cost[i][j]$$
$$A^{(k)}[i][j] = min\{A^{(k-1)}[i][j], A^{(k-1)}[i][k] + A^{(k-1)}[k][j]\}$$
$$(0 <= i, j, k <= n-1)$$

现在来看如何在求得最短路径长度的同时求解最短路径。初始矩阵 P 的各元素都赋 -1。$P[i][j] = -1$ 表示 V_i 到 V_j 的路径是直接可达的,中间不经过其他顶点。以后,当考虑路径经过某个顶点 V_k 时,如果使路径更短,则修复 $A^{(k)}[i][j]$ 的同时令 $P[i][j] = k$,即 $P[i][j]$ 中存放的是从 V_i 到 V_j 的路径上所经过的某个顶点(若 $P[i][j] \neq -1$)。那么,如何求得从 V_i 到 V_j 的路径上的全部顶点呢?这只需要编写一个递归过程即可解决,因为所有最短路径的信息都包含在矩阵 P 中了。设经过 n 次试探后,$P[i][j] = k$,即从 V_i 到 V_j 的最短路径经过顶点 V_k(若 $k \neq -1$)。该路径上还有哪些顶点呢?这只要去查 $P[i][k]$ 和 $P[k][j]$,以此类推,直到所查元素为 -1。

对于图 6.34 所示的有向带权图,按照弗洛伊德算法产生的两个矩阵序列如图 6.35 所示。

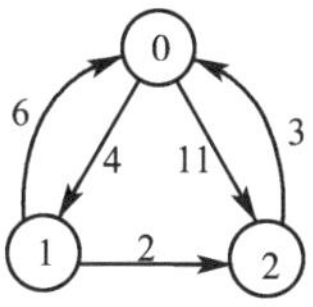

$$cost[i][j] = \begin{bmatrix} \infty & 4 & 11 \\ 6 & \infty & 2 \\ 3 & \infty & \infty \end{bmatrix}$$

图 6.34　有向带权图及其邻接矩阵

$$A^{(-1)} = \begin{bmatrix} \infty & 4 & 11 \\ 6 & \infty & 2 \\ 3 & \infty & \infty \end{bmatrix} \qquad P^{(-1)} = \begin{bmatrix} -1 & -1 & -1 \\ -1 & -1 & -1 \\ -1 & -1 & -1 \end{bmatrix}$$

$$A^{(0)} = \begin{bmatrix} \infty & 4 & 11 \\ 6 & \infty & 2 \\ 3 & 7 & \infty \end{bmatrix} \qquad P^{(0)} = \begin{bmatrix} -1 & -1 & -1 \\ -1 & -1 & -1 \\ -1 & 0 & -1 \end{bmatrix}$$

$$A^{(1)} = \begin{bmatrix} \infty & 4 & 6 \\ 6 & \infty & 2 \\ 3 & 7 & \infty \end{bmatrix} \qquad P^{(1)} = \begin{bmatrix} -1 & -1 & 1 \\ -1 & -1 & -1 \\ -1 & 0 & -1 \end{bmatrix}$$

$$A^{(2)} = \begin{bmatrix} \infty & 4 & 6 \\ 5 & \infty & 2 \\ 3 & 7 & \infty \end{bmatrix} \qquad P^{(2)} = \begin{bmatrix} -1 & -1 & 1 \\ 2 & -1 & -1 \\ -1 & 0 & -1 \end{bmatrix}$$

图 6.35　Floyed 算法执行过程中数组 A 和 P 的变化过程

用弗洛伊德算法,求每一对顶点之间的最短路径的完整程序如下:

程序 6-9

```
# include <malloc.h>
# include <stdio.h>
# define MAX_VEX 50
int createcost(cost)
int cost[][MAX_VEX];                    /* cost 表示图的邻接矩阵 */
{
   int vexnum,arcnum,i,j,k,v1,v2,w;     /* 输入图的顶点数和弧数(或边数) */
   printf("\nInput vexnum,arcnum: ");
   scanf("%d,%d",&vexnum,&arcnum);
   for(i=0;i<vexnum;i++)
     for(j=0;j<vexnum;j++)
       cost[i][j]=9999;                 /* 本例设 9999 代表无限大 */
   for(k=0;k<arcnum;k++)
   {
     printf("v1,v2,w = ");
     scanf("%d,%d,%d",&v1,&v2,&w);      /* 输入所有弧(或边)的一对顶点 V₁,V₂ */
     cost[v1][v2]=w;
   }
   return(vexnum);                      /* 返回图的顶点数 */
}


int p[MAX_VEX][MAX_VEX];                /* 定义存放路径的数组 P */
void floyed(cost,vexnum)
int cost[][MAX_VEX],vexnum;             /* Floyed算法求每一对顶点之间的最短路径 */
{
   int a[MAX_VEX][MAX_VEX],i,j,k;
   for(i=0;i<vexnum;i++)
     for(j=0;j<vexnum;j++)
     {
       a[i][j]=cost[i][j];              /* 给 A 和 P 数组赋初值 */
       p[i][j]=-1;
     }
   for(i=0;i<vexnum;i++)                /* 同一顶点间的最短路径为零 */
     a[i][i]=0;
   for(k=0;k<vexnum;k++)                /* 通过递推求最短路径长度和路径 */
   {
     for(i=0;i<vexnum;i++)
       for(j=0;j<vexnum;j++)
         if(a[i][k]+a[k][j]<a[i][j])
         {
           a[i][j]=a[i][k]+a[k][j];
           p[i][j]=k;
         }
```

```
    }
    printf("Shortest distance of each pair of nodes:\n");
    for(i=0;i<vexnum;i++)                /* 输出每对顶点间的最短路径 */
    {
        for(j=0;j<vexnum;j++)
            printf("%d",a[i][j]);
        printf("\n");
    }
    printf("Shortest path of each pair of nodes:\n");
    for(i=0;i<vexnum;i++)                /* 输出每一对顶点间的最短路径上的各个点 */
        for(j=0;j<vexnum;j++)
        {
            printf("%d—>",i);
            putpath(i,j);
            printf("%d \n",j);
        }
}


putpath(int i,int j)                    /* 输出一对顶点间的最短路径上的各个点 */
{
    int k;
    k=p[i][j];
    if(k==-1)
        return;
    putpath(i,k);
    printf("%d—>",k);
    putpath(k,j);
}


main()                                   /* 主程序 */
{
    int vexnum;
    int cost[MAX_VEX][MAX_VEX];
    vexnum=createcost(cost);             /* 建立图的邻接矩阵 */
    floyed(cost,vexnum);                 /* 调用算法求每一对顶点间的最短路径 */
}
```

程序运行结果(以图 6.34 中的图为例):

Input vexnum,arcnum:3,5(回车)

v1,v2,w = 0,1,4 (回车)

v1,v2,w = 0,2,11(回车)

v1,v2,w = 1,2,2 (回车)

v1,v2,w = 2,0,3 (回车)

v1,v2,w = 1,0,6 (回车)

Shortest distance of each pair of nodes:

0 4 6

5 0 2

3 7 0
Shortest path of each pair of nodes：
0—->0
0—->1
0—->1—->2
1—->2—->0
1—->1
1—->2
2—->0
2—->0—->1
2—->2

6.6　拓扑排序

利用没有回路的有向图描述一项工程或对工程的进度进行描述是非常方便的。除最简单的情况之外，几乎所有的工程都可分解为若干个称作活动的子工程，子工程之间受着一定的约束。例如，某些子工程的开始必须在另一些子工程结束之后。对于工程，人们普遍关心的是两个方面的问题：第一，工程是否顺利进行；第二，估算整个工程完成所必需的最短时间。这里所说的第一个问题就是本节所要讨论的有向图的拓扑排序问题，而第二个问题则是下一节所要讨论的关键路径问题。

6.6.1　AOV 网

在有向图中若以顶点表示活动，用有向边表示活动之间的优先关系，则这样的有向图称为以顶点表示活动的网（Activity On Vertex Network），简称 AOV 网。

在 AOV 网中若从顶点 V_i 到顶点 V_j 有一条有向路径，则 V_i 是 V_j 的前驱，V_j 是 V_i 的后继。若 $<V_i,V_j>$ 是网中的一条弧，则 V_i 是 V_j 的直接前驱，V_j 是 V_i 的直接后继。

例如，计算机专业的学生必须学完一系列规定的课程后才能毕业。这可看作一个工程，用图 6.36 所示的网来表示。网中的顶点表示各门课程的教学活动，有向边表示各门课程的制约关系。例如在图 6.36 中的一条弧 $<V_2,V_4>$ 表示"C 程序设计"是"数据结构"的直接前驱，也就是说"C 程序设计"这一教学活动一定要安排在"数据结构"这一教学活动之前。

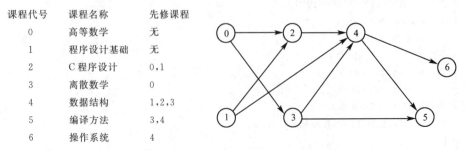

课程代号	课程名称	先修课程
0	高等数学	无
1	程序设计基础	无
2	C 程序设计	0,1
3	离散数学	0
4	数据结构	1,2,3
5	编译方法	3,4
6	操作系统	4

图 6.36　表示课程间关系的 AOV 网

在 AOV 网中,由弧表示的优先关系具有传递性,如顶点 V_1 是顶点 V_4 的前驱,而顶点 V_4 是顶点 V_5 的前驱,则顶点 V_1 也是顶点 V_5 的前驱。并且在 AOV 网中不能出现有向回路,如果存在回路,则说明某项"活动"能否进行要以自身任务的完成作为先决条件,显然,这样的工程是无法完成的。如果要检测一个工程是否可行,首先就得检查对应的 AOV 网是否存在回路。检查 AOV 网中是否存在回路的方法就是拓扑排序。

6.6.2 拓扑(Topology)排序

拓扑有序序列:它是由 AOV 网中的所有顶点构成的一个线性序列,在这个序列中体现了所有顶点间的优先关系。即若在 AOV 网中从顶点 V_i 到顶点 V_j 有一条路径,则在序列中 V_i 排在 V_j 的前面,而且在此序列中使原来没有先后次序关系的顶点之间也建立起人为的先后关系。

拓扑排序:构造拓扑有序序列的过程称为拓扑排序。

例如,对于图 6.36 可有如下的拓扑有序序列:

V_0	V_1	V_2	V_3	V_4	V_5	V_6
V_1	V_0	V_2	V_3	V_4	V_5	V_6
V_0	V_1	V_3	V_2	V_4	V_5	V_6
V_1	V_0	V_3	V_2	V_4	V_5	V_6
V_0	V_1	V_2	V_3	V_4	V_6	V_5
V_1	V_0	V_2	V_3	V_4	V_6	V_5
V_0	V_1	V_3	V_2	V_4	V_6	V_5
V_1	V_0	V_3	V_2	V_4	V_6	V_5

由上例可知,一个 AOV 网的拓扑有序序列并不是唯一的。并且对于某个 AOV 网,如果它的拓扑有序序列被构造成功,则该网中不存在有向回路,其各子工程可按拓扑有序序列的次序进行安排。下面给出构造 AOV 网的拓扑有序序列的操作步骤。

对 AOV 网进行拓扑排序的步骤是:

① 在网中选择一个没有前驱的顶点且输出之。

② 在网中删去该顶点,并且删去从该顶点出发的全部有向边。

③ 重复上述两步,直到网中不存在没有前驱的顶点为止。

对于图 6.36,其拓扑排序过程如图 6.37 所示。

这样操作后的结果有两种:一种是网中全部顶点均被输出,说明网中不存在有向回路;另一种是网中顶点未被全部输出,剩余的顶点均有前驱顶点,说明网中存在有向回路。

下面讨论拓扑排序的算法实现。根据拓扑排序的方法,把入度为零的顶点插入一个队列,按顺序输出。而顶点的入度可以记录在邻接表数组的数据域中,即记录在 adjlist[v].data 中。拓扑排序的完整程序如下:

程序 6-10

```
# include <malloc.h>
# include <stdio.h>
# define MAX_VEX 50
```

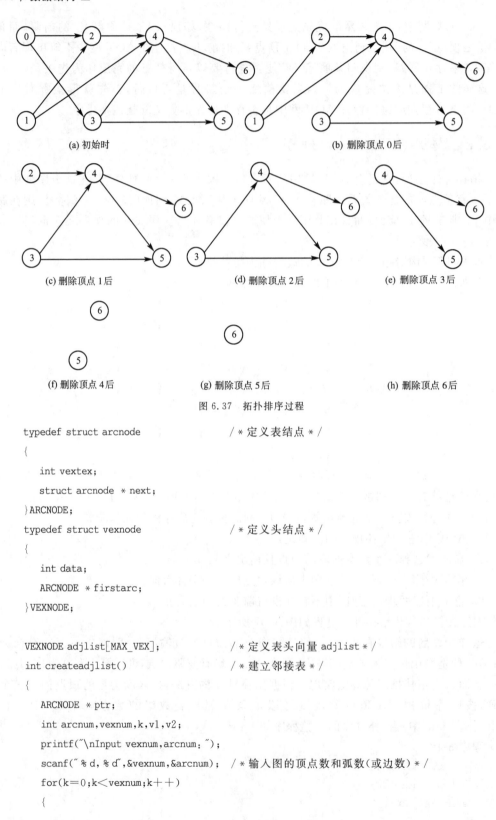

(a) 初始时

(b) 删除顶点 0 后

(c) 删除顶点 1 后

(d) 删除顶点 2 后

(e) 删除顶点 3 后

(f) 删除顶点 4 后

(g) 删除顶点 5 后

(h) 删除顶点 6 后

图 6.37　拓扑排序过程

```
typedef struct arcnode                    /*定义表结点*/
{
    int vextex;
    struct arcnode *next;
}ARCNODE;
typedef struct vexnode                    /*定义头结点*/
{
    int data;
    ARCNODE *firstarc;
}VEXNODE;

VEXNODE adjlist[MAX_VEX];                  /*定义表头向量 adjlist*/
int createadjlist()                       /*建立邻接表*/
{
    ARCNODE *ptr;
    int arcnum,vexnum,k,v1,v2;
    printf("\nInput vexnum,arcnum:");
    scanf("%d,%d",&vexnum,&arcnum);        /*输入图的顶点数和弧数(或边数)*/
    for(k=0;k<vexnum;k++)
    {
```

```
        adjlist[k].firstarc=NULL;              /* 邻接链表的 adjlist 数组各元素的链域赋初值 */
        adjlist[k].data=0;                     /* 各顶点的入度赋初值 0 */
    }
    for(k=0;k<arcnum;k++)                       /* 为 adjlist 数组的各元素分别建立各自的链表 */
    {
        printf("v1,v2 = ");
        scanf("%d,%d",&v1,&v2);                /* 输入弧<V₁,V₂> */
        ptr=(ARCNODE *)malloc(sizeof(ARCNODE));  /* 给顶点 V₁ 的相邻顶点 V₂ 分配内存空间 */
        ptr->vextex=v2;
        ptr->next=adjlist[v1].firstarc;
        adjlist[v1].firstarc=ptr;             /* 将相邻顶点 V₂ 插入表头结点 V₁ 之后 */
        adjlist[v2].data++;                   /* 顶点 V₂ 的入度加 1 */
    }
    return(vexnum);
}


toposort(int n)                                 /* 拓扑排序算法,n 为图中顶点的个数 */
{
    int queue[MAX_VEX];
    int front=0,rear=0;
    int v,w,n1;
    ARCNODE * p;
    n1=0;
    for(v=0;v<n;v++)                            /* 循环检测入度为 0 的顶点并入队 */
    if(adjlist[v].data==0)
    {
        rear=(rear+1)%MAX_VEX;
        queue[rear]=v;
    }
    printf("Result of toposort is:");
    while(front!=rear)
    {
        front=(front+1)%MAX_VEX;
        v=queue[front];
        printf("%d",v);                        /* 输出入度为 0 的顶点并计数 */
        n1++;
        p=adjlist[v].firstarc;
        while(p!=NULL)                          /* 删除由顶点 V 出发的所有的弧 */
        {
            w=p->vextex;
            adjlist[w].data--;                 /* 将邻接于顶点 V 的顶点的入度减 1 */
            if(adjlist[w].data==0)             /* 将入度为 0 的顶点入队 */
```

```
            {
               rear=(rear+1)%MAX_VEX;
               queue[rear]=w;
            }
          p=p->next;                    /*p指向下一个邻接于顶点 V 的顶点*/
      }
   }
   if(nl<n)              /*输出的顶点个数小于图的顶点个数,则拓扑排序失败*/
      printf("Not a set of partial order.\n");
}


main()                              /*主程序*/
{
   int n;
   n=createadjlist();                  /*建立邻接表并返回顶点的个数*/
   toposort(n);                        /*对于具有 n 个顶点的图进行拓扑排序*/
}
```

程序运行结果(以图 6.36 为例):
Input vexnum,arcnum:7,9(回车)
v1,v2 = 0,2(回车)
v1,v2 = 0,3(回车)
v1,v2 = 1,2(回车)
v1,v2 = 1,4(回车)
v1,v2 = 2,4(回车)
v1,v2 = 3,4(回车)
v1,v2 = 3,5(回车)
v1,v2 = 4,5(回车)
v1,v2 = 4,6(回车)
Result of toposort is:0 1 3 2 4 6 5

6.7 关键路径

在带权有向图中,以顶点表示事件,以弧表示活动,弧上的权表示活动持续的时间,则此带权有向图称为用边表示活动的网(Activity On Edge Network),简称 AOE 网。通常,AOE 网可用来估算工程的完成时间。

正常情况下,工程活动只有一个开始点和一个结束点,因此 AOE 网中只有一个入度为 0 的点,称源点;有一个出度为 0 的点,称汇点。例如在图 6.38 所示的工程中有 11 项活动 $a_0,a_1,\cdots,a_{10}$,有 9 个事件 $V_0,V_1,\cdots,V_8$,每个事件表示在它之前的活动已经完成,在它之后的活动可以开始。例如在图 6.38 中,V_0 表示整个工程的开始,即它是源点;V_8 表示整个工程结束,即它是汇点;V_4 表示 a_3 和 a_4 已经完成,a_6 和 a_7 可以开始。与每个活动相联系的数字是活动所需的时间,如活动 a_0 需 6 天完成,活动 a_1 需 4 天完成。

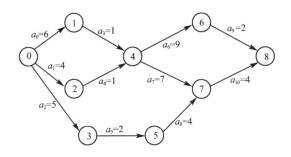

图 6.38 AOE 网

对于 AOE 网,人们关心的是:①完成整个工程需多少时间? ②哪些活动是影响工程进度的关键?

AOE 网可以并行工作,所以完成工程的最短时间是从源点到汇点的最长路径长度,即路径上权数之和。路径长度最长的路径称关键路径,关键路径上的活动称关键活动。显然若想加快工程的进度,就必须缩短关键活动的完成时间,提前完成非关键活动是无济于事的。在图 6.38 中,从 V_0 到 V_8 的关键路径是 $(V_0, V_1, V_4, V_7, V_8)$ 或者 $(V_0, V_1, V_4, V_6, V_8)$,路径长度是 18。活动 a_5 的最早开工时间是 5(a_2 活动完成),最迟开工时间是 8(a_8 和 a_{10} 各需 4 天),因此,活动 a_5 的完成时间为:关键路径长度 $18 - a_2 - a_8 - a_{10} = 18 - 5 - 4 - 4 = 5$(天),即 a_5 在 5 天内完成,就不会影响整个工程的进度。a_5 的预算时间为 2 天完成,有 $5 - 2 = 3$ 天的余量。显然,即使把 a_5 的活动提前 1 天完成,也不会加快整个工程进度。

是否可以无限地提高关键活动的完成时间呢?不是。当缩短关键路径上活动的完成时间到一定程度后,再缩短时间就没有用了,因为,它可能不是最长的路径了,即不是关键路径了。在图 6.38 中缩短 a_7 和 a_{10} 的时间并不会缩短整个工程的进度,因为关键路径变为 $(V_0, V_1, V_4, V_6, V_8)$ 了。缩短活动 a_0 的完成时间 1~2 天,是可以提高工程进度的,但缩短 3 天就不行了。因为,关键路径变为 $(V_0, V_2, V_4, V_7, V_8)$ 或者 $(V_0, V_2, V_4, V_6, V_8)$ 了。

对于有两条以上的关键路径,只提高一条关键路径上活动的完成时间是不行的,必须同时缩短几条关键路径上的活动完成时间,才能加快整个工程进度。

由于求关键路径的算法比较复杂,在此就不多加叙述了。

本章小结

1. 图(Graph)是一种非线性数据结构,图中的每个元素既可有多个直接前驱,也可有多个直接后继。图分为有向图和无向图,有向图中的边(又称弧)是顶点的有序对,无向图中的边是顶点的无序对。

2. 图的存储结构常用的有邻接矩阵、邻接表和边集数组三种。图的邻接矩阵具有唯一性,而邻接表和边集数组不具有唯一性。

3. 若要系统地访问图中的每个顶点,可以采用深度优先搜索(DFS)和广度优先搜索(BFS)遍历算法,遍历后可以得到深度优先搜索序列、深度优先生成树和广度优先搜索序列、广度优先生成树。

4.对于图的应用有求最小生成树问题、最短路径问题和拓扑排序问题。求图的最小生成树可以采用普里姆算法(Prim)和克鲁斯卡尔算法(Kruskal);求最短路径既可用迪杰斯特拉(Dijkstra)算法求从某个源点到其他各顶点的最短路径,也可用弗洛伊德(Floyed)算法求每一对顶点之间的最短路径;而拓扑排序所得到的拓扑序列则是判别某项工程能否顺利进行及各子工程开工顺序安排的依据,若拓扑序列没有构造成功,则该工程不能顺利进行,若拓扑序列构造成功,则可按拓扑序列的顺序安排各子工程的开工顺序。

习题

6.1　单项选择题:

1.在一个图中,所有顶点的度数之和等于所有边数的_____倍。

  A. 1/2　　　　　　B. 1　　　　　　　C. 2　　　　　　　D. 4

2.在一个有向图中,所有顶点的入度之和等于所有顶点的出度之和的_____倍。

  A. 1/2　　　　　　B. 1　　　　　　　C. 2　　　　　　　D. 4

3.一个有 n 个顶点的无向图最多有_____条边。

  A. n　　　　　　B. $n(n-1)$　　　C. $n(n-1)/2$　　D. $2n$

4.具有 4 个顶点的无向完全图有_____条边。

  A. 6　　　　　　　B. 12　　　　　　　C. 16　　　　　　D. 20

5.具有 6 个顶点的无向图至少应有_____条边才能确保是一个连通图。

  A. 5　　　　　　　B. 6　　　　　　　　C. 7　　　　　　　D. 8

6.在一个具有 n 个顶点的无向图中,要连通全部顶点至少需要_____条边。

  A. n　　　　　　B. $n+1$　　　　　C. $n-1$　　　　　D. $n/2$

7.对于一个具有 n 个顶点的无向图,若采用邻接矩阵表示,则该矩阵的大小是_____。

  A. n　　　　　　B. $(n-1)^2$　　　C. $n-1$　　　　　D. n^2

8.对于一个具有 n 个顶点和 e 条边的无向图,若采用邻接表表示,则表头向量的大小为 ___①___;所有邻接表中的结点总数是 ___②___。

①A. n　　　　　　B. $n+1$　　　　　C. $n-1$　　　　　D. $n+e$

②A. $e/2$　　　　　B. e　　　　　　　C. $2e$　　　　　　D. $n+e$

6.2　对于图 6.39 和图 6.40,分别求:

(1)每个顶点的度,有向图还要求入度和出度。

(2)给出一条从 V_0 到 V_3 的简单路径。

(3)给出图的邻接矩阵。

(4)给出图的邻接表。

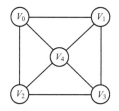

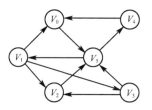

图 6.39　题 6.2 图示　　　　　　图 6.40　有向图

6.3　对于图 6.39 和图 6.40,分别求:

(1)从顶点 0 出发,采用深度优先搜索算法进行遍历所得到的搜索序列及其生成树。

(2)从顶点 0 出发,采用广度优先搜索算法进行遍历所得到的搜索序列及其生成树。

6.4　对于图 6.41 所示的邻接表,写出从顶点 0 出发的深度优先搜索序列和从顶点 0 出发的广度优先搜索序列。

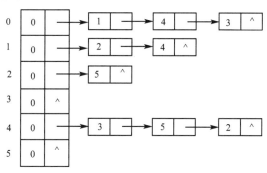

图 6.41　邻接表

6.5　对于图 6.42,试写出两种拓扑有序序列。

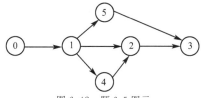

图 6.42　题 6.5 图示

6.6　对于图 6.43,试利用克鲁斯卡尔算法(Kruskal)求图的最小生成树,并写出其构造过程。

6.7　对于图 6.44,按迪杰斯特拉(Dijkstra)算法求从顶点 0 到其他各顶点的最短路径,并给出辅助数组中值的变化过程。

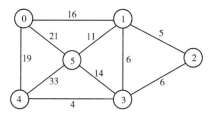

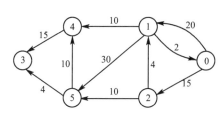

图 6.43　题 6.6 图示　　　　　　图 6.44　题 6.7 图示

上机实验

实验 6.1 图的存储及其遍历

实训目的要求：

1.加深理解图的基本概念和存储方式。

2.掌握图的遍历方法和实现算法。

实验内容：

1.上机运行广度优先搜索算法，针对图 6.39 进行操作，写出输入数据的顺序和程序运行的结果。

2.改变数据的输入顺序，记录输出结果，并与上次运行结果进行比较。

3.对于图 6.6 所示的非连通图，前述算法能否实现图的遍历？如何进行改进？

实验 6.2 图的最小生成树

实验目的要求：

1.加深理解图的最小生成树的基本思想。

2.掌握图的最小生成树的生成方法。

实验内容：

针对图 6.43 上机运行程序 6-6，按运行结果写出最小生成树的构造过程。

第7章

查　找

学习目的要求：

本章介绍几种常见的查找方法及算法，主要是散列法。通过本章学习，要求掌握以下内容：

1. 顺序表、有序表、索引顺序表的定义、查找及算法。
2. 散列表的定义及构造法。
3. 散列表冲突的处理方法。

7.1　基本概念

在日常生活中，"查找"是一个很普通的词汇，人们几乎天天都要进行查找工作。例如查名单、查字典、查电话号码、查火车时刻表等都是查找。

查找(Searching)是计算机科学中典型的问题之一，它有极为广泛的应用。在计算机科学技术领域，查找也称为检索，是数据处理领域中经常使用的一种运算。它有明确而严格的含义，下面先介绍几个基本概念。

查找表(Search Table)是由同一类型的数据元素(或记录)构成的集合。由于"集合"中的数据元素之间存在着完全松散的关系，因此查找表是一种非常灵便的数据结构。

关键字(Key)是数据元素(或记录)中某个数据项的值，用它可以标识(识别)一个数据元素(或记录)。若此关键字可以唯一地标识一个记录，则称此关键字为主关键字(Primary Key)。显然，对不同的记录，其主关键字也不相同。例如人事档案记录中的"身份证号码"项是主关键字。若关键字识别的是若干个记录，则称此关键字为辅(次)关键字。例如人事档案记录中的"职称"项就是辅关键字。当数据元素只有一个数据项时，其关键字即为该数据元素的值。

查找是根据给定的某个关键字的值，在查找表中确定一个其关键字值等于给定值的数据元素(或记录)。若表中存在一条这样的记录，则称查找是成功的；反之则称查找是不成功的。

在计算机中进行查找的方法因数据结构的不同而不同。应根据要查找的问题统一考虑采用的数据结构和查找方法，以提高查找速度，同时也要考虑到节省空间的问题。本章主要讨论顺序查找、二分法查找、分块查找以及散列表及其查找等几种常用的查找方法。

7.2 顺序查找

　　顺序查找(Sequential Search)也称为线性查找,它的基本思想是用给定的值与表中各个记录的关键字值逐个进行比较,若找到相等的则查找成功,否则查找不成功,给出找不到的提示信息。这种查找方法对顺序存储和链式存储都是适用的。下面根据顺序存储结构给出查找算法。

　　顺序查找的查找过程为:从表中最后一个记录开始,逐个进行记录的关键字值和给定值的比较,若某个数据元素的关键字值和给定值相等,则查找成功,找到所查记录;反之,若一直找到第一个,其关键字值和给定值都不相等,则表明数组中没有所查元素,查找不成功。

　　顺序查找的程序如下:

程序 7-1

```
# include <malloc.h>
# include <stdio.h>
# define MAXITEM 100            /* 定义一常量 MAXITEM 为 100,为顺序表的大小 */
struct element                  /* 顺序表的定义 */
{
    int key;                    /* 结点关键字域 */
                                /* 若有其他数据,继续定义,这里假设只有 key 域 */
};
typedef struct element sqlist[MAXITEM];

int seqsrch(r,k,n)              /* 在顺序表 r 中查找关键字为 k 的记录 */
sqlist r;
int k;
int n;                          /* n 为线性表 r 中的元素个数 */
{
    int i;
    r[0].key=k ;
    i=n;
    while(r[i].key!=k)          /* 第 i 个元素是 k 吗 */
        i－－;
    return(i);
}

main()
{
    sqlist a={0,7,3,5,8,10,4};  /* 顺序表 a 有 n = 6 个元素,下标 0 中无元素 */
    int i,k;
    k=5;
    i=seqsrch(a,k,6);           /* 查找 k = 5 的元素 */
```

```
if(i!=0)
    printf("%d 的下标是%d\n",k,i);
else
    printf("无此元素\n");
}
```

程序运行结果：

5 的下标是 3

这个程序使用了一点小技巧，开始时将给定的关键字值 k 放入 $r[0].key$ 中，然后从 n 开始倒着查，当某个 $r[i].key = k$ 时，表示查找成功，自然退出循环。若一直查不到，则直到 $i=0$。由于 $r[0].key$ 必然等于 k，所以此时也能退出循环。由于 $r[0]$ 起到"监视哨"的作用，所以在循环中不必控制下标 i 是否越界，这就使得运算量大约减少一半。此查找函数结束时，根据返回的 i 值即可知查找结果。若 $i>0$，则查找成功，且 i 值即为找到的记录的位置。若 $i=0$，则表示查找不成功。

对于一个给定的关键字值 k，在查找表中进行查找时，最好的可能是经一次比较即可查到（查找最后一个），也可能比较多次才能查到，最坏的可能是比较 n 次才能查到（查找第一个）。

为了表示平均意义下的查找次数，定义平均查找长度为：

$$ASL = \sum_{i=1}^{n} P_i C_i$$

其中，P_i 为查找第 i 个记录时的查找概率。

C_i 为查找第 i 个记录时的比较次数。

n 为表中记录个数。

在这里 $C_i = n-i+1$，假设每个记录的查找概率都相等，即

$$P_i = \frac{1}{n} \quad (i = 1,2,3,\cdots,n)$$

此时

$$ASL = \frac{1}{n} \sum_{i=1}^{n} (n-i+1) = \frac{n+1}{2}$$

这就是说，成功查找的平均查找长度为 $(n+1)/2$。显然不成功查找次数为 $n+1$，其时间复杂度均为 $O(n)$。这个结果表明，顺序查找的查找长度是与记录个数成正比的。当 n 较大时，平均查找长度也较大。例如当 $n = 1000$ 时，成功查找的平均查找长度为 500。

顺序查找的优点是：算法简单且适用面广，它对表的结构无任何要求。无论记录是否按关键字的大小有序，其算法均可应用，而且上述讨论对线性链表也同样适用。

7.3 二分法查找

在顺序存储的条件下，若各记录是按其关键字值的大小依次存放的，则这个查找表称为有序表。在有序表中可采用二分法查找（或称为折半查找）的方法进行查找。

设各记录在表中按关键字值由小到大依次存放。二分法查找的基本思想是：先取表的中间记录的关键字值与给定值相比较，如果给定值比该记录的关键字值大，则要查找的

记录一定在表的后半部分;若给定值比该记录的关键字值小,则要查找的记录一定在表的前半部分。每次将表的长度缩小一半之后,再从中间位置的记录开始比较,又可将表的长度缩小一半。依次反复进行,在最坏的情况下,当表长缩小为 1 时必然能找到;否则就表明找不到要查找的记录。

例如:已知如下 11 个数据元素的有序表(关键字值即为数据元素的值):

$$(9,13,15,30,37,55,60,75,80,90,92)$$

如:要查找关键字值为 30 和 85 的数据元素。

假设变量 low 和 $high$ 分别指向待查元素所在范围的下界和上界,变量 mid 指示该区间的中间位置($mid = \lfloor (low + high)/2 \rfloor$)。在本例中,$low$ 和 $high$ 的初值分别为 1 和 11。

下面来看一下给定值 $key = 30$ 的查找过程:

```
 9    13    15    30    37    55    60    75    80    90    92
 ↑low                          ↑mid                        ↑high
```

首先求出 $mid = \lfloor (1+11)/2 \rfloor = 6$,将这个位置的关键字值与给定值比较,因为 $30 < 55$,所以应当在前半区查找。此时 low 的值不变,而新区间的上界 $high = mid - 1 = 5$,即在 $[1,5]$ 区间继续查找。再求出新的中间位置 $mid = \lfloor (1+5)/2 \rfloor = 3$。

```
 9    13    15    30    37    55    60    75    80    90    92
 ↑low        ↑mid        ↑high
```

因为 $30 > 15$,所以应当在后半区查找。此时 $high$ 的值不变,而新区间的下界 $low = mid + 1 = 4$,即在 $[4,5]$ 区间继续查找。再求出中间位置 $mid = \lfloor (4+5)/2 \rfloor = 4$,这个位置的关键字值 30 正好等于给定值,因此查找成功。

```
 9    13    15    30    37    55    60    75    80    90    92
             ↑low   ↑high
             ↑mid
```

再看 $key = 85$ 的查找过程:

```
 9    13    15    30    37    55    60    75    80    90    92
 ↑low                          ↑mid                        ↑high
55 < 85    令 low = mid + 1              ↑low     ↑mid      ↑high
80 < 85    令 low = mid + 1                              ↑low  ↑high
                                                         ↑mid
90 > 85    令 high = mid - 1                            ↑high ↑low
```

此时因为下界 $low >$ 上界 $high$,则说明表中没有关键字值等于 85 的元素,查找不成功。

将上述二分法查找的基本思想写成程序如下:

程序 7-2

```c
# include <malloc.h>
# include <stdio.h>
# define MAXITEM 100          /* 定义一常量 MAXITEM 为 100,为有序表的大小 */
struct element                /* 有序表元素的定义 */
{
```

```
    int key;                              /* 结点关键字域 */
                                          /* 若有其他数据,继续定义,这里假设只有 key 域 */
};
typedef struct element sqlist[MAXITEM];

int bin_search(r,k,n)                     /* 在有序表 r 中二分查找其关键字等于 k 的记录 */
sqlist r;                                 /* 若找到,则函数值为该数据在表中的位置,否则为-1 */
int k;
int n;                                    /* n 为有序表 r 中记录个数 */
{
    int low=1,high=n,found=0,mid;
    while((low<=high)&&! found)
    {
        mid=(low+high)/2;                 /* 求中点 */
        if(k==r[mid].key)
            return(mid);                  /* 找到 k */
        else
        {
            if(k>r[mid].key)
                low=mid+1;                /* 在后半部分查找 */
            else
                high=mid-1;               /* 在前半部分查找 */
        }
    }
    return(-1);                           /* 查找不成功,返回-1 作为标记 */
}

main()                                    /* 主程序 */
{
    sqlist a={0,3,4,5,7,8,10};            /* 有序表 a 有 n=6 个元素,下标 0 中无元素 */
    int i,k;
    printf("\nInput a key: ");
    scanf("%d",&k);
    i=bin_search(a,k,6);                  /* 找 k=8 的元素下标 */
    if(i!=-1)
        printf("%d 的下标是 %d\n",k,i);
    else
        printf("无此元素\n");
}
```

程序第一次运行结果：

Input a key：8(回车)

8 的下标是 5

程序第二次运行结果：

Input a key：20(回车)

无此元素

从以上程序的执行情况分析,每做一次比较,查找的范围都缩小一半。因此二分法查找的平均查找长度为

$$ASL = \log_2(n+1) - 1$$

当 n 足够大时,可近似表示为 $\log_2(n)$。可见在查找速度上,二分法查找比顺序查找的速度要快得多,这是它的主要优点。当然,使用二分法查找必须是在顺序存储的条件下,且事先必须做到按关键字值排序才行。顺序查找虽然速度慢,但是对存储结构和记录存放没有更多的限制。在实际应用中应根据具体情况,选择适当的查找算法。

7.4 分块查找

分块查找又称索引顺序查找,它是顺序查找方法的一种改进方法,是介于顺序查找和二分法查找之间的一种折中查找方法。

分块查找处理的是既希望较快地查找又需要动态变化的线性表。它的基本思想是把线性表分成若干块,在每一块中数据元素的存放次序是任意的,但是块与块之间必须有序。假设是按关键字值递增次序排列,也就是说在第一块中任一数据元素的关键字值都小于第二块中任一数据元素的关键字值,第二块中任一数据元素的关键字值都小于第三块中任一数据元素的关键字值,依次类推。另外还要建立一个索引表,把每块中最大的关键字值按关键字值大小存入索引表,使索引表保持为有序表。查找时首先用给定值在索引表中查找,确定满足条件的数据元素应存放在哪一块中,当然,对索引表查找的方法既可以采用二分法查找,也可以采用顺序查找,然后再到相应的块中进行顺序查找,便可以得到查找的结果。

这种表的结构如图 7.1 所示,它把 15 个元素的线性表分成三块,每块 5 个元素,各块采用顺序存储方式独立地存放在三个子表 B_1,B_2,B_3 之中,索引表 A 的每个元素包含两个字段,一个是该块的最大关键字值,另一个是指向子表的指针。

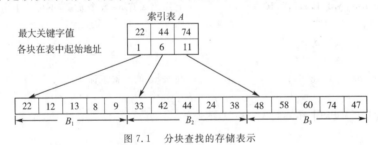

图 7.1 分块查找的存储表示

若要查找关键字值为 60 的数据元素,首先用 60 与索引表 $A[1].key$ 比较,与 $A[2].key$ 比较,与 $A[3].key$ 比较,由于 $60 < 74$ 且 $60 > 44$ 确定 60 在第三块中(如果存在的话),然后按 $A[3].link$ 到子表 B_3 中采用顺序查找的方法查找 $B[3].key = 60$,故查找成功。

分块查找的平均查找长度由两个部分组成:$ASL = E_b + E_w$,E_b 为确定某一块所需的

平均查找长度,E_w 为在块内的平均查找长度。假设线性表中共有 n 个数据元素,平均分成 b 块,每块 s 个数据元素,并假设查找各块概率相等,如果仅考虑成功的查找,则查找某一块的概率为 $1/b$。若在索引表内和块内查找均用顺序查找方法,则

$$E_b = \sum_{i=1}^{b}(i/b) = (b+1)/2$$

在具有 s 个元素的块内进行顺序查找,查找成功的平均查找长度为

$$E_w = (s+1)/2$$

所以

$$ASL = E_b + E_w = (b+s)/2 + 1 = (n/s+s)/2 + 1$$

当 $s = \sqrt{n}$ 时,ASL 取最小值,这时 $ASL = \sqrt{n} + 1$。

也就是说,如果要查找的线性表中有 10 000 个数据元素,把它分成 100 块,每块中 100 个元素,分块查找时平均需要作 101 次比较,而顺序查找平均需要作 5 000 次比较,二分法查找则最多需要作 14 次比较。由此可见,分块查找的速度比顺序查找要快得多,但又不如二分法查找。如果线性表元素个数很多,且被分成的块数 b 很大时,对索引表的查找可以采用二分法查找,还能进一步提高速度。分块查找的优点是:在线性表中插入或删除一个元素时,只要找到元素应属于的块,然后在块内进行插入和删除运算。由于块内元素的存放是任意的,所以插入和删除比较容易,不需要移动大量元素。

7.5　散列表及其查找

散列法是一种采用独特存储技术的查询方法,本节主要介绍散列表、散列函数及冲突处理问题。

7.5.1　散列表的概念

散列法亦称哈希(HASH)法,它是另一种重要的查找方法,它的基本思想和前面已经介绍过的几种查找方法完全不同。前面介绍的方法都要经过一系列的比较才能确定被查记录在表中的位置,所以统称为对关键字进行比较的查找方法。理想的情况是希望不经过任何比较,一次计算便能得到所查的记录,这就需要在记录的存储位置和它的关键字之间建立一个确定的对应关系 H,使每个关键字和一个唯一的存储位置相对应。因而在查找时,只要根据这个对应关系,就能找到需要的关键字及其对应的记录。显然,这些记录或关键字的存储,亦是按照同样的对应关系确定其存储地址,而后按其地址进行存储的,其存储空间称作散列表(哈希表)。所以,散列法既是一种查找方法,也是一种确定存储地址的方法。

由此可见,散列法的基本思想是:以记录中关键字的值为自变量,通过确定的函数 H(散列函数)进行计算,求出对应的函数值,把这个函数值作为存储地址,将该记录(或记录的关键字)存放在这个位置上,查找时仍按这个确定的函数 H 进行计算,获得的将是待查的关键字所在记录的存储地址。

例如:设有若干学生的学号(作为关键字值)为 200201,200205,200218,200221,

200227,200245,其散列函数采用学号的后两位,上述学号的散列地址分别为 01,05,18, 21,27,45,那么散列后如表 7-1 所示。

表 7-1 简单散列表

散列地址	01	⋯	05	⋯	18	⋯	45
学号	200201	⋯	200205	⋯	200218	⋯	200245

此表建好后,就可据此表查出任一关键字值的对应位置。例如,若要查 200218,则用上述散列函数就可立即知道它的散列地址为 18。

然而,在很多情况下关键字的分布并不像上例中那样均匀、连续,而且其数量没有大到存储空间不可承受的地步。在实际问题中往往关键字值所占的范围很大,而可能出现的关键字个数又不多。

又如:要建立一张全国 30 个地区的各民族统计表,为了查找方便应以地区名作为键值。假设地区名以汉语拼音的字母表示,则不能简单地取散列函数 $H(K) = K$,而是首先将它们转化为数字,有时还要作些简单的处理。例如,有这样的散列函数:

H_1:取键值中第一个字母在字母表中的序号作为散列函数。例如:BEIJING 的散列函数值为字母"B"在字母表中的序号 2。

H_2:先求键值第一个和最后一个字母在字母表中的序号之和,然后判别这个和值,若比 30(表长)大,则减去 30。如表 7-2 所示。

表 7-2 简单的散列函数示例

	BEIJING	SHANXI	SHANGHAI	SHANDONG	HENAN	SICHUAN
K	北京	山西	上海	山东	河南	四川
$H_1(K)$	02	19	19	19	08	19
$H_2(K)$	09	28	28	26	22	03

从这两个例子可见:

(1)散列函数是一个映象,因此散列函数的设定很灵活,只要使得任何键值由此所得的散列函数值都落在表长允许的范围之内即可。

(2)对于不同的键值可能得到相同的散列地址,即 $K_1 \neq K_2$,而 $H(K_1) = H(K_2)$,这种现象称为散列冲突。具有相同函数值的键值称为该散列函数的同义词。例如:键值 SHANXI、SHANDONG 不相等,但 $H_1(\text{SHANXI}) = H_1(\text{SHANDONG})$。这种现象给建表造成困难。如在第一种散列函数的情况下,因为山西、上海、山东和四川这四个元素的散列地址均为 19,而 19 单元只能存放一个元素,那么其他三个元素放在表中什么位置呢?并且,从表 7-2 中可以看出,散列函数选的合适可以减少这种冲突现象。特别是在这个例子中,只可能有 30 个记录,可以仔细分析这 30 个键值的特征,完全可以选择一个恰当的散列函数来避免冲突的发生。

然而,在一般的情况下,冲突只能尽可能地减少,而不能完全避免。因为,散列函数是从关键字集合到地址集合的映象。通常,键值集合比较大,它的元素包括所有可能的键值,而地址集合的元素仅为散列表中的地址值。假设表长为 n,则地址为 0 到 $n-1$。因此,散列函数是一个压缩映象,这就不可避免产生冲突。

由上所述,散列法查找归结为如下两个方面:

(1)对给定的一组关键字构造一个计算简单且散列均匀的散列函数。

(2)拟订一个较好解决冲突的方法。

下面对上述两个问题分别进行介绍。

7.5.2 散列函数的构造方法

1.直接定址法

取关键字或关键字的某个线性函数值为散列地址,即:

$$H(key) = key \text{ 或 } H(key) = a \times key + b \quad \text{其中 } a \text{ 和 } b \text{ 为常数。}$$

例如,有一个从 1 岁到 100 岁的人口统计表,其中,年龄作为关键字,散列地址取关键字自身,如表 7-3 所示。

表 7-3　　　　　　　　人口统计表

散列地址	01	02	…	25	26	…	100
年龄	1	2	…	25	26	…	100
人口	3000	2000	…	1050	1200	…	1800

若要查 25 岁的人有多少,只要查表第 25 项即可。

又如,有一个新中国成立后出生的人口调查表,关键字是年份,散列函数取关键字减一常数:$H(key) = key - 1948$。如表 7-4 所示。

表 7-4　　　　　　　　人口调查表

散列地址	01	02	…	22	23	…
年份	1949	1950	…	1970	1971	…
人口	3000	2000	…	105000	120000	…

若要查 1970 年出生的人数,只要查第(1970－1948＝)22 项即可。由于直接定址法所得地址集合和关键字大小相同,因此,关键字不会产生冲突,但实际应用中能够使用这种散列函数的情况很少。

2.数字分析法

常常有这样的情况:键值的位数比存储区域的地址码的位数多,在这种情况下可以对键值的各位进行分析,丢掉分布不均匀的位,留下分布均匀的位作为地址。

例如,有如下 8 个关键字,每个关键字由七位十进制数组成:

$K_1 = 6\ 1\ 5\ 1\ 1\ 4\ 1$　　　　　$K_2 = 6\ 1\ 0\ 3\ 2\ 7\ 4$

$K_3 = 6\ 1\ 1\ 1\ 0\ 3\ 4$　　　　　$K_4 = 6\ 1\ 3\ 8\ 2\ 9\ 9$

$K_5 = 6\ 1\ 2\ 0\ 8\ 7\ 4$　　　　　$K_6 = 6\ 1\ 9\ 5\ 3\ 9\ 4$

$K_7 = 6\ 1\ 7\ 0\ 9\ 2\ 4$　　　　　$K_8 = 6\ 1\ 4\ 0\ 6\ 3\ 7$

对这 8 个关键字进行分析可以看出:在关键字的第一位上的数码均为 6,第二位上的数码均为 1,分布集中,丢掉;而第三位数码和第五位数码分布均匀。假设表长为 100,则可取分布均匀的第三位和第五位两位数码为地址。即:

$$H(K_1) = 51, H(K_2) = 02, H(K_3) = 10, H(K_4) = 32$$
$$H(K_5) = 28, H(K_6) = 93, H(K_7) = 79, H(K_8) = 46$$

数字分析法适用于关键字集中的集合,且关键字是事先知道的,以上的分析工作可编一个简单的程序在计算机上实现,无须人工完成。

3. 平方取中法

将关键字的值平方后,取其中若干位作为散列地址。这是一种较常用的构造方法。通常在选定散列函数时不一定能知道关键字的全部情况,取其中哪几位也不一定合适,而一个数平方后的中间几位数和数的每一位都相关。由此使随机分布的关键字得到的散列地址也是随机的。取的位数由表长决定。

例如,5 位的键值 $key = 42016$。求平方得

$$(key)^2 = 1765344256$$

取中间的 3 位作为地址,即 $H(key) = 344$。这种方法适合于关键字位数比较少的情况。

4. 折叠法

如果键值的位数比地址码的位数多,而且各位分布不均匀,不适于用数字分析法丢掉某些位,那么可以考虑用折叠法。它将关键字分割成位数相等的几部分(最后一部分位数可以不等),然后,取这几部分的叠加和作为散列地址。

例如,每一种西文图书都有一个国际标准图书编号(ISBN),它是一个 10 位的十进制数字,若以它作为关键字建立一张散列表,当馆藏图书不足一万册时,可采用折叠法构造一个四位数的散列函数。该函数可采用折叠或移位的方法将各分段求和。如有一国际标准编号 0-442-20586-4 的散列地址分别如下所示。

(1)移位法

```
      5 8 6 4
      4 2 2 0
   +     0 4
   ──────────
    1 0 0 8 8      舍去最高位进位 H(key) = 0088
```

(2)折叠法

```
      5 8 6 4
      0 2 2 4
   +     0 4
   ──────────
      6 0 9 2      H(key) = 6092
```

5. 除留余数法

取关键字被某个不大于散列表表长 m 的质数 p 除后所得余数为散列地址,即对关键字进行取余运算:

$$H(k) = k \% p \qquad (p \leqslant m)$$

这是一种最简单也最常用的构造散列函数的方法。值得注意的是,在使用此种方法时,对 p 的选择很重要。若 p 选得不好,容易产生冲突。理论分析和试验结果均证明,p 应取小于表长 m 的最大素数,才能达到使散列函数值均匀分布的目的。

例 7.1 假定一个线性表为

$$A = (25,74,36,40,82,65,57)$$

为了散列存储该线性表,选定的散列函数为 $H(key) = key \% m$

即用元素的关键字 key 除以散列表的长度 m,取余数(即 $0 \sim m-1$ 范围内的一个数)作为存储该元素的散列地址,这里的关键字 key 和散列表长度 m 均为正整数,并且 m 要大于等于待散列的线性表的长度 n。在此例中,因 $n=7$,所以假定取 $m=13$,则得到的每个元素的散列地址为:

$$H(25)=25 \% 13 = 12 \qquad H(74)=74 \% 13 = 9$$
$$H(36)=36 \% 13 = 10 \qquad H(40)=40 \% 13 = 1$$
$$H(82)=82 \% 13 = 4 \qquad H(65)=65 \% 13 = 0$$
$$H(57)=57 \% 13 = 5$$

若根据散列地址把每个元素存储到散列表 $H(0:m-1)$ 中,则存储映象如图 7.2 所示。

图 7.2 例 7.1 存储映象图

构造散列函数的方法还有很多,这里就不一一介绍了。

7.5.3 冲突处理

对于很多问题,即使选择了合适的散列函数,也只可以减少冲突,但不能完全避免。因此,当发生冲突时如何解决便成为散列法中十分重要的另一方面。发生冲突是指由关键字得到的散列地址的位置上已经存有记录。而"处理冲突"就是为该关键字的记录找到一个"空"的散列地址。在找空的散列地址时,可能还会产生冲突,这就需要再找"下一个"空的散列地址,直到不产生冲突为止。

常用的处理冲突的方法有下列几种:

1. 开放地址法

所谓"开放地址",就是表中尚未被占用的地址。其解决冲突的方法是:散列表中的"空"地址向处理冲突开放。在散列表未满时,从发生冲突的那个单元开始,按照一定的次序,从散列表中查找出一个空闲的存储单元,把发生冲突的待插入元素存入该空闲单元中。在开放地址法中,散列表中的空闲单元(假定下标为 d)不仅向散列地址为 d 的同义词元素开放,即允许它们占用,而且向发生冲突的其他元素开放,因它们的散列地址不为 d,所以被称为非同义词元素。总之,在开放地址法中,空闲单元既向同义词元素开放,也向发生冲突的非同义词元素开放,也就是向所有元素开放,这也是此方法名称的由来。在使用开放地址法处理冲突的散列表中,下标为 d 的单元到底存储的是同义词中的一个元素,还是其他元素,就看谁先占用它。在使用开放地址法处理冲突的散列表中,查找一个元素的过程是:首先根据给定的关键字 K,利用插入时使用的同一散列函数 $H(K)$ 计算出散列地址(假定下标为 d),然后,用 K 同 d 单元的关键字进行比较,若相等则查找成功,否则按照插入时处理冲突的相同次序,依次用 K 同所查单元的关键字进行比较,直到查找成功或查找到一个空闲单元(表明查找失败)为止。

在开放地址法中,从发生冲突的散列地址为 d 的单元起进行查找空闲单元有多种方法,每一种都对应着一定的查找路径,都产生一个确定的探查序列。从发生冲突的单元起查找空闲单元的主要方法有:线性探查法、平方探查法和双散列函数探查法等。

(1)线性探查法

线性探查法是开放地址法处理冲突的一种最简单的探查方法。它从发生冲突的 d 单元起,依次探查下一个单元(当达到下标为 $m-1$ 的表尾单元时,下一个探查单元是下标为 0 的表首单元),直到碰到一个空闲单元为止。这种方法的探查序列为 $d, d+1, d+2$,…,或表示为

$$(d+i) \% m \ (0 \leqslant i \leqslant m-1)$$

当然,这里的 i 在最坏的情况下才能取值到 $m-1$,一般只需取很少几次值就能够找到一个空闲单元。找到一个空闲单元后,把发生冲突的待插入元素存入该单元即可。

例 7.2 向例 7.1 中构造的 H 散列表再插入关键字依次为 43 和 58 的两个元素,若发生冲突则采用线性探查法处理。

先看插入关键字为 43 的元素的情况,关键字为 43 的散列地址为 $H(43) = 43 \% 13 = 4$,因 $H[4]$ 已被占用,接着探查下一个即下标为 5 的单元,因 $H[5]$ 仍被占用,所以再接着探查下标为 6 的单元,因该单元空闲,所以关键字为 43 的元素被存储到下标为 6 的单元中,此时得到的散列表 H 如图 7.3 所示。

0	1	2	3	4	5	6	7	8	9	10	11	12
65	40			82	57	43			74	36		25

图 7.3 例 7.2 散列表(1)

再看插入关键字为 58 的元素的情况,关键字 58 的散列地址为 $H(58) = 58 \% 13 = 6$,因 $H[6]$ 已被占用,接着探查下一个即下标为 7 的单元,因 $H[7]$ 为空,所以把关键字为 58 的元素存入 $H[7]$ 中,此时得到的散列表 H 如图 7.4 所示。

0	1	2	3	4	5	6	7	8	9	10	11	12
65	40			82	57	43	58		74	36		25

图 7.4 例 7.2 散列表(2)

线性探查法这种处理冲突的方法思路清晰,算法简单。其查找及线性探查程序如下:

程序 7-3

```
# include <stdio.h>
# define M 13                /* M 为表长 */
struct hterm
{
    int key;                 /* 结点关键字域 */
                             /* 若有其他数据,继续定义,这里假设只有 key 域 */
};

int linsearch(r,ht)          /* 线性探查 */
int r;                       /* r 为待查记录 */
struct hterm ht[M];          /* ht 为散列表 */
```

```
{
    int i;
    i=r%M;                        /*计算 r 记录的散列地址,假设 H(key)=key%13*/
    while((ht[i].key!=0)&&(ht[i].key!=r))          /*0 表示存储空间是开放的*/
        i=(i+1)%M;                /*探测下一次,%为取余运算*/
    if(ht[i].key==0)
        ht[i].key=r;              /*查找不成功时插入该记录*/
    return(i);
}

main()                            /*主程序*/
{
    int i,j;
    struct hterm ht[M];
    for(i=0;i<M;i++)              /*为关键字字段赋初值 0,表示存储空间是开放的*/
        ht[i].key=0;
    printf("\n 请输入五个待查找记录:");
    for(i=0;i<5;i++)
    {
        scanf("%d",&j);           /*输入五个待查找记录*/
        linsearch(j,ht);          /*调用查找函数*/
    }
    printf("输出散列表:");
    for(i=0;i<M;i++)              /*输出结果*/
    {
        printf("%d,",ht[i].key);
    }
}
```

程序第一次运行结果:

请输入五个待查找记录:19 33 32 12 18(回车)

输出散列表 :0,0,0,0,0,18,19,33,32,0,0,0,12,

程序第二次运行结果:

请输入五个待查找记录:19 19 19 19 19(回车)

输出散列表:0,0,0,0,0,0,19,0,0,0,0,0,0,

利用线性探查法处理冲突容易造成堆积(又称为"聚集")现象,这是因为当连续若干个单元被占用后,再散列到这些单元上的元素和直接散列到其后面一个空闲单元上的元素都要占用这个空闲单元,致使该空闲单元很容易被占用,造成更大的堆积,从而大大地增加了查找下一个空闲单元的路径长度。

在线性探查法中,造成堆积现象的根本原因是探查序列仅集中在发生冲突的单元的后面,没有在整个散列空间上分散开。下面介绍的平方探查法和双散列函数探查法可以较好地克服这种堆积现象的发生。

(2)平方探查法

平方探查法的探查序列为 $d,d+1^2,d+2^2,\cdots$,或表示为

$$(d+i^2)\%m \quad (0\leqslant i\leqslant m-1)$$

平方探查法是一种较好的处理冲突的方法,它能够减少堆积现象的发生。它的缺点是不能探查到散列表上的所有单元,但至少能探查到一半单元。不过在实际应用中,能探查到一半单元也就足够了,若探查到一半单元仍找不到一个空闲单元,表明此散列表太满,应该重新建立。

(3)双散列函数探查法

这种方法使用两个散列函数 H_1 和 H_2,其中 H_1 和前面的 $H(K)$ 一样,是以关键字为自变量产生一个 0 至 $m-1$ 之间的数作为散列地址,H_2 也是以关键字为自变量,产生一个 1 至 $m-1$ 之间并和 m 互素的数(即 m 不能被该数整除)作为探查序列的地址增量(即步长),双散列函数的探查序列为

$$\begin{cases} d_0 = H_1(K) \\ d_i = (d_{i-1} + H_2(K)) \% m \qquad (1 \leqslant i \leqslant m-1) \end{cases}$$

2. 链接法

链接法(又叫链地址法)就是把发生冲突的同义词元素用单链表链接起来的方法。它需要在散列表的每个单元中增加一个指针域,用来存储由发生冲突的同义词元素所构成的单链表的表头结点指针。

单链表中的结点可以是静态结点也可以是动态结点,相应的链接法被称为静态链接法和动态链接法。若采用静态链接法,则首先要把整个散列表分为基本区和溢出区(即链接区)两个部分,按照元素的关键字计算出的散列地址 d 只能被散列在基本区上,若发生冲突就从溢出区中取出一个空结点(实际算法实现时,是向系统申请一个结点空间),把对应的元素存入该结点的值域后,再把它链接到下标为 d 的单链表上。若采用动态链接法(无基本区),则当冲突发生时,首先产生一个新结点,把待插入元素存入该结点的值域,然后再把它链接到具有同义词结点的单链表中。当在采用链接法处理冲突的散列表上查找一个关键字为 K 的结点(元素)时,首先计算出散列地址 d,然后用 K 同 d 单元的关键字进行比较,若相等则查找成功,否则若 d 单元的指针域不为空,就顺序查找这个单链表,直到查找成功或查找失败(即碰到空的指针域)为止。

例 7.3　假定一个线性表为 $B = (36,45,85,25,74,86,38,56,27,44,70,12)$,为了进行散列存储,假定采用的散列函数为 $H(K) = K \% 13$,当发生冲突时,假定采用静态链接法处理,则得到的散列表如图 7.5 所示。

静态链接法的查找及插入算法描述如下:

程序 7-4

```
#include <stdio.h>
#define M 13                          /* M为散列表基本区的长度 */
struct hterm
{
    int key;
    struct hterm * next;
};
struct hterm ht[M];                   /* 定义表头向量兼散列表基本区 */
```

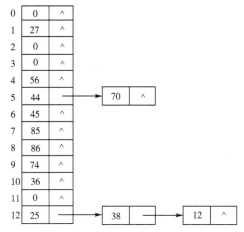

图 7.5　用静态链接法处理冲突

```
void linhash(k)                               /* 静态链接法散列算法 */
int k;                                        /* k 为待查记录的关键字 */
{
   int i;
   struct hterm * p, * q, * r;
   i=k % M;                                   /* 确定 k 在基本区的散列地址 */
   if(ht[i].key==0)                           /* 表中没有关键字为 k 的记录 */
     ht[i].key=k;                             /* 将关键字为 k 的查找记录 r 插入基本区 */
   else
     if(ht[i].key==k)
       printf("查找成功! % 2d, % 2d",i,k);     /* 查找到显示成功信息 */
     else
     {
       r=&ht[i];
       q=ht[i].next;                          /* 进入链接区(溢出区)查找(或插入) */
       while((q! =NULL)&&(q->key! =k))
       {
         r=q;
         q=q->next;
       }
       if(q! =NULL)
         printf("查找成功! % 2d, % 2d",i,k);   /* 查找到显示成功信息 */
       else                                   /* 链接区中没有查到,插入该记录 */
       {
         p=(struct hterm * )malloc(sizeof(struct hterm));
         p->key=k;                            /* 插入记录 */
         p->next=NULL;
         r->next=p;
       }
     }
}
```

```
    void freehash()                          /*释放所有链表占用的内存*/
    {
        int i;
        struct hterm * p, * q;
        for(i=0;i<M;i++)
        {
            p=ht[i].next;
            while(p! =NULL)
            {
                q=p->next;
                free(p);
                p=q;
            }
        }
    }


    main()                                   /*主程序*/
    {
        int i,j;
        struct hterm * p;
        for(i=0;i<M;i++)                     /*初始化散列表*/
        {
            ht[i].key=0;
            ht[i].next=NULL;
        }
        printf("\n请输入 12 个待散列的数据:");
        for(i=1;i<M;i++)                     /*接收数据*/
        {
            scanf(" % d",&j);
            linhash(j);                      /*查找或建立散列表*/
        }
        printf("\n");
        printf("输出静态链接法结果:\n");
        for(i=0;i<M;i++)                     /*输出散列表*/
        {
            printf(" % d,",ht[i].key);       /*输出链表头中的值*/
            p=ht[i].next;                    /*为查找下面的元素做准备*/
            while(p! =NULL)
            {
                printf(" % d,",p->key);      /*输出链表中的其他元素*/
                p=p->next;
            }
            printf("\n");
        }
        printf("请输入 1 个待散列的数据:");
        scanf(" % d",&j);
```

```
    linhash(j);                              / * 查找或建立散列表 * /
    freehash();                              / * 释放占用的内存 * /
}
```

程序运行结果：

请输入 12 个待散列的数据：36 45 85 25 74 86 38 56 27 44 70 12(回车)

输出静态链接法结果：

0,

27,

0,

0,

56,

44,70,

45,

85,

86,

74,

36,

0,

25,38,12,

请输入 1 个待散列的数据：70(回车)

查找成功！5,70

说明：本程序采用的散列函数为 $H(K) = K \% 13$。

用链接法处理冲突时，由于在每个单元中增加了指针域，所以比开放地址法多占用一些存储空间，但它可以减少在插入和查找过程中同元素的关键字平均比较的次数（即平均查找长度）。这是因为在链接法中，待比较的结点都是同义词结点，而在开放地址法中，查找路径上的待比较的结点不仅包含有同义词结点，而且包含有非同义词结点，往往非同义词结点比同义词结点还要多。

7.5.4 散列法的平均查找长度

散列法是一种直接计算地址的方法，当构造的散列函数能够得到均匀的散列地址时，其查找过程无须比较。但在构造散列函数时，为了使范围广泛的关键字域映射到一组指定的连续空间，我们放弃了一一对应的映射关系，引进了冲突，增加了查找时间，由于发生的冲突次数与表的填满程度直接有关，所以引进装填因子 α：

$$\alpha = 表中已有的记录数 / 表的长度$$

α 标志着表的填满程度。直观地看，α 越小发生冲突的机会就越小；α 越大发生冲突的机会就越大，查找就越慢。因此，散列表查找成功的平均查找长度 S_n 和装填因子 α 有关，可以证明：

在线性探查再散列时的平均查找长度为：$S_{NL} \approx \frac{1}{2}\left(1 + \frac{1}{1-\alpha}\right)$

在链接法中平均查找长度为：$S_{NC} \approx 1 + \frac{\alpha}{2}$

以上两种查找不成功的平均查找长度分别为：$U_{NL} \approx \frac{1}{2}\left(1+\frac{1}{(1+\alpha)^2}\right), U_{NC} \approx \alpha + e^{-\alpha}$

由上式可见，散列法的平均查找长度是装填因子的函数，不直接依赖于表长 n。这样一来，我们总可以选择一个适当的装填因子，以便将平均查找长度限定在一个范围内。

例 7.4 已知一组关键字为 $(26,36,41,38,44,15,68,12,6,51,25)$，分别用线性探查法和链接法解决散列冲突。构造这组关键字的散列表，散列函数 $H(K) = K \% P$。

为了减少散列冲突，令装填因子 $\alpha = 0.75$。因为 $n = 11$，散列表长 $m = n/\alpha = 11/0.75 \approx 14.7$，取整 15，即散列表为 $HT[0..14]$。$H(K) = K \% P$ 中，P 取接近 14 的最大素数 13，即散列函数为 $H(K) = K \% 13$。

（1）散列表用顺序表实现，线性探查法解决冲突。

插入时，首先用散列函数计算出散列地址，若地址是开放（可用）的，则插入新结点；否则，求下一个开放地址。

首先插入 26，$H(26) = 26 \% 13 = 0$，$HT[0] = 26$；

其次，$H(36) = 36 \% 13 = 10$，$HT[10] = 36$；$H(41) = 2$，$HT[2] = 41$；$H(38) = 12$，$HT[12] = 38$；$H(44) = 5$，$HT[5] = 44$（H 散列表如图 7.6(a) 所示）。

插入 15 时，$H(15) = 15 \% 13 = 2$，$HT[2]$ 已被 41 占用，发生冲突，15 存入 $HT[2]$ 的后继单元 $HT[3]$。类似，68 和 12 都是经过 1 次冲突而存入后继单元的（H 散列表如图 7.6(b) 所示）。

6 直接插入 $HT[6]$ 中，在插入 51 时，$H[51] = 51\%13 = 12$，与 38 冲突，与 12 再次冲突后，存入 $HT[14]$ 中（H 散列表如图 7.6(c) 所示）。

存最后一个数据 25 时，经过 4 次冲突才存入 $HT[1]$（H 散列表如图 7.6(d) 所示）。

0	1	2	3	4	5	6	7	8	9	10	11	12	13	14
26		41			44					36		38		
1		1			1					1		1		

(a) 存入 26→36→41→38→44 后的散列表

0	1	2	3	4	5	6	7	8	9	10	11	12	13	14
26		41	15	68	44					36		38	12	
1		1	2	2	1					1		1	2	

(b) 存入 15→68→12 后的散列表

0	1	2	3	4	5	6	7	8	9	10	11	12	13	14
26		41	15	68	44	6				36		38	12	51
1		1	2	2	1	1				1		1	2	3

(c) 存入 6→51 后的散列表

0	1	2	3	4	5	6	7	8	9	10	11	12	13	14
26	25	41	15	68	44	6				36		38	12	51
1	5	1	2	2	1	1				1		1	2	3

(d) 存入 25 后的散列表

图 7.6 用线性探测法构造散列函数

图 7.6 中各图下面的数字表示比较的次数。

下面就几种查找方法在等概率下成功查找的平均查找长度作一比较：

线性探测法平均查找长度：$LEN\text{-}hash = (1+5+1+2+2+1+1+1+1+2+3)/11$
$$= 20/11 \approx 1.82$$

顺序查找长度：$LEN\text{-}seq = (11+1)/2 = 6$

二分法查找长度：$LEN\text{-}half = (1\times1+2\times2+3\times4+4\times4) = 33/11 = 3$

对于不成功的查找，顺序查找和二分法查找所需进行的关键字比较次数取决于表长，而散列表与关键字的比较次数和待查结点有关。显然，散列表的平均查找长度比顺序查找和二分法查找小得多。

（2）散列表用链表实现，用动态链接地址法解决散列冲突，如图 7.7 所示。

$H(K) = K \% 13$，其值域为 $0 \sim 12$，与顺序表的地址空间不同，请读者自己分析原因。令 $i = H(K)$，计算出关键字 K 的散列地址 i，把关键字为 K 的结点用前插法插到第 i 个单链表上。插入的过程类似于链栈。平均查找长度为

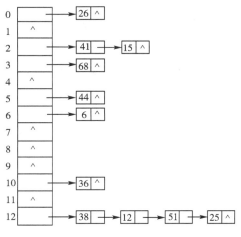

图 7.7　用动态链接地址法解决散列冲突

$$LEN\text{-}link = (1\times7+2\times2+3\times1+4\times1)/11 = 18/11 \approx 1.64$$

上式中，1×7 表示有 7 个结点查找 1 次即可找到，2×2 表示有 2 个结点查找 2 次即可找到。

本章小结

1.查找是数据处理中经常使用的一种重要运算。在许多软件系统中最耗时间的部分是查找。因此，研究高效的查找方法是本章的重点。

2.本章的基本内容是线性表的查找（顺序查找、二分法查找和分块查找），顺序查找比较慢，但适用面广；二分法查找速度快，但必须是有序表；分块查找是二者的折中方法。

3.前面三种查找方法是基于比较的查找方法，而散列法是希望不经过任何比较，一次存取便能得到所查的记录，但由于冲突是不可避免的，解决冲突将也是散列法的一个主要问题，可以通过开放地址法或链接法解决冲突，每种方法又有多种实现方案。

习题

7.1　试述顺序查找、二分法查找和分块查找对被查找的表中的元素有什么要求，并求长度为 n 的表，分别按三种方法进行查找时它们的平均查找长度。

7.2　用 C 语言写出顺序查找的程序，要求当查找不成功时在表尾后面插入新元素。

7.3　设链表中的数据元素结构为关键字域 key 和指向下一个元素的指针。试对此链表写出顺序查找的算法。若查找不成功，请将待查关键字 K 插入表尾。

7.4 若有一个由 17 个元素组成的有序表,现利用二分法查找方法查找有序表的元素,问查找成功时,最少比较几次? 最多比较几次?

7.5 已知如下 11 个数据元素的有序表(6,14,19,21,36,57,63,76,81,89,93),请画出查找键值为 21(成功)和 85(失败)的查找过程。

7.6 给定表(Jan,Feb,Mar,Apr,May,Jun,Jul,Aug,Oct,Nov,Dec)。设取散列函数 $H(x) = i/2$,其中 i 为键值中第一个字母在英语字母表中的序号,要求:

(1)画出相应的动态链接法处理的散列表。

(2)画出相应的线性探查法处理的散列表。

7.7 采用分块查找时,若线性表中共有 625 个元素,查找每个元素的概率相同,假设采用顺序查找来确定结点所在的块时,每块应分多少个结点最佳。

7.8 设散列表的长度为 13,散列函数为 $H(K) = K \% 13$,给定的关键字序列为 19,14,23,1,68,20,84,27,55,11,10,79。试画出分别用链接法和线性探查法解决冲突时所构造的散列表,并求等概率下这两种方法的成功和不成功的平均查找长度。

上机实验

实验 7.1 分块查找

实验目的要求:

1.进一步理解分块查找的原理。

2.通过分块查找的算法实现,进一步掌握顺序查找和二分法查找的算法。

实验内容:

编写一个完整的程序,实现分块查找。在主程序中调用分块查找函数,完成对索引表的二分法查找和块内的顺序查找。

1.编写一个主程序。

2.编写一个分块查找函数。

3.在主程序中调用分块查找函数。

4.在分块查找函数中使用二分法查找确定待查找的结点属于哪一块,使用顺序查找在块内查找待查找的结点。

5.在主程序中输出查找结果。

实验 7.2 散列查找算法

实验目的要求:

1.理解散列查找的原理。

2.通过散列查找的算法实现,进一步掌握冲突的处理方法。

实验内容:

散列查找使用的函数:

$$H(key) = (3 \times key) \% 11$$

并采用开放地址法处理冲突,随机探测再散列的下一个地址的计算公式为:

$$d_1 = H(key)$$
$$d_i = (d_{i-1} + 7 \times key) \% 11 \qquad (i = 2,3,\cdots)$$

试在 $0 \sim 10$ 的散列地址空间中对关键字序列(22,41,53,46,30,13,1,67)构造散列表,求等概率情况下查找成功的平均查找长度,并设计构造散列表的完整程序。

1.编写一个主程序。

2.把以上 8 个数据赋给 x 数组。

3.按要求求出散列地址、查找长度及平均查找长度并输出。

第8章

排　序

学习目的要求：

本章主要介绍排序的基本概念、排序的种类、排序的过程及方法。

通过本章的学习要求掌握以下内容：

1. 掌握排序的概念和排序的种类。

2. 熟练掌握五类基本排序：插入排序、交换排序、选择排序、归并排序和基数排序的算法思想、算法实现和性能分析。

8.1　排序的基本概念

排序(Sorting)是计算机程序设计中的一种重要操作。不论数值计算还是非数值计算问题都要广泛地用到排序运算，特别是在数据处理方面应用得更加广泛。它的功能是将一个数据元素（或记录）的任意序列，重新排列成一个按指定关键字有序的序列。排序的目的是便于查找，提高计算机的工作效率。因此，学习和研究各种排序方法是计算机工作者的重要课题之一。

下面首先对排序下一个比较确切的定义：

假设含有 n 个记录的序列为

$$\{R_1, R_2, \cdots, R_n\}$$

其相应的关键字序列为

$$\{K_1, K_2, \cdots, K_n\}$$

需确定 $1, 2, \cdots, n$ 的一种排列 $P_1, P_2, \cdots, P_n$，使其相应的关键字满足如下非递减关系（满足非递增关系时，将"$\leqslant$"号改为"$\geqslant$"号）

$$\{K_{P_1} \leqslant K_{P_2} \leqslant \cdots \leqslant K_{P_n}\}$$

使 n 个记录的无序序列成为一个按关键字有序的序列

$$\{R_{P_1}, R_{P_2}, \cdots, R_{P_n}\}$$

这样一种操作过程称为排序。

由于待排序的记录数量不同，使得排序过程中涉及的存储器不同，可将排序方法分为两大类：一类是内部排序，指的是在排序的整个过程中，待排序记录在计算机随机存储器（内存）中进行的排序过程；另一类是外部排序，指的是待排序记录的数据量很大，以至于内存一次不能容纳全部记录，在排序过程中尚需利用外存的排序过程。本章重点介绍内部排序，外部排序不做介绍。

　　内部排序的方法很多,每一种方法都有各自的优缺点,适合在不同的环境下使用,如记录的初始排列状态、数据的不同存储结构等。按排序过程中依据的不同原则,内部排序方法可大致分为插入排序、交换排序、选择排序、归并排序和基数排序等五类。

　　评价一个排序算法优劣的标准主要有两条:第一条是算法执行时所需的时间,第二条是执行算法时所需要的附加空间。执行排序的时间复杂性是算法优劣的最重要的标志。影响时间复杂性的主要因素又可以用算法执行中的比较次数和移动次数来衡量,所以在应用时还要根据具体情况来计算实际开销,以选择合适的算法。执行排序所需的附加空间一般都不大,所以矛盾不突出,我们在此不做进一步讨论。

　　通常,在排序的过程中需进行下列两种基本操作:(1)比较两个关键字的大小;(2)将记录从一个位置移动至另一个位置。前一种操作对大多数排序方法都是必要的,后一种操作可通过改变记录的存储方式来实现。待排序的记录序列可以有下列三种存储方式:(1)待排序的记录存放在地址连续的一组存储单元上,它类似于线性表。在这种存储方式中,记录之间的次序关系由其位置决定,因此排序时必须移动记录。(2)待排序的记录存放在静态链表中,记录之间的次序关系由指针指定,排序时不需要移动记录,仅需修改指针即可。(3)待排序的记录本身存储在一组地址连续的存储单元内,同时另设一个指示各个记录存储位置的地址向量,排序时仅需移动地址向量中这些记录的"地址",排序后再按照地址向量中的值调整记录的存储位置。在第二种存储方式下实现的排序又称为链表排序,在第三种存储方式下实现的排序又称为地址排序。在本章的讨论中,待排序的记录以上述第一种存储方式为例,且为了讨论方便,设记录的关键字均为整数。

　　在正式介绍排序方法之前,先介绍排序方法的稳定性和不稳定性。如果在排序期间具有相同键值的记录的相对位置不变,即在原序列中 R_i 和 R_j 的键值 $K_i = K_j$ 且 R_i 在 R_j 之前,而排序后的序列中 R_i 仍在 R_j 之前,则称此排序方法是稳定的,否则称为不稳定的。

8.2　插入排序

　　插入排序(Insertion Sort)的基本思想是:每次将一个待排序的记录,按其关键字的大小插入前面已经排好序的有序序列中的适当位置上,直到全部记录插入完成为止。根据具体插入方法的不同,插入排序可分为好几种,本节介绍其中的四种插入排序方法:直接插入排序、折半插入排序、2-路插入排序和希尔排序。

8.2.1　直接插入排序

　　直接插入排序(Straight Insertion Sort)是一种最简单的排序方法,它的基本操作是依次将记录序列中的每一个记录插入有序序列中,使有序序列的长度不断地扩大。其具体的排序过程可以描述如下:首先将待排序记录序列中的第一个记录作为一个有序序列,将记录序列中的第二个记录插入上述有序序列中形成由两个记录组成的有序序列,再将记录序列中的第三个记录插入这个有序序列中,形成由三个记录组成的有序序列,如此进行下去,直到最后一个记录也插入完成。其中,每一趟都是将一个记录插入前面的有序序列中。假设当前欲插入第 i 个记录,则应该是将这个记录插入由前面 $i-1$ 个记录组成的有序序列中,从而形成一个由 i 个记录组成的按关键字值排列的有序序列,直到所有记录都插入有序序列中。这样,一共需要经过 $n-1$ 趟就可以将初始序列的 n 个记录重新排列成按关键字值大小排列的有序序列,其中小括号括起部分为有序序列。

具体排序过程如图 8.1 所示。

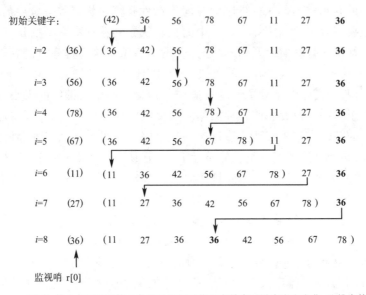

(注意:第 2 条记录和第 3 条记录的相对位置在排序后没有发生变化,此排序算法是稳定的)

图 8.1 直接插入排序过程示例

算法中引进的附加记录 r[0] 称为监视哨。

监视哨有两个作用:

①进入查找(插入位置)循环之前,它保存了 r[i] 的副本,从而不会因记录后移而丢失 r[i] 的内容。

②它的主要作用是:在查找插入位置的过程中避免数组下标越界。与上一章顺序查找中所设置的监视哨的作用一致。

将第 i 个记录插入由前面 $i-1$ 个记录构成的有序段中主要有两个步骤:

(1)若 r[i]<r[$i-1$],则将待插入记录 r[i]暂存在 r[0]中,即 r[0]=r[i];

否则,r[i]不要进行插入操作,只需保持其当前位置不变,监视哨 r[0]的值也不变化。

(2)搜索插入位置,将 r[0]中存储的值插入。

为了便于描述,将以上例子中的每条记录都简化为只由一个关键字组成,其直接插入排序的程序如下:

程序 8-1

```
# include <stdio.h>
main()
{
    int i,j;
    int r[9]={0,42,36,56,78,67,11,27,36};
                            /*定义数组并赋初值,其中 r[0]为监视哨,初值为 0 */
```

```
    for(i=2;i<=8;++i)                    /* 第一个数是有序的,为初始有序序列,i 从 2 开始 */
      if(r[i]<r[i-1])                     /* 如"<",需将 r[i]插入前面有序序列中 */
      {                                   /* 否则 r[i]不需要插入,保持原来位置 */
        r[0]=r[i];                        /* r[i]的值放入监视哨中 */
        for(j=i-1;r[0]<r[j];--j)
          r[j+1]=r[j];                    /* 记录后移 */
        r[j+1]=r[0];                      /* 插入正确位置 */
      }
    for(i=1;i<=8;i++)
      printf("%d",r[i]);                  /* 输出排序后的数组元素 */
}
```

程序运行结果:

11　27　36　36　42　56　67　78

直接插入排序算法简单、容易实现,其算法的时间复杂度是 $O(n^2)$。从空间复杂度来看,只需要一个记录大小的辅助空间用于暂存待插入的记录。当待排序记录较少时,排序速度较快,反之,当待排序的记录较多时,大量的比较和移动操作将使直接插入排序算法的效率降低;另外,若当待排序的数据元素基本有序时,排序过程中的记录移动次数会大大减少,从而效率会有所提高。直接插入排序是一种稳定的排序方法。

8.2.2　折半插入排序

折半插入排序是对直接插入排序的改进算法,它是利用折半查找来实现插入位置的定位,因为折半查找的效率比较高,因此可以减少排序过程中的比较次数。适用于待排序的记录数量较大的情况。

一趟折半插入排序的步骤为:

(1)初始化:

将待插入的记录存入 r[0]中:r[0]← r[i]。

给指定查找区间上下界指针赋值:low ←1,high ← $i-1$。

(2)折半查找插入位置。

(3)将插入位置后面的记录依次后移一个位置。

(4)将暂存在 r[0]中的待插入记录放入查找到的位置上。

例如,一组待排序的记录的关键字如下,要求按照关键字由小到大进行排序。

42　36　56　78　67　11　27　36

具体排序实现的程序如下:

程序 8-2

```
#include <stdio.h>
main()
{
    int i,j,low,high,m;                      /* low,high,m 表示查找的上下界和中间位置 */
    int r[9]={0,42,36,56,78,67,11,27,36};    /* 定义数组并初始化 */
    for(i=2;i<=8;++i)                         /* r[1]是有序的,从 r[2]开始排序 */
```

```
    {
      r[0]=r[i];                          /*将 r[i]暂时存到 r[0]中*/
      low=1;
      high=i-1;                           /*置有序序列区间的初值*/
      while(low<=high)                    /*在 r[low]到 r[high]中折半查找插入位置*/
      {
        m=(low+high)/2;                   /*折半,取中间位置送 m*/
        if(r[0]<r[m])
          high=m-1;                       /*插入位置在低半区*/
        else
          low=m+1;                        /*插入位置在高半区*/
      }
      for(j=i-1;j>=high+1;--j)
        r[j+1]=r[j];                      /*插入位置以后的记录后移*/
      r[high+1]=r[0];                     /*插入记录*/
    }
    for(i=1;i<=8;i++)
      printf("%d ",r[i]);                 /*输出排序后的有序序列*/
}
```

程序运行结果:

11   27   36   36   42   56   67   78

折半插入排序仅仅减少了关键字间的比较次数,而记录的移动次数不变。因此折半插入排序的时间复杂度仍为 $O(n^2)$。从空间复杂度来看,折半插入排序只需要一个记录大小的辅助空间用于暂存待插入的记录,这与直接插入排序相同。折半插入排序是一种稳定的排序方法。

8.2.3 2-路插入排序

2-路插入排序是对折半插入排序的改进算法,它是利用增加辅助空间来减少排序过程中移动记录的次数,也就是我们常说的"以空间换时间"。

具体做法是:建立一个和待排序序列 r[n]同类型的数组 d[n]作为辅助空间。首先,将 r[0]的值赋给 d[0],将 d[0]看成处于最后有序序列中处于中间位置的记录,然后从 r[1]开始依次将记录插入 d[0]之前或之后的有序序列中。将数组 d 看成一循环向量(即首尾相连的环状空间),并设置两个指针 first 和 final 分别指向有序序列的第一条和最后一条记录,将当前待插入记录 r[i]与 d[0]比较,若 r[i]<d[0],则将其插入 d[0]之前的有序序列中,反之,则将其插入 d[0]之后的有序序列中。当所有的记录都插入完成后,从指针 first 所指向的记录开始一直读取到指针 final 所指向的记录,所得到的序列就是排序后的有序序列。

例如,一组待排序的记录的关键字如下,要求按照关键字由小到大进行排序。

42 36 56 78 67 11 27 36

初始关键字如下: 42 36 56 78 67 11 27 36

排序过程如下：

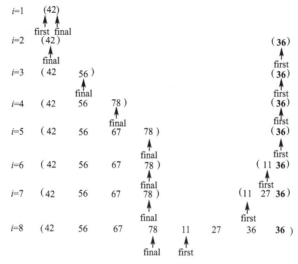

图 8.2   2-路插入排序过程示例

具体排序实现的程序如下：

程序 8-3

```
# include <stdio.h>
main()
{
    int i,j,first,final;
    int r[8]={42,36,56,78,67,11,27,36};      /*定义数组并初始化*/
    int d[8];                                 /*建立辅助数组*/
    d[0]=r[0];
    first=final=0;                            /*初始化首尾指针*/
    for(i=1;i<8;i++)                          /*r[1]是有序的,从 r[2]开始排序*/
    {
        if(r[i]>=d[0])                        /*真,r[i]插到 d[0]之后的有序序列*/
        {
            for(j=final;r[i]<d[j];j--)        /*寻找 r[i]应插入的位置*/
                d[j+1]=d[j];                  /*后移元素*/
            d[j+1]=r[i];                      /*将 r[i]插到正确位置*/
            final++;                          /*指针后移一位*/
        }
        else                                  /*假,r[i]插到 d[0]之前的有序序列*/
        {
            if(first==0)                      /*若指针 first 在初始位置*/
            {
                first=7;                      /*使指针 first 指向数组尾部*/
                d[first]=r[i];                /*将 r[i]插到 first 位置*/
            }
            else
```

```
        {
          for(j=first;r[i]>d[j]&&j<8;j++)                    /* 寻找 r[i]的插入位置 */
            d[j-1]=d[j];                      /* 向前移动元素 */
          d[j-1]=r[i];                        /* 将 r[i]插入到正确位置 */
          first--;                            /* 指针前移一位 */
        }
      }
    }
    if(first<final)                           /* 若 first 所指位置在 final 所指位置之前 */
      for(i=first;i<=final;i++)          /* 从 first 所指位置到 final 所指位置依次输出 */
        printf("%d ",d[i]);
    else                                      /* 若 first 所指位置在 final 所指位置之后 */
    {
      for(i=first;i<8;i++)            /* 先从 first 所指位置到数组尾部依次输出前半个序列 */
        printf("%d ",d[i]);
      for(i=0;i<=final;i++)          /* 再从数组开头到 final 所指位置依次输出后半个序列 */
        printf("%d ",d[i]);
    }
    printf("\n");
}
```

程序运行结果：

11   27   36   36   42   56   67   78

在 2-路插入排序中只能利用辅助空间减少记录的移动次数，但是并不能绝对避免移动记录。另外，当 r[0]是待排序序列中关键字的最小或最大记录时，2-路插入排序就会失去其优越性。2-路插入排序是一种稳定的排序方法。

8.2.4 希尔排序

希尔排序方法又称为缩小增量排序(Diminishing Increment Sort)，它也是一种插入排序方法，是对直接插入排序方法的改进。

基本思想是将整个待排序的记录序列划分成若干个子序列，然后分别对每个子序列进行直接插入排序，这样可以减少参与直接插入排序的数据量，如此反复，当经过几次分组排序后，记录的排列已经基本有序，这个时候再对所有的记录进行一次直接插入排序。

具体的步骤是：假设待排序的记录为 n 个，先取一个整数 $d_1(d_1<n)$，例如，取 $d_1=n/2$，使所有距离为 d_1 的记录在同一组，整个待排序记录序列被分成为 d_1 个子序列，分别对每个分组进行直接插入排序；然后再缩小间隔 d_1，例如，取 $d_2=d_1/2$，把经过上一步排序后的整个记录序列再分为 d_2 个子序列，再对每个分组分别进行直接插入排序，如此反复，直到最后取 $d_m=1$，即将所有记录作为一组，进行一次直接插入排序后，所有的记录被排列成有序序列。

例如，一组待排序的记录的关键字如下，要求按照关键字由小到大进行排序。

45   38   63   85   71   17   28   45   6   90($n=10$)

按 $d_{i+1}=\lfloor d_i/2\rfloor$ 选取增量序列，$d_1=\lfloor n/2\rfloor=5$，$d_2=\lfloor d_1/2\rfloor=2$，$d_3=\lfloor d_2/2\rfloor=1$，排

序过程如图 8.3 所示。

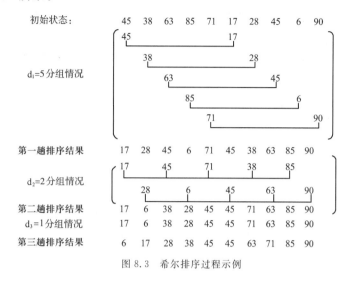

图 8.3　希尔排序过程示例

具体排序的程序如下：

程序 8-4

```
#include <stdio.h>
main()
{
    int r[10]={45,38,63,85,71,17,28,45,6,90};    /*定义数组并赋初值*/
    int d,i,j,k,x;
    d=10/2;                                      /*取第一个步长值*/
    while(d>=1)                                   /*步长 d>=1,对各组进行直接插入排序*/
    {
      for(i=d;i<10;i++)                           /*对每组进行直接插入排序*/
      {
        x=r[i];                                   /*记录 r[i]暂存入 x 中*/
        j=i-d;                                    /*确定每组中的记录 r[i]前一个位置*/
        while(j>=0&&x<r[j])                       /*在组中查找插入位置*/
        {
          r[j+d]=r[j];                            /*记录后移*/
          j=j-d;                                  /*记录位置前移一个步长*/
        }
        r[j+d]=x;                                 /*插入记录*/
      }
      d=d/2;                                      /*缩小步长值,取下一步长值*/
    }
    for(k=0;k<10;k++)
      printf("%d ",r[k]);                         /*输出排序后的有序序列*/
}
```

程序运行结果：

6　17　28　38　45　45　63　71　85　90

从以上结果发现排序前序列中的第一条记录和第八条记录的关键字相同,在排序后它们的相对位置与排序前的相对位置颠倒了,因此希尔排序是一种不稳定的排序方法。

在待排序的记录数目较大的情况下,希尔排序方法一般要比直接插入排序方法快。其时间复杂度与所选取的增量序列有关,是所取增量序列的函数,介于$O(n\log_2 n)$和$O(n^2)$之间。增量序列有多种取法,但应使增量序列中的值没有除1之外的公因子,并且增量序列中的最后一个值必须为1。从空间复杂度来看,与直接插入排序一样,希尔排序也只需要一个记录大小的辅助空间,用于暂存当前待插入的记录。

8.3 选择排序

选择排序(Selection Sort)的基本思想是:每一趟从待排序的序列中选出关键字最小的记录,顺序放在已排好序的子序列的最后,直到全部记录排序完毕。常用的选择排序方法有简单选择排序和堆排序。

8.3.1 简单选择排序

简单选择排序的基本思想是:将整个序列(假设含有n条记录)分为有序区和无序区,初始时有序区为空,无序区为整个待排序序列。第1趟排序,从无序区的n个记录中选取最小的记录与序列中的第一条记录交换位置,它作为有序区的第一条记录,此时无序区剩下$n-1$条记录;第2趟排序,从无序区的$n-1$条记录中选取最小的记录与序列中的第二条记录交换位置,它作为有序区的第二条记录,此时无序区剩下$n-2$条记录……第i趟排序,从无序区的$n-i+1$条记录中选取最小的记录与序列中的第i条记录交换位置,它作为有序区的第i条记录,此时无序区剩下$n-i$条记录;如此反复,n条记录可经过$n-1$趟简单选择排序得到有序结果。

例如,有一组待排序的记录的关键字,要求按照关键字由小到大进行排序,如图8.4所示。

初始关键字:	45	38	63	85	71	28	45	16
第1趟后	16	38	63	85	71	28	45	45
第2趟后	16	28	63	85	71	38	45	45
第3趟后	16	28	38	85	71	63	45	45
第4趟后	16	28	38	45	71	63	85	45
第5趟后	16	28	38	45	45	63	85	71
第6趟后	16	28	38	45	45	63	85	71 (第6趟无记录交换,结果同第5趟后)
第7趟后	16	28	38	45	45	63	71	85

图 8.4　简单选择排序过程示例

具体排序的程序如下：

程序 8-5

```
# include <stdio. h>
# define LENGTH 8
main()
{
    int r[LENGTH+1]={0,45,38,63,85,71,28,45,16};/* 定义数组并赋初值,r[0]作暂存单元 */
    int i,j,k;
    for(i=1;i<LENGTH;i++)                      /* 做第 i 趟排序 */
    {
      k=i;                                      /* 初始化第 i 趟排序的最小记录位置 */
      for(j=i+1;j<=LENGTH;j++)                  /* 搜索关键字最小的记录位置 */
        if(r[k]>r[j])
          k=j;                                  /* 保存当前关键字最小的记录位置 */
      if(i!=k)                                  /* 交换 r[i]与 r[k] */
      {
        r[0]=r[i];
        r[i]=r[k];
        r[k]=r[0];
      }
    }
    for(i=1;i<=LENGTH;i++)                       /* 输出排序后的序列 */
      printf("% d  ",r[i]);
}
```

程序运行结果：

16　28　38　45　45　63　71　85

简单选择排序算法简单,但是速度较慢,时间复杂度为 $O(n^2)$,并且是一种不稳定的排序方法,在排序过程中也只需要一个用来交换记录的暂存单元作为辅助空间。

8.3.2　堆排序

堆排序(Heap Sort)是利用堆的特性进行排序的过程。堆的定义如下：n 个元素的序列为 $\{K_1,K_2,\cdots,K_n\}$,当且仅当满足下列关系时,称之为堆。

$$\begin{cases} K_i \leqslant K_{2i} \\ K_i \leqslant K_{2i+1} \end{cases} \quad 或 \quad \begin{cases} K_i \geqslant K_{2i} \\ K_i \geqslant K_{2i+1} \end{cases}$$

$$(i=1,2,\cdots,\lfloor n/2 \rfloor)$$

若将与此序列对应的一维数组看成一棵完全二叉树按层次编号的顺序存储,则堆的含义表明,完全二叉树中所有非终端结点的值均不小于(或不大于)其左、右孩子结点的值。因此,堆顶元素的值必为序列中的最大值或最小值(即大顶堆或小顶堆)。

例如,下列两个序列为堆,对应的完全二叉树如图 8.5 所示。

$$\{96,83,27,38,11,9\}$$
$$\{12,36,24,85,47,30,53,91\}$$

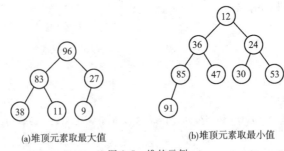

(a)堆顶元素取最大值　　　　　(b)堆顶元素取最小值

图 8.5　堆的示例

　　堆排序的基本思想是:对一组待排序的记录,首先把它们按堆的定义排成一个堆,将堆顶元素取出;然后把剩下的记录再排成堆,取出堆顶元素;依次下去,直到取出全部元素,从而将全部记录排成一个有序序列。

　　由此可知,实现堆排序需要解决两个问题:(1)如何将一个无序序列建成一个堆?(2)如何在输出堆顶元素之后,调整剩余元素成为一个新的堆?

　　建堆就是把待排序的记录序列$\{R_1, R_2, \cdots, R_n\}$,按照堆的定义调整为堆,使父结点的关键字大于(或小于)子结点的关键字。为此,我们先把待排序数据初始次序置入完全二叉树的各个结点中,然后自下而上逐层进行父子结点的关键字比较并交换,直到使其最后满足堆的条件。建堆时是从最后一个非终端结点$\lfloor n/2 \rfloor$开始的。

　　例如,假定待排序的一组数据序列为:

$$42 \quad 36 \quad 56 \quad 78 \quad 67 \quad 11 \quad 27 \quad \textbf{36}$$

其构造堆(堆顶元素最小)全过程如图 8.6 所示。

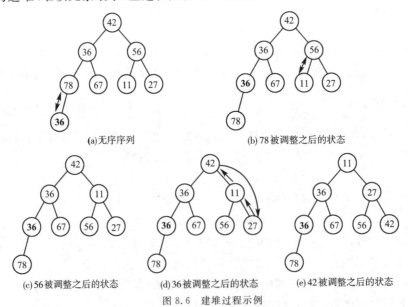

(a)无序序列　　　　　　　　　(b) 78 被调整之后的状态

(c) 56 被调整之后的状态　　(d) 36 被调整之后的状态　　(e) 42 被调整之后的状态

图 8.6　建堆过程示例

　　由图 8.6 的建堆过程可知,调整是从第 4($\lfloor 8/2 \rfloor$)个数据元素开始的,由于 78>36,交换之后如图 8.6 中的(b)图所示,由于第 3 个数据元素 56>11,则交换后如图 8.6 中的(c)图所示,由于第 2 个数据元素 36 不大于其左、右子树根的值,则调整之后的序列不变,如

图 8.6 中的(d)图所示,第 1 个数据元素 42 被调整之后建成的堆如图 8.6 中的(e)图所示。

对上述待排序序列建成堆之后,输出堆顶元素并调整建成新堆的过程如图 8.7 所示。

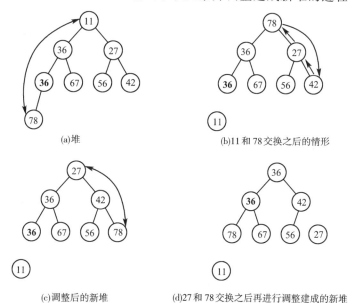

图 8.7 输出堆顶元素并调整建成新堆的过程示例

对一组有 n 个记录的待排序序列进行按关键字非递减排序时,先建立一个大顶堆,然后选取关键字值最大的堆顶记录与最后一个记录交换,再对前 $n-1$ 个记录调整为一个新的大顶堆,如此反复直到排序结束。

堆排序算法程序如程序 8-6 所示:

程序 8-6

```
# include <stdio.h>
void heapadjust(int r[],int s,int m)          /* 把 r[s],..,r[m]建立成大顶堆的算法 */
{
    int rc,j;                                 /* rc 暂存记录的关键字 */
    rc=r[s];                                  /* 记录关键字送 rc */
    for(j=2*s;j<=m;j*=2)                       /* 沿关键字较大的孩子结点向下搜索调整 */
    {
        if((j<m)&&(r[j]<=r[j+1]))
            ++j;                              /* 若右孩子大于左孩子,则 j 为右孩子的下标 */
        if(rc>r[j])
            break;                            /* 将 r[j]调到父结点的位置 */
        r[s]=r[j];
        s=j;
    }
    r[s]=rc;                                  /* 将 rc 插入最终位置 */
}
```

```
#define LENGTH 9                                 /*符号常量表示数组长度*/
main()
{
    int r[LENGTH]={0,42,36,56,78,67,11,27,36};          /*给数组赋值,r[0]无意义*/
    int i,x;
    for(i=(LENGTH-1)/2;i>0;--i)          /*将待排序序列调整为大顶堆*/
        heapadjust(r,i,LENGTH-1);          /*调用建堆算法函数*/
    for(i=LENGTH-1;i>1;--i)               /*排序(重复进行记录交换和堆调整)*/
    {
        x=r[1];        /*将堆顶记录与当前未经排序子序列r[1..i]中最后一个记录相互交换*/
        r[1]=r[i];
        r[i]=x;
        heapadjust(r,1,i-1);              /*调用建堆算法将r[1..i-1]重新调整为大顶堆*/
    }
    for(i=1;i<LENGTH;i++)                 /*输出排序后的记录序列*/
        printf("%d ",r[i]);
    printf("\n");
}
```

程序运行结果:

11　27　36　36　42　56　67　78

堆排序对 n 较大的文件很有效,对记录数较少的文件不值得提倡。整个堆排序的时间复杂度为 $O(n\log_2 n)$,堆排序仅需一个记录大小供交换用的辅助存储空间。对于存在相同关键字的记录的情况,堆排序是不稳定的。

8.4　交换排序

交换排序的基本思想是:两两比较待排序记录的关键字,若发现两个记录的次序为逆序时,交换其存储位置,直到没有逆序的记录为止。常用的交换排序方法有:冒泡排序和快速排序。

8.4.1　冒泡排序

冒泡排序是一种简单的排序方法。它的基本思想是:对所有相邻记录的关键字值进行比较,如果是逆序(r[i]>r[i+1]),则交换其位置,经过多趟排序,最终使整个序列有序。

其处理过程为:第一趟排序,从第一条记录 r[1]开始,直到最后一条记录 r[n],对两两相邻的记录依次比较,若发现为逆序,则立即交换其位置,最后使这 n 条记录中关键字最大的记录"下沉"到最底部,即被交换到第 n 个位置上,它不参与下一趟排序;第二趟排序,从第一条记录 r[1]开始,直到第 $n-1$ 条记录 r[n-1],对两两相邻的记录依次比较,若发现为逆序,则立即交换其位置,最后使这 $n-1$ 条记录中关键字最大的记录"下沉"到次底部,即被交换到第 $n-1$ 个位置上,它不参与下一趟排序;如此反复,最多经过 $(n-1)$ 趟冒泡排序,就可以使整个序列成为有序序列。

例如,有一组待排序的记录的关键字,要求按照关键字由小到大进行排序,如图 8.8 所示。

42　　36　　56　　78　　67　　11　　27　　36

初始状态：	42	36	56	78	67	11	27	**36**
i＝1：	36	42	56	67	11	27	**36**	78
i＝2：	36	42	56	11	27	**36**	67	78
i＝3：	36	42	11	27	**36**	56	67	78
i＝4：	36	11	27	**36**	42	56	67	78
i＝5：	11	27	36	**36**	42	56	67	78
i＝6：	11	27	36	**36**	42	56	67	78
i＝7：	11	27	36	**36**	42	56	67	78

图 8.8　冒泡排序过程示例

有下划线的部分为每趟排序后产生的有序子序列。

具体排序的程序如下:

程序 8-7

```
# include ＜stdio.h＞
# define LENGTH 8                          /* 符号常量 LENGTH 表示数组长度 */
main()
{
   int r[LENGTH]＝{42,36,56,78,67,11,27,36};  /* 定义数组并赋初值 */
   int i,j,temp;
   for(i＝1;i＜＝LENGTH-1;i++)               /* 控制共进行 LENGTH-1 趟排序 */
     for(j＝0;j＜LENGTH-i;j++)              /* 进行第 i 趟排序 */
       if(r[j]＞r[j+1])                     /* 判断相邻两记录是否逆序 */
       {
         temp＝r[j];
         r[j]＝r[j+1];
         r[j+1]＝temp;                       /* 如逆序,交换两记录 */
       }
   for(i＝0;i＜LENGTH;i++)
     printf("%d ",r[i]);                    /* 输出排序后的序列 */
   printf("\n");
}
```

程序运行结果:

11　27　36　36　42　56　67　78

由以上算法发现,在第 5 趟排序结束后,整个序列已经有序,排序似已结束,但是在此算法中又进行了第 6 趟和第 7 趟排序,那么这两趟排序是否是多余的呢? 是否可以减少某些趟数呢? 答案是肯定的。为了在冒泡排序过程中避免执行这些无效趟排序,可以设置一个标志位,通过标志位一旦发现某一趟没有进行交换操作,就表明此时待排序序列已经成为有序序列,冒泡排序再进行下去已经没有必要,应立即结束排序过程。对以上算法进行改进,设置一个变量 mark 作为标志,当 mark＝0 时,表示本趟排序中无记录交换(即待排序序列已有序,排序已完成),当 mark＝1 时,表示本趟排序中有记录交换(即排序任务尚未完成)。这样,我们再来看前面的问题,当第 5 趟排序结束后,整个序列已经有序,但第 5 趟排序过程中有记录交换,即 mark＝1,所以第 5 趟排序结束后,并未给出整个排序已经结束的信号,还需进行第 6 趟排序,第 6 趟排序无交换发生,即 mark＝0,给出整个排序结束信号,第 7 趟排序就不用进行了。

改进的算法程序如下:

程序 8-8

```
# include <stdio.h>
# define LENGTH 8                              /* 符号常量 LENGTH 表示数组长度 */
main()
{
    int r[LENGTH]＝{42,36,56,78,67,11,27,36};  /* 定义数组并赋初值 */
    int i,j,temp,mark;                         /* mark 表示某趟排序是否进行过交换的标志 */
    for(i=1;i<=LENGTH-1;i++)                   /* 控制共进行 LENGTH-1 趟排序 */
    {
        mark=0;                                /* 每趟排序前 mark 置 0 */
        for(j=0;j<LENGTH-i;j++)                /* 进行第 i 趟排序 */
            if(r[j]>r[j+1])                    /* 判断相邻两记录是否逆序 */
            {
                temp=r[j];
                r[j]=r[j+1];
                r[j+1]=temp;                   /* 如逆序,交换两记录 */
                mark=1;                        /* 交换发生,mark 置 1 */
            }
        if(mark==0)
            break;                             /* 本趟排序无交换,整个排序结束 */
    }
    for(i=0;i<LENGTH;i++)
        printf("%d ",r[i]);                    /* 输出排序后的序列 */
    printf("\n");
}
```

程序运行结果:

11　27　36　36　42　56　67　78

从改进的算法可以看出,冒泡排序不一定要进行 $n-1$ 趟排序。

冒泡排序的时间复杂度为 $O(n^2)$,由于它的记录移动次数较多,故平均时间性能比直接插入排序要差得多。冒泡排序只需要一个记录的辅助空间,用来作为记录交换的中间暂存单元。冒泡排序是一种稳定的排序方法。

8.4.2　快速排序

快速排序(Quick Sort)是对冒泡排序的一种改进。它的基本思想是:通过一趟排序将待排序记录划分成两部分,使得其中一部分记录的关键字比另一部分记录的关键字小;然后再分别对这两部分记录进行这种排序,直到每个部分为空或只包含一个记录时,整个快速排序结束。

假设待排序的序列为(r[s],r[s-1],…,r[t]),为简化算法,假定记录只有一个关键字域。首先任意选取一个记录(通常可选第一个记录 r[s]作为基准记录或称为支点),然后重新排列这些记录。将所有关键字较它小的记录都排到它的位置之前,将所有关键字较它大的记录都排到它的位置之后。由此可以将该基准记录所在的位置 i 作为分界线,将待排序记录序列划分成两个子序列(r[s],…,r[i−1])和(r[i+1],…,r[t])。这个过程称为一趟快速排序。

一趟快速排序的具体实现过程是:设两个整型变量 i 和 j,它们的初值分别为 s 和 t,设支点记录 r[s],并将 r[s]赋值给 rp(目的是简化算法,将算法中记录的交换,改变为单向赋值传送)。首先从 j 所指位置起向前搜索,找到第一个关键字小于 rp 的记录 r[j],将 r[j]赋值传送给 r[i];然后从 i 所指位置起向后搜索,找到第一个关键字大于 rp 的记录 r[i],将 r[i]赋值传送给 r[j]。重复上述过程,直到 i 和 j 指向同一位置为止,此位置就是基准记录最终存放的位置,将 rp 赋值传送给 r[i](或 r[j])。如图 8.9 中的(a)图所示。一趟快速排序完成后得到前后两个子序列,可再分别对分割后的两个子序列进行快速排序。整个快速排序过程结束。

例如,待排序记录的关键字为:

42　　36　　56　　78　　67　　11　　27　　36

对其进行快速排序过程如图 8.9 所示(按前面说法,图中发生的交换按单向赋值传送给出结果并用虚线框围住,表示此位置已经空出,并虚拟基准记录 42 进入这个位置)。

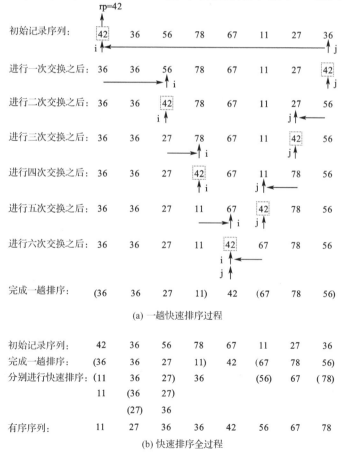

(a) 一趟快速排序过程

初始记录序列:	42	36	56	78	67	11	27	36
完成一趟排序:	(36	36	27	11)	42	(67	78	56)
分别进行快速排序:	(11	36	27)	36		(56)	67	(78)
	11	(36	27)					
		(27)	36				
有序序列:	11	27	36	36	42	56	67	78

(b) 快速排序全过程

图 8.9　快速排序示例

如图 8.9 的(a)图所示,在算法中先将基准记录暂存在 rp 中,在排序过程中只做 r[i]
或 r[j]的单向移动,直到一趟排序结束后再将 rp 移至正确位置上。快速排序算法程序见
程序 8-9:

程序 8-9

```c
# include <stdio.h>
int Partition(int r[],int s,int t)          /* 一趟快速排序算法,将基准记录移到正确位置 */
                                            /* 并返回其所在位置 */

{
    int i,j,rp;
    i=s;j=t;
    rp=r[s];                                /* 基准记录暂存入 rp */
    while(i<j)                              /* 从序列的两端交替向中间扫描 */
    {
        while(i<j&&r[j]>=rp)
            j--;                            /* 扫描比基准记录小的位置 */
        r[i]=r[j];                          /* 将比基准记录小的记录移到低端 */
        while(i<j&&r[i]<=rp)
            i++;                            /* 扫描比基准记录大的位置 */
        r[j]=r[i];                          /* 将比基准记录大的记录移到高端 */
    }
    r[i]=rp;                                /* 基准记录到位 */
    return i;                               /* 返回基准记录位置 */
}


void Qsort(int r[],int s,int t)             /* 快速排序递归算法 */
{
    int k;
    if(s<t)                                 /* 长度大于 1 */
    {
        k=Partition(r,s,t);                 /* 调用一趟快速排序算法将 r[s]..r[t]一分为二 */
        Qsort(r,s,k-1);                     /* 对低端子序列递归排序,k 是支点位置 */
        Qsort(r,k+1,t);                     /* 对高端子序列递归排序 */
    }
}

# define LENGTH 8                           /* 定义符号常量,表示数组长度 */
main()                                      /* 主程序 */
{
    int i;
    int r[LENGTH]={42,36,56,78,67,11,27,36};    /* 定义原始待排序序列 */
    Qsort(r,0,LENGTH-1);                    /* 调用快速排序算法 */
    for(i=0;i<LENGTH;i++)
        printf("%d ",r[i]);                 /* 输出排序后的有序序列 */
}
```

程序运行结果：

11　27　36　36　42　56　67　78

　　快速排序的时间复杂度平均为 $O(n\log_2 n)$，当 n 较大时，这种算法是平均速度最快的排序算法，因此称为快速排序。快速排序是一种不稳定的排序方法。

8.5　归并排序

　　归并排序(Merging Sort)是又一类不同的排序方法。"归并"的含义是将两个或两个以上的有序序列合成一个新的有序序列。利用归并的思想容易实现排序。假设初始序列含有 n 个记录，则可看成 n 个有序的子序列，每个子序列的长度为1，然后两两归并，得到 $\lceil n/2 \rceil$ 个长度为2(最后一个序列长度可能小于2)的有序子序列；再两两归并，得到 $\lceil \lceil n/2 \rceil/2 \rceil$ 个长度为4(最后一个序列长度可能小于4)的有序序列；如此重复，直至得到一个长度为 n 的有序序列为止，每一次合并过程称为一趟归并排序，这种排序方法称为2-路归并排序。

　　例如，设待排序的记录序列为：

　　　　　　　　42　36　56　78　67　11　27　36

　　对其进行2-路归并排序的过程如图8.10所示。

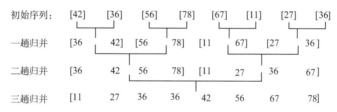

图 8.10　2-路归并排序示例

　　2-路归并排序中的核心操作是将一维数组中前后相邻的两个有序序列归并为一个有序序列。

　　下面我们来分析怎样实现相邻有序序列的合并：

　　假设记录序列被存储在一维数组 sr 中，且 sr[s]~sr[m] 和 sr[m+1]~sr[t] 已经分别有序，现将它们合并为一个有序段，并存入数组 tr 中的 tr[s]~tr[t] 之间。

　　合并过程：

　　(1)设置三个整型变量 k、i、j，用来分别指向 tr[s]~tr[t] 中当前应该放置新记录的位置，sr[s]~sr[m] 和 sr[m+1]~sr[t] 中当前正在处理的记录位置。初始值应该为：i= s；j=m+1；k=s；

　　(2)比较两个有序段中当前记录的关键字，将关键字较小的记录放置到 tr[k] 中，并修改该记录所属有序段的指针及 tr 中的指针 k。重复执行此过程直到其中的一个有序段内容全部移至 tr 中为止，此时将另一个有序段中的所有剩余记录移至 tr 中。

　　其算法如下：

```
/* 将有序序列 sr[s..m] 和 sr[m+1..t] 归并为有序的 tr[s..t] */
void merge(int sr[],int tr[],int m,int s,int t)
```

```
{
    int i,j,k;
    for(i=s,j=m+1,k=s;i<=m&&j<=t;++k)/* 将 sr 中记录由小到大并入 tr */
        if(sr[i]<=sr[j])
            tr[k]=sr[i++];
        else
            tr[k]=sr[j++];
    while(i<=m)
    {
        tr[k]=sr[i];i++;k++;                /* 将剩余的 sr[i..m]复制到 tr */
    }
    while(j<=t)
    {
        tr[k]=sr[j];j++;k++;                /* 将剩余的 sr[j..t]复制到 tr */
    }
}
```

2-路归并排序实现,其归并完整算法如程序 8-10 所示:

程序 8-10

```
#include <stdio.h>
/* 将有序序列 sr[s..m]和 sr[m+1..t]归并为有序的 tr[s..t] */
void merge(int sr[],int tr[],int m,int s,int t)
{
                                /*算法同前 */
}
/* 本算法对 r 中若干个长度为 l(最后一个可能小于 l)的有序序列进行一趟 2-路归并排序,结果
存入 a 中 */
void mergepath(int r[],int a[],int n,int l)
{
    int p,i;                    /* 定义两个整型变量 p,i */
    p=1;                        /* p 为每一个待合并的数组元素第一个下标,初值为 1 */
    while(p+2*l-1<=n)           /* 成对合并长度为 l 的子序列 */
    {
        merge(r,a,p+l-1,p,p+2*l-1);
        p=p+2*l;
    }
    if(p+l-1<n)                 /* 将剩余的长度为 l 和长度小于 l 的两个子序列合并 */
        merge(r,a,p+l-1,p,n);
    else
    {
        for(i=p;i<=n;i++)       /* 将剩余的最后一个子序列复制到数组 a 中 */
            a[i]=r[i];
    }
    for(i=1;i<=n;i++)           /* 将 a[]返回 r[],为下一趟归并排序做准备 */
        r[i]=a[i];
}
```

```
#define LENGTH 8              /*定义符号常量表示待排序序列长度*/
main()                        /*主程序*/
{
  int i;
  int sr1[LENGTH+1],sr[LENGTH+1]={0,42,36,56,78,67,11,27,36};
                              /*数组 0 号元素数值无意义*/
  int l;                      /*定义子序列长度变量 l*/
  l=1;                        /*第一趟归并排序初值为 1*/
  while(l<LENGTH)             /*子序列的长度小于记录总长度时进行归并*/
  {
    mergepath(sr,sr1,LENGTH,l); /*调用一趟 2-路归并排序算法*/
    l=2*l;                    /*长度加倍*/
  }
  printf("\n");
  for(i=1;i<=LENGTH;i++)      /*输出排序后的记录序列*/
    printf("%4d",sr1[i]);
}
```

程序运行结果:

11　27　36　36　42　56　67　78

2-路归并排序算法的时间复杂度为 $O(n\log_2 n)$。在排序时需利用一个与待排序数组同样大小的辅助数组,占用内存比前面介绍的算法多。2-路归并排序算法是稳定的。

8.6　基数排序

基数排序(Radix Sorting)是和前面所述各类排序方法完全不同的一种排序方法。前面讨论的排序主要是通过关键字间的比较和移动记录这两种操作实现的,而基数排序不需要进行关键字间的比较。基数排序是借助多关键字排序的思想实现的。

8.6.1　多关键字的排序

多关键字的排序思想可通过如下例子得知。

例如,扑克牌中 52 张牌面的次序关系为:

♣2<♣3<…<♣A<◆2<◆3…<◆A<♥2<♥3<…<♥A<♠2<♠3<…<♠A

每一张牌有两个"关键字":花色(♣<◆<♥<♠)和面值(2<3<…<A),且"花色"的地位高于"面值"。在比较任意两张牌面的大小时,必须先比较"花色",若"花色"相同,再比较面值。由此,将扑克牌整理成如上所述次序关系时,通常采用的办法是:先按不同"花色"分成有次序的四堆,每一堆的牌均有相同的"花色",然后分别对每一堆按"面值"大小整理有序。

也可采用另一种办法:先按不同"面值"分成 13 堆,然后将这 13 堆牌自小至大叠在一起("3"在"2"之上,"4"在"3"之上,……,最上面的是 4 张"A"),然后将这副牌整个颠倒过来再按不同"花色"分成 4 堆,最后将这 4 堆牌按自小至大的次序合在一起(♣在最下面,♠在最上面),此时同样得到一副满足如上次序的牌。这两种整理扑克牌的方法便是两种多关键字的排序方法。

一般情况,假设有 n 个记录的序列

$$\{R_1, R_2, \cdots, R_n\}$$

其中每个记录 R_i 中含有 d 个关键字 $(K_i^0, K_i^1, \cdots, K_i^{d-1})$,则称上述序列对关键字 $(K^0, K^1, \cdots, K^{d-1})$ 有序是指对于序列中任意两个记录 R_i 和 $R_j (1 \leqslant i < j \leqslant n)$ 都满足下列有序关系:

$$(K_i^0, K_i^1, \cdots, K_i^{d-1}) < (K_j^0, K_j^1, \cdots, K_j^{d-1})$$

其中 K^0 称为最高位关键字,K^{d-1} 称为最低位关键字。为了实现多关键字排序,通常有两种方法:第一种方法是先对最高位关键字 K^0 进行排序,将序列分成若干子序列,每个子序列中的记录都具有相同的 K^0 值,然后分别对每个子序列按次高位关键字 K^1 进行排序,按 K^1 值不同再分成若干个更小的子序列,每个子序列中的记录都具有相同的 K^1 值,依次重复,直至完成对 K^{d-1} 进行排序,最后将所有子序列依次连接在一起成为一个有序序列,这种方法称之为最高位优先(Most Significant Digit First)法,简称 MSD 法;第二种方法是从最低位关键字 K^{d-1} 起进行排序,然后再对高一位的关键字 K^{d-2} 进行排序,依次重复,直到对 K^0 进行排序后便成为一个有序序列。这种方法称之为最低位优先(Least Significant Digit First)法,简称 LSD 法。

MSD 和 LSD 只规定按什么样的"关键字次序"来进行排序,而未规定对每个关键字进行排序时所用的方法,比较这两种方法,LSD 要比 MSD 简单,因为 LSD 是对每个关键字都是整个序列参加排序,通过若干次"分配"和"收集"来实现排序,执行的次数取决于 d 的大小;而 MSD 需要处理各序列与子序列的独立排序问题,通常是一个递归问题。

8.6.2　链式基数排序

基数排序是借助于多关键字排序思想进行排序的方法,其基本操作是按关键字位进行"分配"和"收集"。

有些记录的关键字可以看成由若干个关键字组合而成。即 $K = K^0 K^1 \ldots K^{d-1}$。每个关键字 K^i 表示关键字的一位,其中 K^0 为最高位,K^{d-1} 为最低位,d 为关键字的位数。例如,若记录的关键字是整数,并且都在 $0 \leqslant K \leqslant 999$ 范围内,则可以把每一位十进制数字看成一个关键字,即认为一个关键字 K 是由三个关键字 (K^0, K^1, K^2) 组成,其中 K^0 是百位数,K^1 是十位数,K^2 是个位数,这样分解后每个关键字都在相同的范围内 $(0 \leqslant K^i \leqslant 9)$,所以每个关键字可取值的数目为 10,通常将关键字取值的数目称为基数,用 RADIX 表示,在这个例子中 RADIX=10,现在按 LSD 进行排序很方便,对待排序的记录序列按照复合关键字从低位到高位的顺序交替地"分配"到 RADIX 个队列中后再"收集",如此重复 d 次,最终得到有序的记录序列。在基数排序的"分配"与"收集"操作过程中,为了避免数据元素的大量移动,通常采用链式存储结构存储待排序的记录序列。

下面举例说明基数排序过程。设待排序记录的关键字为:

387,456,592,625,076,471,050,396,557,522

先以单链表存储这 10 个记录,并令头指针 h 指向第一个记录,如图 8.11 中的(a)图所示,图中以记录的关键字代表相应的记录,第一趟分配按关键字的最低位数(即个位)进

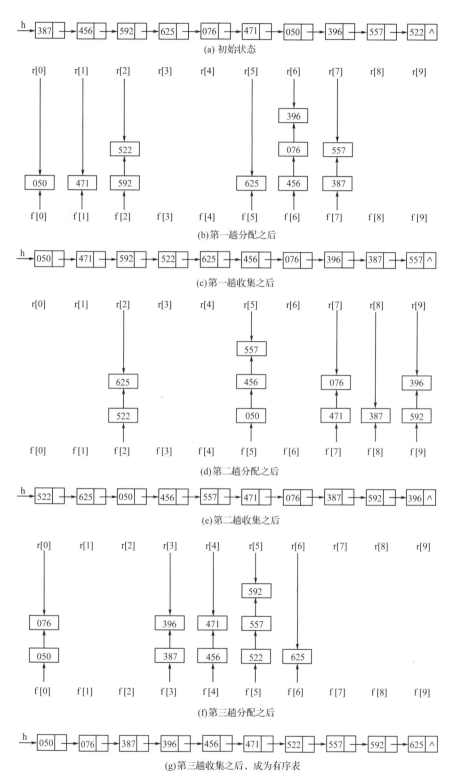

图 8.11 链式基数排序过程示意图

行,将链表中的记录分配到 10 个队列中去(因 R＝10),使每个队列中的记录关键字的个位数相同;如图 8.11 中的(b)图所示,其中 f[i]和 r[i]分别为第 i 个队列的头指针和尾指针;第一趟收集是令所有非空队列的队尾记录的指针指向下一个非空队列的队头记录,重新将 10 个队列中的记录链成了一个链表,如图 8.11 中的(c)图所示;第二趟的分配和收集及第三趟的分配和收集分别是对十位数和百位数进行的,其过程和个位数相同,如图 8.11 中的(d)、(e)、(f)、(g)图所示,至此排序完成。

链式基数排序算法的具体实现程序如下。

程序 8-11

```
# include <stdio.h>
# include <malloc.h>
typedef struct jlnode              /*定义单链表结点的存储结构*/
{
    int key;                       /*记录关键字*/
    struct jlnode * next;
}RANODE;


RANODE * create()          /*采用后插入方式建立单链表,并返回指向链表表头的指针*/
{
    RANODE * head, * q, * p;        /*定义指针变量*/
    int a,n;
    head=(RANODE * )malloc(sizeof(RANODE));/*建立表头结点*/
    q=head;
    printf("\nInput number of the record:");
    scanf("%d",&n);                 /*输入记录个数*/
    if(n>0)                         /*若 n<=0,建立仅含表头结点的空表*/
    {
        printf("Input the records:");
        while(n>0)
        {
            scanf("%d",&a);          /*输入记录关键字*/
            p=(RANODE * )malloc(sizeof(RANODE));
            p->key=a;
            q->next=p;
            q=p;
            n--;
        }
    }
    q->next=NULL;
    return(head);                   /*返回表头指针 head*/
}


RANODE * radixsort(RANODE * h,int d,int R)          /*链式基数排序算法*/
{          /*h 为单链表指针,d 为单链表中记录关键字位数,R 为基数,如为十进制,R=10*/
```

```
    int i,j,s,k,m;
    RANODE * f[10], * r[10], * p, * q;      /* f 和 * r 分别为队头指针数组和队尾指针数组 */
    s=1;
    m=R;                                    /* 将十进制基数 R 赋值 m */
    p=h->next;                              /* 取链队第一个记录 */
    for(i=1;i<=d; i++)                      /* 分配、收集 d 趟 */
    {
      for(j=0;j<R;j++)                      /* 对 R 个队列头尾指针赋初值 */
      {
        f[j]=NULL;
        r[j]=NULL;
      }
      q=p;
      while(q! =NULL)                       /* 分配 */
      {
        k=(q->key % m)/s;                   /* 先后分离出 3 位数的个、十、百位数字 */
        if(f[k]==NULL)                      /* 根据 q->key 分离的数字,送入相应队列 */
          f[k]=q;                           /* 队列空,直接加入 */
        else
          r[k]->next=q;                     /* 队列非空,加到队尾 */
        r[k]=q;
        q=q->next;                          /* 取单链表的下一个记录 */
      }
      p=NULL;
      for(j=R-1;j>=0;j--)                    /* 从 R 个队列最后一个队列向前收集 */
        if(f[j]! =NULL)
        {
          r[j]->next=p;
          p=f[j];
        }
      m=m*10;                               /* 为分离高一位数字做准备 */
      s=s*10;                               /* 为分离高一位数字做准备 */
    }
    h->next=p;
    return(h);
}


void freenode(RANODE * head)               /* 释放链表占用的内存 */
{
    RANODE * q=head, * p;
    do
    {
      p=q->next;
      free(q);
```

```
        q=p;
    }while(p! =NULL);
}


main()                              /*主程序*/
{
    int d=3;
    int R=10;
    RANODE *a, *b;
    a=create();                     /*建立待排序的各记录链表*/
    b=radixsort(a,d,R);             /*调用链式基数排序算法*/
    b=b->next;
    printf("Output the radixsort list：");
    while(b! =NULL)
    {
        printf("%4d",b->key);       /*输出已进行基数排序的有序表*/
        b=b->next;
    }
    freenode(a);                    /*释放占用的内存*/
}
```

程序运行结果：

Input number of the record：10(回车)

Input the records：387　456　592　625　076　471　050　396　557　522(回车)

Output the radixsort list：50　76　387　396　456　471　522　557　592　625

从基数排序的算法中容易看出，对于 n 个记录(假设每个记录含 d 个关键字，每个关键字的取值范围为 r)，则采用基数排序需进行 d 趟关键字的分配和收集，每趟运算时间复杂度为 $O(n+r)$，所以基数排序的时间复杂度为 $O(d(n+r))$。由于 d、r 是常数，当 n 较大时，基数排序的时间复杂度近似为 $O(n)$。但 n 较小，d 较大时，采用基数排序并不合适；只有当 n 较大、d 较小时，基数排序才最为有效。这种排序方法需要占用 2r 个队列指针作为辅助空间，而且，由于需要链表作存储结构，每个待排序的记录都需要加上指针域。基数排序是稳定的排序算法。

8.7　几种排序方法的比较

从以下几个方面综合比较各种排序方法，结果如下：

1.时间复杂度

直接插入排序、简单选择排序和冒泡排序这三种排序方法的时间复杂度均为 $O(n^2)$，所以适用于 n 较小的情况。

堆排序和归并排序这两种排序方法的时间复杂度为 $O(n\log_2 n)$，快速排序方法的平均时间复杂度也为 $O(n\log_2 n)$，但快速排序在最坏情况下的时间复杂度为 $O(n^2)$。

希尔排序方法的时间复杂度介于 $O(n\log_2 n)$ 与 $O(n^2)$ 之间,基数排序方法的时间复杂度为 $O(d(n+r))$,基数排序适用于关键字位数较少而 n 值很大的情况。

2. 空间复杂度

归并排序的空间复杂度最差,为 $O(n)$;快速排序的空间复杂度为 $O(\log_2 n)$(实现递归算法所需的栈空间);基数排序的空间复杂度为 $O(2r)$;其他排序方法的空间复杂度均为 $O(1)$。

3. 稳定性

直接插入排序、冒泡排序、归并排序和基数排序是稳定的,而希尔排序、简单选择排序、快速排序和堆排序是不稳定的。

综上所述,在所介绍的几种排序方法中,没有哪一种是绝对最优的。有的适用于 n 较大的情况,有的适用于 n 较小的情况。因此,在使用时需根据不同情况适当选用,甚至可将多种方法结合起来使用。

本章小结

1. 排序是将一组数据按照一定的规律顺序排列起来。排序方法有内部排序和外部排序。内部排序指待排序记录在内存中进行的排序过程,外部排序指在排序过程中还需对外存进行访问的排序过程。

2. 内部排序的排序方法有:插入排序、交换排序、选择排序、归并排序和基数排序。每种排序方法的排序过程及其排序思想各不相同,根据不同的场合选择不同的排序方法。

3. 排序的稳定性方面:直接插入排序、冒泡排序、归并排序和基数排序是稳定的,希尔排序、简单选择排序、快速排序和堆排序是不稳定的。

4. 排序方法的时间复杂度分别为:直接插入排序、简单选择排序和冒泡排序这三种排序方法的时间复杂度均为 $O(n^2)$,堆排序和归并排序这两种排序方法的时间复杂度为 $O(n\log_2 n)$,快速排序方法的平均时间复杂度也为 $O(n\log_2 n)$,但快速排序在最坏情况下的时间复杂度为 $O(n^2)$。希尔排序方法的时间复杂度介于 $O(n\log_2 n)$ 与 $O(n^2)$ 之间,基数排序方法的时间复杂度为 $O(d(n+r))$。排序方法的空间复杂度分别为:归并排序的空间复杂度最差,为 $O(n)$;快速排序的空间复杂度为 $O(\log_2 n)$;基数排序的空间复杂度为 $O(2r)$;其他排序方法的空间复杂度均为 $O(1)$。

习题

8.1 已知 8 个整数:1,7,3,2,0,5,6,8,分别用下列方法进行排序,编写程序。

(1) 直接插入排序。

(2) 折半插入排序。

(3) 希尔排序。

8.2 对无序序列:70,73,69,23,93,18,11,68,分别用下列方法进行排序,编写程序。

(1)快速排序。

(2)简单选择排序。

8.3 判别以下序列是否为堆(大顶堆或小顶堆)。如果不是,则把它调整为堆。

(1)(100,86,48,73,35,39,42,57,66,21)。

(2)(12,70,33,65,24,56,48,92,86,33)。

(3)(103,97,56,38,66,23,42,12,30,52,6,20)。

(4)(5,56,20,23,40,38,29,61,35,76,28,100)。

8.4 把第8.3题的第(2)小题按递增次序进行堆排序,编写程序。

8.5 本章中的排序算法,哪些是稳定的? 哪些是不稳定的?

上机实验

实验 8 排序

实验目的:

1.进一步理解各种排序基本思想和特点。

2.熟练掌握各种排序算法的实现。

实验内容:

编写一个完整的程序,其中可以调用不同的排序算法,实现对任意输入的一无序序列(序列的长度有限,比如长度≤20)的递增排序操作。在程序执行时输入待排序序列,然后可选择调用各种排序算法进行排序,最后输出排序后的结果。

1.编写一个主程序,在主程序执行时输入待排序序列。

2.编写一个直接插入排序函数。

3.编写一个希尔排序函数。

4.编写一个快速排序函数。

5.编写一个简单选择排序函数。

6.在主程序中调用上述排序函数。

7.在主程序中输出排序结果。

参考文献

［1］严蔚敏.数据结构(C语言版)［M］.北京:清华大学出版社,2003.

［2］傅清祥.算法与数据结构［M］.北京:电子工业出版社,2001.

［3］刘遵仁.数据结构［M］.北京:人民邮电出版社,2000.

［4］宁正元.数据结构习题解析与上机实验指导［M］.北京:中国水利水电出版社,2000.

［5］徐孝凯.数据结构［M］.北京:机械工业出版社,2000.

［6］杨秀金.数据结构［M］.西安:西安电子科技大学出版社,2000.

［7］邹岚.数据结构［M］.2版.大连:大连理工大学出版社,2018.

［8］严蔚敏,李冬梅,吴伟民.数据结构(C语言版)［M］.2版.北京:人民邮电出版社,2015.

［9］陈锐.数据结构［M］.北京:清华大学出版社,2012.

［10］邵增珍.数据结构(C语言版)［M］.北京:清华大学出版社,2012.

［11］苏仕华.数据结构课程设计［M］.北京:机械工业出版社,2005.

［12］高一凡.数据结构算法与解析［M］.北京:清华大学出版社,2016.

［13］Knuth D E. The Art of Computer Programming, volumn 1: Fundamental Algorithms, volumn 3: Sorting and Searching. Addison-Wesley publishing Company, Inc. ,1973.

附录 上机实验参考答案

注:本附录中所有程序中的 printf( )语句,若有中文输出,该程序必须运行在MS-DOS 的"窗口"方式下,不能运行在"全屏幕"方式下,否则可能为乱码。

第2章 上机实验

实验 2 参考程序

1.关于插入结点,有下列三种情况:

链表结点结构和双向链表见图 f.1,图 f.2。

情况 1:

将新结点 q 插入链表中第一个结点之前,此时,可使用下列三个步骤完成:

①将新结点 q 的指针 next 指向原链表中的第一个结点。

②将链表中的原第一个结点的指针 prior 指向新结点 q。

③将原链表的开始指针 head 指向新结点 q,则新结点成为链表的开始结点。

情况 2:

将新结点 q 插入链表的最后,此时,可使用下列两个步骤来完成:

①将原链表最后一个结点的指针 next 指向新结点 q。

②将新结点 q 的指针 prior 指向原链表的最后一个结点。

情况 3:

将新结点 q 插入链表的中间结点之间,假设插入指针 p 所指结点之后,可使用下列四个步骤来完成:

①将新结点 q 的指针 prior 指向指针 p 所指的结点。

②将新结点 q 的指针 next 指向指针 p 所指的结点的下一个结点。

③将指针 p 所指结点的下一个结点的指针 prior 指向新结点 q。

④将指针 p 所指结点的指针 next 指向新结点 q。

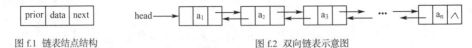

图 f.1 链表结点结构   图 f.2 双向链表示意图

2.和插入函数类似,在删除操作上也有下列三种情况:

情况 1:

删除链表的第一个结点,此时,可使用下列两个步骤完成:

① 将指向链表开始结点的指针 head 指向第二个结点。

② 此时原链表的第二个结点成为新链表的第一个结点,并将此结点的 prior 设为 NULL。

情况 2:

删除链表的最后一个结点,此时,只使用一个步骤就可完成:将链表的最后之前一个结点的指针 next 设为 NULL。

情况 3：

删除链表的中间结点，假设欲删除链表内指针 p 所指向的结点，q 指针紧随其后，可使用下列两个步骤来完成：

①将指针 q 的指针 next 指向指针 p 所指结点的下一个结点。

②将指针 p 所指结点的下一个结点的指针 prior 指向指针 q 所指结点。

```c
#include <stdio.h>
#include <malloc.h>
typedef struct dupnode                        /* 定义双向链表结点类型 */
{
    int data;
    struct dupnode * prior, * next;           /* 定义双向链表结点的直接前驱和后继的指针 */
}DUPNODE;

DUPNODE * create_dlist(int array[],int len)   /* 双向链表建立函数 */
{                                             /* array[]为加入链表的数组,len 为数组长度 */
    DUPNODE * head, * p, * q;
    int i;
    head=(DUPNODE * )malloc(sizeof(DUPNODE)); /* 新结点申请内存单元 */
    head->data=array[0];                      /* 将数组第一个元素赋给链表第一个元素 */
    head->prior=NULL;
    head->next =NULL;
    p=head;
    for(i=1;i<len;i++)                        /* 使用循环来建立链表其他结点 */
    {                                         /* 采用后插入方式插入结点 */
        q=( DUPNODE * )malloc(sizeof(DUPNODE));
        q->data=array[i];
        q->next=NULL;
        q->prior=p;
        p->next=q;
        p=q;
    }
    return(head);                             /* 返回 head */
}

DUPNODE * insert_node(DUPNODE * head,int l,int value,int * len)      /* 插入结点函数 */
{               /* head 为链表头指针,l 为插入位置,value 为待插入值,* len 为链表长度 */
    int i;
    DUPNODE * q, * p;
    q=( DUPNODE * )malloc(sizeof(DUPNODE));   /* 申请新结点空间 q */
    q->data=value;                            /* 初始化新结点 q */
    q->prior=NULL;
    q->next=NULL;
    if(l==0)                                  /* 情况 1,插在第一个结点前面 */
    {
```

```
            q->next=head;
            head->prior=q;
            head=q;
        }
        else                                    /*插在第1个或第2个或…或第13个结点后面*/
        {
            if(l==*len)                         /*情况2,插在最后一个结点后面*/
            {
              p=head;
              for(i=1;i<l;i++)
                p=p->next;
              q->prior=p;
              p->next=q;
            }
            else                                /*情况3,插在第1个和第13个结点之间*/
            {
              p=head;
              for(i=1;i<l;i++)
                p=p->next;
              q->prior=p;
              q->next=p->next;
              (p->next)->prior=q;
              p->next=q;
            }
        }
        (*len)++;                               /*链表长度加1*/
        return(head);                           /*返回双向链表头指针*/
}


DUPNODE * delete_node(DUPNODE * head,int l,int * temp,int * len)
                                                /*删除双向链表结点函数*/
{       /*head为链表头指针,l为删除位置,temp为返回删除元素值,*len为链表长度*/
    int i;
    DUPNODE * q,* p;
    if(l==1)                                    /*情况1,删除第一个结点*/
    {
        p=head;
        head=head->next;
        head->prior=NULL;
    }
    else
    {
        if(l==*len)                             /*情况2,删除最后一个结点*/
        {
          p=head;
          for(i=1;i<l;i++)
```

```
                   {
                     q＝p;
                     p＝p－>next;
                   }
                   q－>next＝NULL;
                 }
                 else
                 {                                /＊情况 3,删除第 2 个结点＊/
                   p＝head;
                   for(i＝1;i<1;i++)
                   {
                     q＝p;
                     p＝p－>next;
                   }
                   q－>next＝p－>next;
                   (p－>next)－>prior＝q;         /＊或(p－>next)－>prior＝p－>prior;＊/
                 }
               }
               (＊len)－－;                       /＊链表长度减 1＊/
               ＊temp＝p－>data;                   /＊返回被删除结点元素值＊/
               free(p);                          /＊释放被删除结点＊/
               return(head);                     /＊返回双向链表头指针＊/
             }


             void print(head)                     /＊输出双向链表各元素＊/
             DUPNODE ＊ head;
             {
               DUPNODE ＊p;
               p＝head;
               while(p!＝NULL)
               {
                 printf("％d",p－>data);
                 p＝p－>next;
               }
             }


             void freenode(DUPNODE ＊ head)        /＊释放链表占用的内存＊/
             {
               DUPNODE ＊ q＝head,＊p;
               do
               {
                 p＝q－>next;
                 free(q);
                 q＝p;
               }while(p!＝NULL);
             }
```

```
main()                                    /* 主程序 */
{
    int i;              /* 表示插入链表位置,可以是(0,1,2,…,13),0 表示插在第 1 个结点 */
                        /* 前面,其他表示插在某结点后面,如 1 表示插在第 1 个结点后面等 */
    int j;              /* 表示删除结点在链表中位置,可以是(1,2,…,14),表示删除第 1 个 */
                        /* 或第 2 个…或第 14 个结点 */
    int k;                        /* 插入链表的新元素值或返回删除元素值 */
    int a[13]={1,2,3,4,5,6,7,8,9,10,11,12,13};/* 13 个元素 */
    int n=13;                     /* 数组长度 */
    DUPNODE * h;
    h=create_dlist(a,n);          /* 调用建表函数 */
    printf("\n");
    print(h);                     /* 输出双向链表各结点元素 */
    printf("\n 输入新元素插在链表中的位置(0,1..13)和新元素值:");
    scanf("%d%d",&i,&k);
    h=insert_node(h,i,k,&n);      /* 调用插入函数 */
    print(h);                     /* 插入一个结点后,再输出双向链表各结点元素 */
    printf("\n 输入删除元素在链表中的位置(1,2..14):");
    scanf("%d",&j);
    h=delete_node(h,j,&k,&n);     /* 调用删除函数 */
    printf("删除元素值为:%d\n",k);
    print(h);                     /* 删除一个结点后,再输出双向链表各结点元素 */
    freenode(h);                  /* 释放占用的内存 */
}
```

程序运行结果:

```
1  2  3  4  5  6  7  8  9  10  11  12  13
```

输入新元素插在链表中的位置(0,1..13)和新元素值:13   66(回车)

```
1  2  3  4  5  6  7  8  9  10  11  12  13  66
```

输入删除元素在链表中的位置(1,2..14):13(回车)

```
1  2  3  4  5  6  7  8  9  10  11  12  66
```

第 3 章   上机实验

实验 3   参考程序

```
#include <stdio.h>
#define MAXLEN 10
typedef int elementtype;
typedef struct                          /* 栈的顺序存储结构定义 */
{
    elementtype element[MAXLEN];        /* 存放栈元素的数组 */
    int top;                            /* 栈指针 */
}SqStack;

SqStack InitStack_sq()                  /* 建立一个空栈 s */
{
```

```
    SqStack s;
    s.top=-1;
    return(s);
}


int Push_sq(SqStack * s,elementtype x)          /*进栈操作,若栈 s 未满,将元素 x 进栈*/
{
    if(s->top==MAXLEN-1)
      return(0);                                /*栈满返回 0*/
    s->top++;
    s->element[s->top]=x;
    return(1);
}


int Pop_sq(SqStack * s,elementtype * x)
                        /*出栈操作,若栈 s 非空,删除 s 的栈顶元素,并用 *x 返回栈顶元素*/
{
    if(s->top==-1)
      return(0);                                /*栈空返回 0*/
    *x=s->element[s->top];
    s->top--;
    return(1);
}


void Empty_sq(SqStack * s)                       /*判断栈空函数*/
{
    if(s->top==-1)                               /*栈空*/
      printf("The stack is empty! \n");
    else                                         /*栈不空*/
      printf("The stack is not empty! \n");
    return;
}


void print(SqStack s)                            /*输出栈元素*/
{
    int i;
    if(s.top!=-1)                                /*栈非空,输出栈元素*/
    {
      printf("\nOutput elements of stack: ");
      for(i=0;i<=s.top;i++)
        printf(" % d",s.element[i]);
    }
    else
      printf("The stack is empty!!!");
    printf("\n");
}
```

```
main()                                      /*主程序*/
{
   SqStack stack;
   int i;
   elementtype z;
   stack=InitStack_sq();                    /*建立空栈 stack*/
   printf("\nPush 1 to 9 elements to stack!");
   for(i=1;i<=9;i++)                         /*入栈 1~9*/
      Push_sq(&stack,i);                     /*进栈操作*/
   print(stack);                             /*入栈 9 个元素后输出栈元素*/
   printf("Pop 4 elements from stack:");
   for(i=1;i<=4;i++)                         /*出栈 4 个元素*/
   {
      Pop_sq(&stack,&z);                     /*出栈操作*/
      printf("%d",z);                        /*按出栈次序输出栈元素*/
   }
   print(stack);                             /*出栈 4 个元素后输出栈元素*/
   Empty_sq(&stack);                         /*调用判断栈空函数*/
}
```

程序运行结果:

```
Push 1 to 9 elements to stack!
Output elements of stack: 1   2   3   4   5   6   7   8   9
Pop 4 elements from stack: 9   8   7   6
Output elements of stack: 1   2   3   4   5
The stack is not empty!
```

第 4 章　上机实验

实验 4　参考程序

　　串置换就是把母串中的某个子串用另一个子串来替换。字符串替换算法可以用子串定位、删除子串和插入子串的算法来实现。为了保持程序的完整性,将引用到的子串定位、删除子串和插入子串的算法完整地写入下面的程序中。下面是一个串置换算法的一个完整上机程序。

```
#include <stdio.h>
#define MAXLEN 25                   /*定义一常量 MAXLEN 为 25*/
typedef struct string               /*定义串顺序存储结构*/
{
    char ch[MAXLEN];
    int len;
}STRING;

int match(s,s1)                     /*子串定位函数*/
STRING s,s1;
{
```

```
    int i,j,k;
    i=0;
    while(i<=s.len-sl.len)              /*i为s串中字符的位置,每次前进一个位置,*/
    {                                   /*该循环执行到s串中剩余长度不够比较时为止*/
        j=i;                            /*j用作临时计数变量*/
        k=0;                            /*用k控制比较的长度小于sl.len*/
        while((k<sl.len)&&(s.ch[j]==sl.ch[k]))        /*比较过程*/
        {
            j=j+1;
            k=k+1;
        }
        if(k==sl.len)                   /*比较成功,返回位置(下标i+1)*/
        return(i+1);    /*i+1表示第几个位置,如下标(i=0)为0位置是第1个位置等*/
        else                            /*比较不成功,从s串中下一个字符继续比较*/
        i=i+1;
    }
    return(-1);                         /*比较结束时,未找到匹配字符串,返回标识-1*/
}
STRING delete(s,i,j)                    /*删除子串函数*/
STRING s;
int i,j;
{
    int k;
    STRING sl={"",0};
    if((i<1)||(i>s.len))                /*i值不在s串值范围之内,不能删除*/
    { printf("error\n");
        return(sl);                     /*不能删除,输出空串sl*/
    }
    else
    if(s.len-i+1<j)                     /*第i个位置开始到最后的字符数不足j个时*/
    {
        s.ch[i-1]='\0';                 /*设置字符串结尾标志*/
        s.len=i-1;                      /*修改s串长度*/
        return(s);
    }
    else                                /*i和j都可以满足要求*/
    {
        for(k=i+j-1;k<=s.len;k++)               /*元素向前移动j位*/
        s.ch[k-j]=s.ch[k];
        s.len=s.len-j;                  /*s串长度减j*/
        return(s);
    }
}
```

```
STRING insert(s,s1,i)                    /*插入子串函数*/
STRING s,s1;
int i;
{
     int j;
     STRING s2={"",0};
     if(s.len+s1.len>=MAXLEN||(i>s.len+1)||(i<1))
        {                                  /*如果长度不够或起始位置不合理,输出溢出信息*/
          printf("overflow\n");
          return(s2);                      /*输出空串 s2*/
        }
     else
     { for(j=s.len;j>=i;j--)
         s.ch[j+s1.len-1]=s.ch[j-1];  /*s串最后一个到第 i 个位置的元素后移*/
       for(j=0;j<s1.len;j++)
         s.ch[j+i-1]=s1.ch[j];          /*插入 s1 串到 s 串指定位置*/
         s.len=s.len+s1.len;            /*s串长度增加*/
         s.ch[s.len]='\0';              /*设置字符串结尾标志*/
         return(s);                     /*返回 s*/
      }
}


STRING replace(s,s1,s2)                  /*串置换函数*/
STRING s,s1,s2;
{
     int k;
     k=match(s,s1);
     if(k!=-1)
     {
         s=delete(s,k,s1.len);   /*调用删除函数,在 s 串中从第 k+1 个字符开始删除,*/
                                  /*共删除 s1.len 个字符*/
         s=insert(s,s2,k);
                          /*调用插入函数,在 s 串中,从第 k+1 个位置开始插入 s2 子串*/
     }
     else
       printf("not exist.");
     return(s);
}


main()                                   /*主程序*/
{
     STRING a={"Beijing Shanghai China",22};   /*定义结构变量,给结构变量赋初值*/
     STRING a1={"Shanghai",8};
     STRING a2={"Dalian",6};
     STRING s;
     int i;
```

```
        s＝replace(a,a1,a2);              /＊调用置换函数＊/
        printf("\n");
        for(i＝0;i＜s.len;i＋＋)            /＊输出结果＊/
        printf("％c",s.ch[i]);
        printf("\n％d",s.len);
}
```
程序运行结果：
Beijing Dalian China
20

在该例中,有一串 a＝"Beijing Shanghai China",现在要把 a1＝"Shanghai"替换成 a2
＝"Dalian",在调用了函数 replace(a,a1,a2)后,结果为 s＝"Beijing Dalian China"。

第5章　上机实验

实验 5.1　参考程序

本实验创建二叉树的算法是这样实现的:欲建立的二叉树如图 f.3 所示,然后按其完
全二叉树形态补足 0 如图 f.4 所示。在建立二叉树算法中,按图 f.4 的二叉树以层次遍
历方式输入各结点值:5,4,6,2,0,0,8,1,3,0,0,0,0,7,9。这样就可以建立如图 f.3 所示
的二叉树。

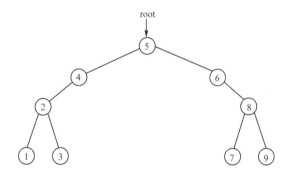

图 f.3　欲建立的二叉树

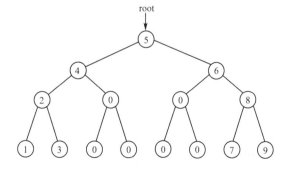

图 f.4　补足 0 后的完全二叉树

```
                                          /*二叉树的复制*/
#include <stdio.h>
#include <stdlib.h>
struct tree                               /*定义二叉树结点结构*/
{
  int data;                               /*结点数据*/
  struct tree * left;                     /*指向左子树的指针*/
  struct tree * right;                    /*指向右子树的指针*/
};

typedef struct tree TREENODE;             /*定义二叉树结点新类型*/
typedef TREENODE * BTREE;                 /*定义二叉树结点指针类型*/

BTREE createbtree(int * data,int pos)     /*创建二叉树*/
{
  BTREE newnode;                          /*新结点指针*/
  if(data[pos]==0||pos>15)                /*终止条件*/
    return NULL;
  else
    {                                     /*申请新结点内存*/
      newnode=(BTREE)malloc(sizeof(TREENODE));
      newnode->data=data[pos];            /*输入新结点数据*/
      newnode->left=createbtree(data,2 * pos);        /*创建左子树的递归调用*/
      newnode->right=createbtree(data,2 * pos+1);     /*创建右子树的递归调用*/
      return newnode;
    }
}


BTREE copybtree(BTREE root)               /*复制二叉树*/
{
  BTREE newnode;                          /*新结点指针*/
  if(root==NULL)                          /*终止条件*/
    return NULL;
  else
    {                                     /*以先序遍历方式复制*/
    newnode=(BTREE)malloc(sizeof(TREENODE));/*创建新结点内存*/
    newnode->data=root->data;             /*创建结点内容*/
    newnode->left=copybtree(root->left);  /*复制左子树*/
    newnode->right=copybtree(root->right);/*复制右子树*/
    return newnode;
    }
}


void printbtree(BTREE ptr)                /*中序输出二叉树*/
{
  if(ptr! =NULL)                          /*终止条件*/
```

```
    {
      printbtree(ptr->left);              /* 左子树 */
      printf("[%2d]",ptr->data);          /* 输出结点内容 */
      printbtree(ptr->right);             /* 右子树 */
    }
}


void freetree(BTREE t)                    /* 释放二叉树占用的内存 */
{
   if(t!=NULL)
   {
      freetree(t->left);
      freetree(t->right);
      free(t);
   }
}


main()                                    /* 主程序 */
{
   BTREE root=NULL;                       /* 原二叉树指针 */
   BTREE backup=NULL;                     /* 复制二叉树指针 */
   int data[16]={0,5,4,6,2,0,0,8,1,3,0,0,0,0,7,9};
                                          /* 二叉树结点数据,data[0]元素不用 */
   root=createbtree(data,1);              /* 调用创建二叉树函数 */
   backup=copybtree(root);                /* 调用复制二叉树函数 */
   printf("原二叉树的结点内容\n");
   printbtree(root);                      /* 调用中序输出二叉树函数 */
   printf("\n 备份二叉树的结点内容\n");
   printbtree(backup);                    /* 调用中序输出二叉树函数 */
   printf("\n");
   freetree(root);                        /* 释放原二叉树占用的内存 */
   freetree(backup);                      /* 释放复制二叉树占用的内存 */
}
```

程序运行结果：
原二叉树的结点内容
[1] [2] [3] [4] [5] [6] [7] [8] [9]
备份二叉树的结点内容
[1] [2] [3] [4] [5] [6] [7] [8] [9]

实验 5.2 参考程序

本实验创建表达式二叉树的算法同实验 5.1,欲建立的表达式二叉树如图 f.5 所示。

```
                                          /* 表达式二叉树的创建和计算 */
#include <stdio.h>
#include <stdlib.h>
struct tree                               /* 定义二叉树结点结构 */
```

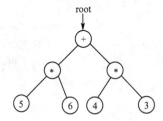

图 f.5　欲建立的表达式二叉树

```
{
    char data;                               /* 结点数据 */
    struct tree * left;                      /* 指向左子树的指针 */
    struct tree * right;                     /* 指向右子树的指针 */
};
typedef struct tree TREENODE;                /* 定义二叉树结点新类型 */
typedef TREENODE * BTREE;                    /* 定义二叉树结点指针类型 */
BTREE createbtree(int * data,int pos)        /* 创建二叉树 */
{
    BTREE newnode;                           /* 新结点指针 */
    if(data[pos]==0||pos>7)                  /* 终止条件 */
        return NULL;
    else
        {                                    /* 申请新结点内存 */
        newnode=(BTREE)malloc(sizeof(TREENODE));
        newnode->data=data[pos];             /* 输入新结点数据 */
        newnode->left=createbtree(data,2 * pos);/* 创建左子树的递归调用 */
        newnode->right=createbtree(data,2 * pos+1);          /* 创建右子树的递归调用 */
        return newnode;
        }
}


void inorder(BTREE ptr)                      /* 表达式二叉树中序输出 */
{
    if(ptr! =NULL)                           /* 终止条件 */
    {
        inorder(ptr->left);                  /* 左子树 */
        printf("% c",ptr->data);             /* 输出结点内容 */
        inorder(ptr->right);                 /* 右子树 */
    }
}


void preorder(BTREE ptr)                     /* 表达式二叉树先序输出 */
{
    if(ptr! =NULL)                           /* 终止条件 */
    {
        printf("% c",ptr->data);             /* 输出结点内容 */
```

```
        preorder(ptr->left);                    /*左子树*/
        preorder(ptr->right);                   /*右子树*/
    }
}


void postorder(BTREE ptr)                       /*表达式二叉树后序输出*/
{
    if(ptr!=NULL)                               /*终止条件*/
    {
        postorder(ptr->left);                   /*左子树*/
        postorder(ptr->right);                  /*右子树*/
        printf("%c",ptr->data);                 /*输出结点内容*/
    }
}
int getvalue(int op,int operand1,int operand2)  /*计算二叉树表达式的值*/
{
    switch((char)op)
    {
      case '*':return(operand1*operand2);
      case '-':return(operand1-operand2);
      case '+':return(operand1+operand2);
      case '/':return(operand1/operand2);
      default:return(0);
    }
}


int cal(BTREE ptr)                              /*表达式二叉树后序计算*/
{
    int operand1=0;                             /*前操作数变量*/
    int operand2=0;                             /*后操作数变量*/
    if(ptr->left==NULL&&ptr->right==NULL)/*终止条件*/
        return ptr->data-48;                    /*字符数字转换为十进制数字*/
    else
    {
        operand1=cal(ptr->left);                /*左子树*/
        operand2=cal(ptr->right);               /*右子树*/
        return getvalue(ptr->data,operand1,operand2);
    }
}


void freetree(BTREE t)                          /*释放二叉树占用的内存*/
{
    if(t!=NULL)
    {
        freetree(t->left);
        freetree(t->right);
```

```
        free(t);
    }
}

main()                                    /＊主程序＊/
{
    BTREE root＝NULL;                      /＊表达式二叉树指针＊/
    int result;                           /＊结果变量＊/
    int data[8]＝{´ ´,´＋´,´＊´,´＊´,´5´,´6´,´4´,´3´};        /＊表达式二叉树结点数据＊/
    root＝createbtree(data,1);             /＊调用创建表达式二叉树函数＊/
    printf("中序表达式:");
    inorder(root);                        /＊调用中序输出二叉树函数＊/
    printf("\n 先序表达式:");
    preorder(root);                       /＊调用先序输出二叉树函数＊/
    printf("\n 后序表达式:");
    postorder(root);                      /＊调用后序输出二叉树函数＊/
    result＝cal(root);                     /＊调用计算表达式值函数＊/
    printf("\n 表达式结果是:％d\n",result); /＊输出结果＊/
    freetree(root);                       /＊释放占用的内存＊/
}
```

程序运行结果:

中序表达式:5＊6＋4＊3

先序表达式:＋＊56＊43

后序表达式:56＊43＊＋

表达式结果是:42

第 6 章 上机实验

实验 6.1 参考程序

1.运行第 6 章程序 6-5,输入数据及运行程序结果如下:

```
input vexnum,arcnum:
5,8(回车)
v1,v2 ＝ 0,1(回车)
v1,v2 ＝ 0,2(回车)
v1,v2 ＝ 0,4(回车)
v1,v2 ＝ 1,4(回车)
v1,v2 ＝ 2,4(回车)
v1,v2 ＝ 3,4(回车)
v1,v2 ＝ 3,2(回车)
v1,v2 ＝ 3,1(回车)
bfs output:
0
4
2
1
3
```

2.改变边的输入顺序后,再运行第 6 章程序 6-5,输入数据及运行程序结果为:

```
input vexnum,arcnum:
5,8(回车)
v1,v2 = 3,1(回车)
v1,v2 = 3,2(回车)
v1,v2 = 3,4(回车)
v1,v2 = 2,4(回车)
v1,v2 = 1,4(回车)
v1,v2 = 0,4(回车)
v1,v2 = 0,2(回车)
v1,v2 = 0,1(回车)
bfs output:
0
1
2
4
3
```

3.对于图 6.6 所示的非连通图,前述算法不能实现图的遍历。算法的主程序改进如下:

```
main()
{
    int i,n;
    ARCNODE * p;
    n=createadjlist();                      /*建立邻接表并返回顶点的个数*/
    printf("bfs output:\n");
    for(i=0;i<n;i++)                        /*从图中的每个顶点出发进行广度优先搜索*/
      if(adjlist[i].data==0)                /*排除已被访问过的顶点*/
        bfs(i);                             /*从顶点 i 出发,按广度优先搜索进行图的遍历*/
}
```

完整程序如下:

```
#include <stdio.h>
#include <stdlib.h>
#include <malloc.h>
#define MAX_VEX 50
typedef struct arcnode                      /*定义表结点*/
{
    int vextex;
    struct arcnode * next;
}ARCNODE;

typedef struct vexnode                      /*定义头结点*/
{
    int data;
    ARCNODE * firstarc;
```

```
        }VEXNODE;
        VEXNODE adjlist[MAX_VEX];                        /*定义表头向量 adjlist*/

        int createadjlist()                             /*建立邻接表*/
        {
            ARCNODE *ptr;
            int arcnum,vexnum,k,v1,v2;
            printf("input vexnum,arcnum:\n");
            scanf("%d,%d",&vexnum,&arcnum);             /*输入图的顶点数和边数(弧数)*/
            for(k=0;k<vexnum;k++)
              adjlist[k].firstarc=NULL;                 /*为邻接链表的 adjlist 数组各元素的链域赋初值*/
            for(k=0;k<arcnum;k++)                       /*为 adjlist 数组的各元素分别建立各自的链表*/
            {
              printf("v1,v2 = ");
              scanf("%d,%d",&v1,&v2);
              ptr=(ARCNODE *)malloc(sizeof(ARCNODE));   /*给顶点 V₁ 的相邻顶点 V₂ 分配内存空间*/
              ptr->vextex=v2;
              ptr->next=adjlist[v1].firstarc;
              adjlist[v1].firstarc=ptr;                 /*将相邻顶点 V₂ 插入表头结点 V₁ 之后*/
              ptr=(ARCNODE *)malloc(sizeof(ARCNODE));   /*对于有向图此后的四行语句要删除*/
              ptr->vextex=v1;                           /*给顶点 V₂ 的相邻顶点 V₁ 分配内存空间*/
              ptr->next=adjlist[v2].firstarc;
              adjlist[v2].firstarc=ptr;                 /*将相邻顶点 V₁ 插入表头结点 V₂ 之后*/
            }
            return(vexnum);
        }


        void bfs(v)                                     /*从某顶点 V 出发按广度优先搜索进行图的遍历*/
        int v;
        {
            int queue[MAX_VEX];
            int front=0,rear=1;
            ARCNODE *p;
            p=adjlist[v].firstarc;
            printf("%d\n",v);                           /*访问初始顶点*/
            adjlist[v].data=1;                          /*置已访问标志*/
            queue[rear]=v;                              /*初始顶点入队列*/
            while(front!=rear)                          /*队列不为空时循环*/
            {
              front=(front+1)%MAX_VEX;
              v=queue[front];                           /*按访问次序依次出队列*/
              p=adjlist[v].firstarc;                    /*找 V 的邻接点*/
              while(p!=NULL)
              {
```

```
        if(adjlist[p->vextex].data==0)
        {
          adjlist[p->vextex].data=1;
          printf("%d\n",p->vextex);              /* 访问该点并使之入队列 */
          rear=(rear+1)%MAX_VEX;
          queue[rear]=p->vextex;
        }
        p=p->next;                                /* 找 V 的下一个邻接点 */
      }
    }
}


void freeadjlist(int n)                          /* 释放邻接表占用的内存 */
{
    int i;
    for(i=0;i<n;i++)
    {
      ARCNODE * p=adjlist[i].firstarc;
      while(p!=NULL)
      {
        ARCNODE * q=p;
        p=p->next;
        free(q);
      }
    }
}


main()
{
    int i,n;
    n=createadjlist();                           /* 建立邻接表并返回顶点的个数 */
    printf("bfs output:\n");
    for(i=0;i<n;i++)                             /* 从图中的每个顶点出发进行广度优先搜索 */
      if(adjlist[i].data==0)                      /* 如果顶点 i 未被访问过 */
        bfs(i);                                   /* 从顶点 i 出发,按广度优先搜索进行图的遍历 */
}
```

程序运行结果:
input vexnum,arcnum:
6,6(回车)
v1,v2 = 0,1(回车)
v1,v2 = 0,2(回车)
v1,v2 = 0,3(回车)
v1,v2 = 1,3(回车)
v1,v2 = 2,3(回车)

v1,v2 = 4,5(回车)

bfs output：

0

3

2

1

4

5

实验 6.2 参考程序

上机运行程序 6-6 并可按如下顺序输入数据（并不仅此一种）：

Input vexnum,arcnum：6,10(回车)

v1,v2,w = 0,1,16(回车)

v1,v2,w = 0,4,19(回车)

v1,v2,w = 0,5,21(回车)

v1,v2,w = 1,2,5 (回车)

v1,v2,w = 1,3,6 (回车)

v1,v2,w = 1,5,11(回车)

v1,v2,w = 2,3,6 (回车)

v1,v2,w = 3,4,4 (回车)

v1,v2,w = 3,5,14(回车)

v1,v2,w = 4,5,33(回车)

Output edge(arc) and cost of MCSTree：

(0,1)16

(1,2)5

(1,3)6

(3,4)4

(1,5)11

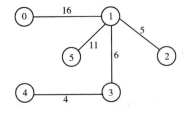

图 f.6(A) 实验 6.2 的最小生成树

输出最小生成树的边及其权值如图 f.6(A)所示。

由程序的输出结果得出最小生成树的构造过程如图 f.6(B)所示。

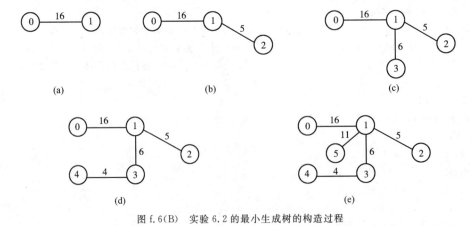

图 f.6(B) 实验 6.2 的最小生成树的构造过程

第 7 章　上机实验

实验 7.1　参考程序

分块查找的查找函数分两步进行,首先通过索引表确定待查找的数据元素属于其中哪一块,即查找其所在的块;然后在块内查找要查的数据元素。由于索引表是递增有序的,所以可采用二分查找;块内元素个数较少,采用顺序法在块内查找。

下面是分块查找算法的一个完整上机程序。

```
# include <stdio.h>
# define MAXLEN 3              /*定义一常量 MAXLEN 为 3,为索引表的大小*/
# define MAXITEM 15            /*定义一常量 MAXITEM 为 15,为顺序表的大小*/
struct indexterm              /*索引表元素的定义*/
{
  int key;                    /*待查找索引表的元素关键字域,它是该块中的最大值*/
  int low,high;               /*low 是某一块的下界(下标),high 是某一块的上界(下标)*/
};
typedef struct indexterm index[MAXLEN];                          /*定义索引表*/
struct element                /*块内用顺序表元素的定义*/
{
  int key;                    /*元素关键字域*/
                              /*若有其他域,继续定义,这里假设只有 key 域*/
};
typedef struct element sqlist[MAXITEM];
              /*对关键字为 k 的数据元素,先二分查找索引表 idx,再顺序检索 r 中相应块,*/
              /*若找到了,返回其在 r 中的位置 i(下标);若找不到,返回−1*/
int blksearch(r,idx,k,bn)
sqlist r;
index idx;                    /*idx 为索引表*/
int k;
int bn;                       /*bn 为顺序表 r 中块的个数*/
{
  int i,low1=0,high1=bn−1;
  int mid1,hb,find=0;
  while(low1<=high1&&! find)   /*二分查找索引表 idx*/
  {                            /*low1 带出块号*/
    mid1=(low1+high1)/2;
    if(k<idx[mid1].key)
      high1=mid1−1;
    else
      if(k>idx[mid1].key)
        low1=mid1+1;
      else
      {
```

```
                low1=mid1;
                find=1;
            }
        }
        if(low1<bn)                    /* 若为真,k 可在顺序表 r 的相应块内继续查找 */
        {
            i=idx[low1].low;           /* 在索引表中确定块起始地址 */
            hb=idx[low1].high;         /* 在索引表中确定块终止地址 */
            while(i<hb&&r[i].key!=k)    /* 在指定的块内采用顺序法进行查找 */
                i++;
            if(r[i].key!=k)            /* 块内无关键字 k 的元素 */
                i=-1;
        }
        else                           /* 若为假,无关键字 k 的元素 */
            i=-1;
        return(i);
    }


main()                                 /* 主程序 */
{
    sqlist a={9,22,12,14,35,42,44,38,48,60,58,47};        /* 待查顺序表 */
    index b={22,0,3,44,4,7,60,8,11};                      /* 待查索引表 */
    int k,j;
    printf("输入待查关键字 k:");
    scanf("%d",&k);
    j=blksearch(a,b,k,3);              /* 通过索引表 b 在待查顺序表 a 中查找关键字 k */
                                       /* 待查顺序表为 3 块 */
    if(j>=0)
        printf("%d 在第 %d 个下标位置。\n",k,j);
    else
        printf("无此元素! \n");
}
```

程序第一次运行结果:
输入待查关键字 k:44(回车)
44 在第 6 个下标位置。

程序第二次运行结果:
输入待查关键字 k:62(回车)
无此元素!

实验 7.2 参考程序

本实验采用开放地址法处理冲突,散列函数和随机探测再散列函数如下。

散列函数为:$H(key)=(3 \times key) \% 11$

随机探测再散列的下一个地址的计算公式为:

$$d_1 = H(key)$$
$$d_i = (d_{i-1} + 7 \times key) \% 11 \ (i = 2, 3, \cdots)$$

计算各关键字散列地址：

关键字 22：H(22) = 3×22 % 11 = 0

关键字 41：H(41) = 3×41 % 11 = 2

关键字 53：H(53) = 3×53 % 11 = 5

关键字 46：H(46) = 3×46 % 11 = 6

关键字 30：H(30) = 3×30 % 11 = 2(冲突)

　　　　　H(30) = (2+7×30)% 11 = 3

关键字 13：H(13) = 3×13 % 11 = 6(冲突)

　　　　　H(13) = (6+7×13)% 11 = 9

关键字 1 ：H(1) = 3×1 % 11 = 3(冲突)

　　　　　H(1) = (3+7×1) % 11 = 10

关键字 67：H(67) = 3×67 % 11 = 3(冲突)

　　　　　H(67) = (3+7×67)% 11 = 10(仍冲突)

　　　　　H(67) = (10+7×67)% 11 = 6(仍冲突)

　　　　　H(67) = (6+7×67)% 11 = 2(仍冲突)

　　　　　H(67) = (2+7×67)% 11 = 9(仍冲突)

　　　　　H(67) = (9+7×67)% 11 = 5(仍冲突)

　　　　　H(67) = (5+7×67)% 11 = 1

本题的散列表如图 f.7 所示。

0	1	2	3	4	5	6	7	8	9	10
22	67	41	30		53	46			13	1
1	7	1	2		1	1			2	2

图 f.7 实验 7.2 的散列表

查找成功的平均查找长度为：

ASL = (4×1+3×2+1×7)/8 = 2.125

构造本散列表的完整程序如下：

```c
# include <stdio.h>
# define M 11                          /* 散列表表长 */
# define N 8                           /* 待散列的关键字表表长 */
struct hterm                           /* 定义散列表元素 */
{
    int key;                           /* 关键字域 */
    int si;                            /* 比较次数 */
};
struct hterm hashlist[M];              /* 散列表 */
int x[N]={22,41,53,46,30,13,1,67};     /* 待散列的关键字 */
```

256 / 数据结构 □

```
    int i,address,sum,d;
    float average;

    main()                              /* 主程序,功能为用散列法存储数据,开放地址法处理冲突 */
    {
       for(i=0;i<N;i++)
       {
         hashlist[i].key=0;                           /* 为关键字域和比较次数赋初值 */
         hashlist[i].si=0;
       }
       for(i=0;i<N;i++)
       {
         sum=0;
         address=(3*x[i])%M;                          /* 求散列地址 */
         d=address;
         if(hashlist[address].key==0)                 /* 如果是开放地址 */
         {
           hashlist[address].key=x[i];                /* 存入该关键字 */
           hashlist[address].si=1;                    /* 存入比较次数 */
         }
         else
         {
           do
           {
             d=(d+(x[i]*7))%11;                        /* 冲突后再求散列地址 */
             sum=sum+1;                               /* 冲突次数累加 */
             address=d;
           }
           while(hashlist[address].key!=0);
           hashlist[address].key=x[i];                /* 存入关键字 */
           hashlist[address].si=sum+1;                /* 存入冲突次数 */
         }
       }
       printf("\n散列地址:           ");
       for(i=0;i<M;i++)
         printf("%3d",i);                             /* 输出散列地址 */
       printf("\n");
       printf("散列的关键字:");
       for(i=0;i<M;i++)
         printf("%3d",hashlist[i].key);               /* 输出散列的关键字 */
       printf("\n");
       printf("查找长度:           ");
       for(i=0;i<M;i++)
         printf("%3d",hashlist[i].si);                /* 输出查找长度 */
```

```
        printf("\n");
        average=0;
        for(i=0;i<M;i++)
            average=average+hashlist[i].si;
        average=average/N;
        printf("平均查找长度：ASL(%d)=%4.3f",N,average);          /*输出平均查找长度*/
}
```

程序运行结果：

散列地址：   0   1   2   3   4   5   6   7   8   9   10

散列的关键字：22   67   41   30   0   53   46   0   0   13   1

查找长度：   1   7   1   2   0   1   1   0   0   2   2

平均查找长度：ASL(8)=2.125

第8章   上机实验

实验 8   参考程序

```c
# include <stdio.h>
void insertsort(int r[],int length)           /*直接插入排序函数*/
{
    int i,j,x;
    for(i=1;i<length;++i)                       /*第一个数总是有序的,i从2开始*/
        if(r[i]<r[i-1])                         /*如"<",将r[i]插入有序序列中*/
        {
            x=r[i];                             /*r[i]的值暂存x中*/
            for(j=i-1;x<r[j]&&j>=0;--j)
                r[j+1]=r[j];                    /*记录后移*/
            r[j+1]=x;                           /*插入正确位置*/
        }
}


void shellsort(int r[],int length)             /*希尔排序函数*/
{
    int d,i,j,x;
    d=length/2;                                 /*取第一个步长值*/
    while(d>=1)                                 /*对各组进行直接插入排序*/
    {
        for(i=d;i<length;i++)                   /*对每组进行直接插入排序*/
        {
            x=r[i];                             /*记录r[i]暂存入x中*/
            j=i-d;                              /*确定每组中的记录r[i]前一个位置*/
            while(j>=0&&x<r[j])                 /*在组中查找插入位置*/
            {
                r[j+d]=r[j];                    /*记录后移*/
```

```
      j=j-d;                                    /* 记录位置前移一个步长 */
      }
    r[j+d]=x;                                   /* 插入记录 */
    }
  d=d/2;                                        /* 缩小步长值,取下一步长值 */
  }
}


int Partition(int r[],int s,int t)        /* 一趟快速排序算法,将基准记录移到正确位置 */
                                          /* 并返回其所在位置 */
{
  int i,j,rp;
  i=s;j=t;
  rp=r[s];                                      /* 基准记录暂存入 rp */
  while(i<j)                                    /* 从序列的两端交替向中间扫描 */
  {
    while(i<j&&r[j]>=rp)
      j--;                                      /* 扫描比基准记录小的位置 */
    r[i]=r[j];                                  /* 将比基准记录小的记录移到低端 */
    while(i<j&&r[i]<=rp)
      i++;                                      /* 扫描比基准记录大的位置 */
    r[j]=r[i];                                  /* 将比基准记录大的记录移到高端 */
  }
  r[i]=rp;                                      /* 基准记录到位 */
  return i;                                     /* 返回基准记录位置 */
}


void Qsort(int r[],int s,int t)               /* 快速排序递归算法 */
{
  int k;
  if(s<t)                                       /* 长度大于 1 */
  {
    k=Partition(r,s,t);               /* 调用一趟快速排序算法将 r[s]..r[t]一分为二 */
    Qsort(r,s,k-1);                           /* 对低端子序列递归排序,k 为支点位置 */
    Qsort(r,k+1,t);                           /* 对高端子序列递归排序 */
  }
}


void selectsort(int r[],int length)           /* 简单选择排序函数 */
{
  int i,j,k,x;
  for(i=0;i<length-1;i++)                       /* 共进行 length-1 趟排序 */
  {
    k=i;                                        /* 初始化 i 趟排序的最小记录位置 */
```

```
      for(j=i+1;j<length;j++)                    /* 搜索关键字最小的记录位置 */
        if(r[k]>r[j])
          k=j;
      if(i!=k)                                    /* 交换 r[i]与 r[k] */
      {
        x=r[i];
        r[i]=r[k];
        r[k]=x;
      }
    }
}


void print(int r[],int length)
{
  int i;
  for(i=0;i<length;i++)                           /* 输出排序后的序列 */
    printf("%d  ",r[i]);
  printf("\n");
}


#define LENGTH 8                                  /* 定义符号常量 */
main()                                            /* 主程序 */
{
  int i;
  int r[LENGTH]={20,19,47,39,78,56,49,36};        /* 定义数组并赋初值 */
  int r1[LENGTH];                                 /* 定义另一个长度为 length 的数组 */
  int x;
  printf("\n");
  printf("1——直接插入排序\n");                    /* 系统菜单 */
  printf("2——希尔排序\n");
  printf("3——快速排序\n");
  printf("4——简单选择排序\n");
  printf("0——退出\n");
  printf("输入您的选择(1,2,3,4,0):");
  while(1)
  {
    for(i=0;i<LENGTH;i++)                          /* 数组 r[]复制到数组 r1[] */
      r1[i]=r[i];
    scanf("%d",&x);                                /* 输入菜单选项值 */
    if(x>=0&&x<=4)                                 /* 输入的值在 0 到 4 之间 */
    {
      /* printf("\n"); */
      switch(x)                                    /* 根据 x 值,调用不同的排序算法 */
      {
```

```
        case 1:insertsort(rl,LENGTH);
               printf("这是直接插入排序的结果:");
               break;
        case 2:shellsort(rl,LENGTH);
               printf("这是希尔排序的结果:");
               break;
        case 3:Qsort(rl,0,LENGTH-1);
               printf("这是快速排序的结果:");
               break;
        case 4:selectsort(rl,LENGTH);
               printf("这是简单选择排序的结果:");
               break;
        case 0:printf("程序结束,退出! \n");
               return(0);
      }
      /* printf("\n"); */
      print(rl,LENGTH);                         /* 输出排序后的序列 */
      printf("输入您的选择(1,2,3,4,0):");
    }
    else
    {
      printf("您的输入有误,请重新输入您的选择(1,2,3,4,0):");
      continue;
    }
  }
}
```

程序运行结果(通过修改数组 r[]的 8 个数据,可实现对任意 8 个数据的排序。):

1——直接插入排序

2——希尔排序

3——快速排序

4——简单选择排序

0——退出

输入您的选择(1,2,3,4,0):5(回车)

您的输入有误,请重新输入您的选择(1,2,3,4,0):1(回车)

这是直接插入排序的结果:19 20 36 39 47 49 56 78

输入您的选择(1,2,3,4,0):2(回车)

这是希尔排序的结果:19 20 36 39 47 49 56 78

输入您的选择(1,2,3,4,0):3(回车)

这是快速排序的结果:19 20 36 39 47 49 56 78

输入您的选择(1,2,3,4,0):4(回车)

这是简单选择排序的结果:19 20 36 39 47 49 56 78

输入您的选择(1,2,3,4,0):0(回车)

程序结束,退出!